考研数学高等数学辅导讲义

习题册

余丙森 编著

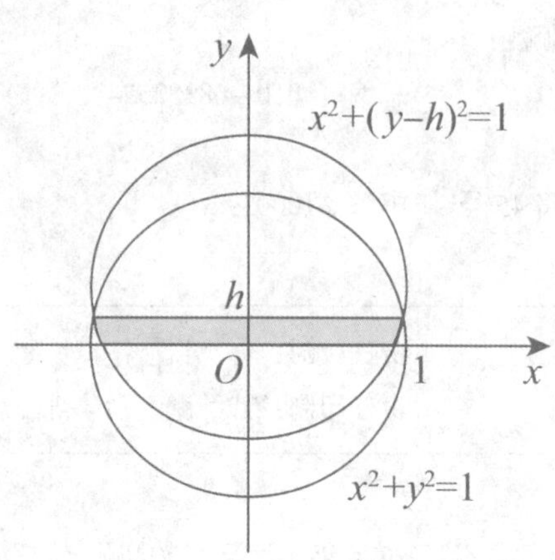

国家开放大学出版社 · 北京

图书在版编目（CIP）数据

考研数学高等数学辅导讲义 / 余丙森编著. -- 北京:
国家开放大学出版社, 2024.4
ISBN 978-7-304-12347-5

Ⅰ. ①考… Ⅱ. ①余… Ⅲ. ①高等数学—研究生—入
学考试—自学参考资料 Ⅳ. ①O13

中国国家版本馆 CIP 数据核字（2024）第 075930 号

考研数学高等数学辅导讲义

KAOYAN SHUXUE GAODENG SHUXUE FUDAO JIANGYI

余丙森　编著

出版·发行： 国家开放大学出版社

电话： 营销中心 010-68180820　　总编室 010-68182524

网址： http://www.crtvup.com.cn

地址： 北京市海淀区西四环中路 45 号　　**邮编：** 100039

经销： 新华书店北京发行所

策划编辑： 辛　颖　　**责任校对：** 许　岚

责任编辑： 辛　颖　　**责任印制：** 武　鹏　沙　烁

印刷： 河北赛文印刷有限公司

版本： 2024 年 4 月第 1 版　　2024 年 4 月第 1 次印刷

开本： 787mm × 1092mm　1/16　　**印张：** 38.5　**字数：** 810千字

书号： ISBN 978-7-304-12347-5

定价： 119.80 元（全三册）

（如有缺页或倒装，本社负责退换）

意见及建议：OUCP_KFJY@ouchn.edu.cn

目录 CONTENTS

练习题

基础篇

强化篇

CONTENTS 目录

答案解析

基础篇

强化篇

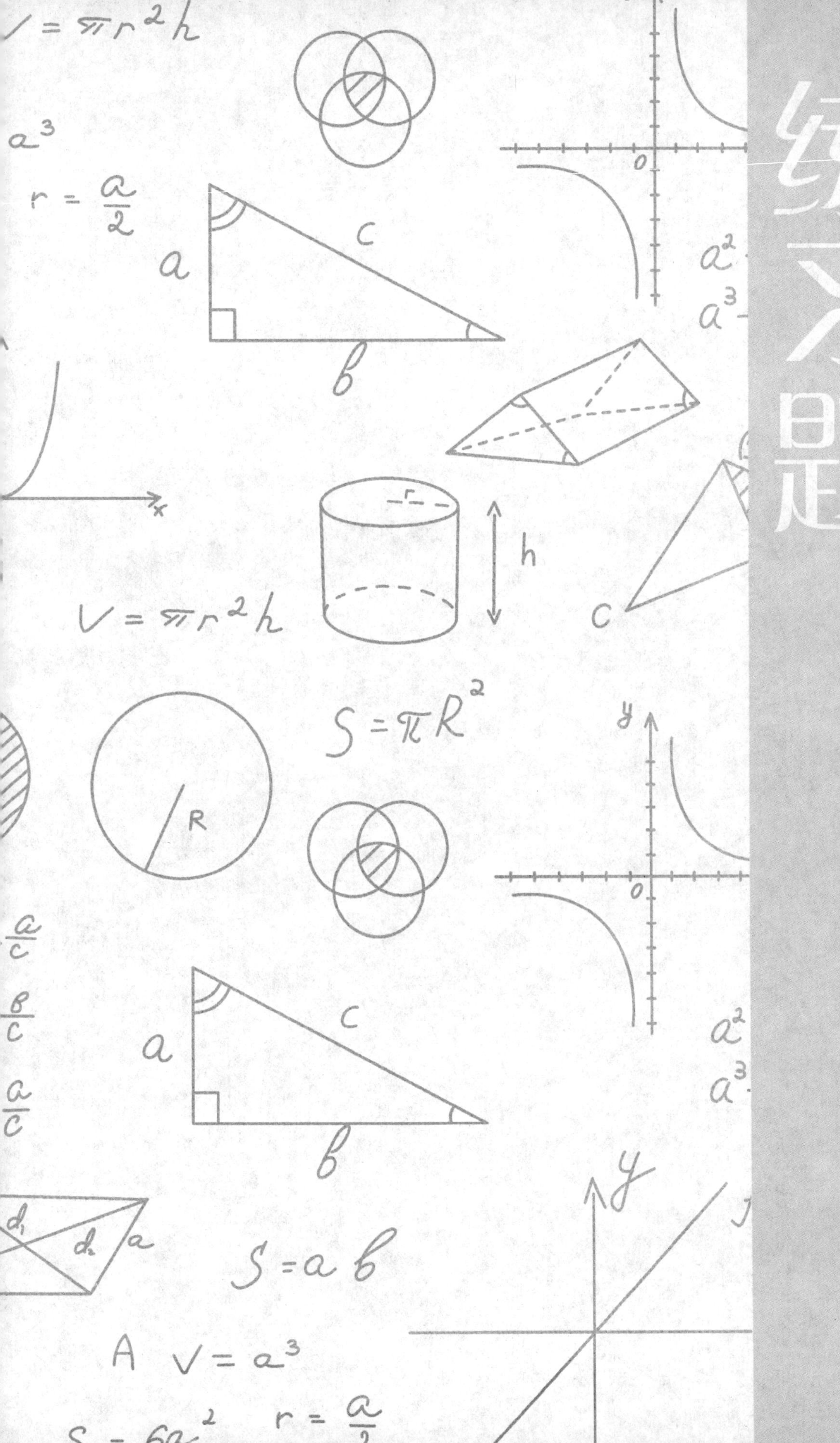

练习题

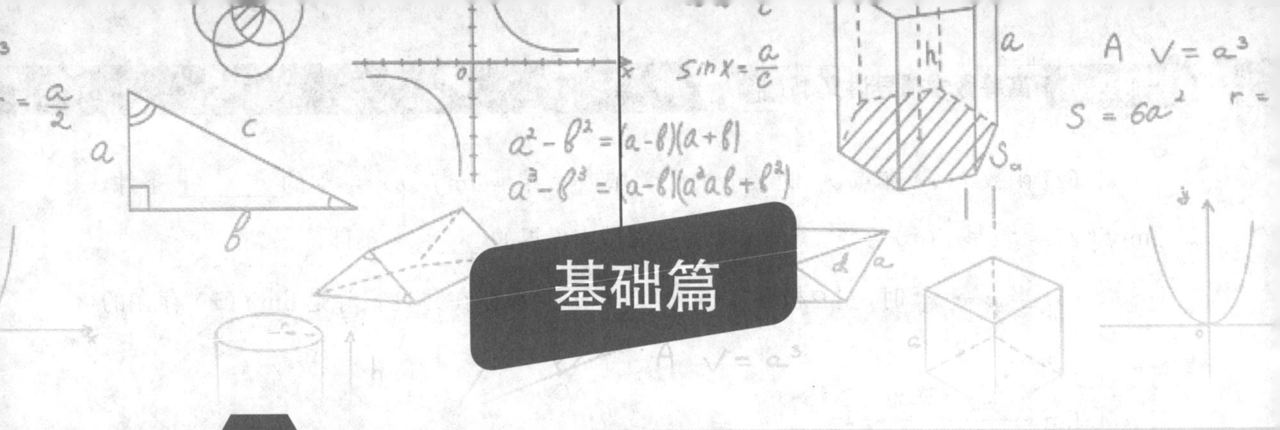

第 1 章 函数、极限与连续

基础篇练习题

一、选择题

1. 设在区间 $(-\infty,+\infty)$ 内，函数 $f(x)>0$，且存在常数 $k>0$，满足 $f(x+k)=\dfrac{1}{f(x)}$，则在区间 $(-\infty,+\infty)$ 内 $f(x)$ 必为(　　).

(A) 奇函数　　(B) 偶函数　　(C) 单调函数　　(D) 周期函数

2. 若 $\lim\limits_{n\to\infty}x_n>\lim\limits_{n\to\infty}y_n$，则(　　).

(A) $x_n>y_n, n=1,2,3,\cdots$

(B) $x_n\neq y_n, n=1,2,3,\cdots$

(C) 存在正整数 n_0，使得当 $n>n_0$ 时，$x_n>y_n$

(D) x_n 与 y_n 大小关系不能确定

3. 下列说法正确的是(　　).

(A) 在自变量的同一变化过程中，两个无穷大之和一定是无穷大

(B) 有界函数与无穷大量的乘积一定是无穷大

(C) 在自变量的同一变化过程中，无穷大与无穷大之积一定是无穷大

(D) 不是无穷大量一定是有界变量

4. 当 $x\to 0$ 时，函数 $f(x)$，$g(x)$ 都是 x 的同阶无穷小，则当 $x\to 0$ 时，(　　).

(A) $f(x)-g(x)$ 必为 x 的高阶无穷小　(B) $f(x)-g(x)$ 必为 x 的同阶无穷小

(C) $f[g(x)]$ 必为 x 的高阶无穷小　　(D) $f[g(x)]$ 必为 x 的同阶无穷小

二、填空题

1. 函数 $y=\sin x$ 在 $\left[\dfrac{\pi}{2},\dfrac{3\pi}{2}\right]$ 的反函数为 $y=f^{-1}(x)=$________.

2. 设函数 $f(x)=\sqrt{x+|x|}$，则 $f[f(x)]=$________.

3. 在“充分”“必要”和“充分必要”三者中选择一个正确的填入下列空格内：

(1) 数列 $\{x_n\}$ 有界是数列 $\{x_n\}$ 收敛的________条件，数列 $\{x_n\}$ 收敛是数列 $\{x_n\}$ 有界的________条件；

(2) 函数 $f(x)$ 在点 x_0 的某个去心邻域内无界是 $\lim\limits_{x\to x_0}f(x)=\infty$ 的________条件，$\lim\limits_{x\to x_0}f(x)=\infty$ 是 $f(x)$ 在点 x_0 的某个去心邻域内无界的________条件；

(3) 当 $x\to x_0$ 时，左右极限 $f(x_0^-)$ 与 $f(x_0^+)$ 都存在并且相等是 $\lim\limits_{x\to x_0}f(x)$ 存在的________条件.

4. $\lim\limits_{n\to\infty}\dfrac{(-3)^n+4^n}{(-3)^{n+1}+4^{n+1}}=$________.

5. $\lim\limits_{x\to 0}\dfrac{\sin[\sin(\sin^2 x)]}{\tan x^2}=$________.

6. $|x|<1$ 时，$\lim\limits_{n\to\infty}(1+x)(1+x^2)\cdots(1+x^{2^n})=$________.

7. 当 $x\to 0$ 时，$1-\mathrm{e}^{\tan x}$，$\ln\dfrac{1+x}{1-x}$，$1-\sec^2 x$ 均为无穷小量，那么这些无穷小中阶数最高的是________.

基础篇练习题

三、解答题

1. 设函数 $f(x)$ 为定义在区间 $(-a,a)$ 内的奇函数，证明：若 $f(x)$ 在 $(-a,0)$ 内单调减少，则它在 $(0,a)$ 内也单调减少.

2. 设函数 $f(x)=\dfrac{x}{\sqrt{1+x^2}}$，$f_n(x)=\underbrace{f\{f[\cdots f(x)\cdots]\}}_{n\text{次}}$，证明：$f_n(x)=\dfrac{x}{\sqrt{1+nx^2}}$.

3. 求下列极限：

(1) $\lim\limits_{x\to\infty}\dfrac{x^3}{(2x+1)(x-1)(3x+2)}$；

(2) $\lim\limits_{n\to\infty}\left(\sqrt{n+3\sqrt{n}}-\sqrt{n-\sqrt{n}}\right)$；

(3) $\lim\limits_{x\to 0}\left(\dfrac{1}{1-\cos x}-\dfrac{2}{\sin^2 x}\right)$；

(4) $\lim\limits_{x\to 1}\dfrac{x+x^2+\cdots+x^n-n}{x-1}$.

4. 求极限 $\lim\limits_{x\to 0}(\cos x)^{\frac{1}{x^2}}$.

5. 设 $\lim\limits_{x\to\infty}\left(\dfrac{x+2a}{x-a}\right)^x=8$，求常数 a 的值.

6. 求极限 $\lim\limits_{n\to\infty}\left(\dfrac{1}{\sqrt{n^4+3\times 1^3+1}}+\dfrac{2}{\sqrt{n^4+3\times 2^3+2}}+\cdots+\dfrac{n}{\sqrt{n^4+3\times n^3+n}}\right)$.

7. 设常数 $a>0$，$x_1>0$，$x_{n+1}=\dfrac{1}{2}\left(x_n+\dfrac{a}{x_n}\right)$，$n=1,2,\cdots$. 证明：$\lim\limits_{n\to\infty}x_n$ 存在，并求其值.

8. 设函数 $f(x)$ 在区间 $[a,b]$ 上连续，$p>0$，$q>0$，证明：$\exists\,\xi\in[a,b]$ 使得 $pf(a)+qf(b)=(p+q)f(\xi)$.

第 2 章 导数与微分

一、选择题

1. 设函数 $f(x)$ 在点 $x=a$ 的某个邻域内有定义，则 $f(x)$ 在点 $x=a$ 处可导的一个充分条件是(   ).

(A) $\lim\limits_{h\to+\infty} h\left[f\left(a+\frac{1}{h}\right)-f(a)\right]$ 存在

(B) $\lim\limits_{h\to0}\frac{f(a+2h)-f(a+h)}{h}$ 存在

(C) $\lim\limits_{h\to0}\frac{f(a+h)-f(a-h)}{h}$ 存在

(D) $\lim\limits_{h\to0}\frac{f(a)-f(a-h)}{h}$ 存在

2. 设函数 $f(x)=\begin{cases}\frac{\sqrt{1+x^2}-1}{\sqrt{x}}, & x>0,\\ x^2\varphi(x), & x\leqslant0,\end{cases}$ 此处 $\varphi(x)$ 为有界函数，则(   ).

(A) $\lim\limits_{x\to0}f(x)$ 不存在

(B) $\lim\limits_{x\to0}f(x)$ 存在，但 $f(x)$ 在点 $x=0$ 处不连续

(C) $f(x)$ 在点 $x=0$ 处连续，但 $f(x)$ 在点 $x=0$ 处不可导

(D) $f(x)$ 在点 $x=0$ 处可导

3. 设函数 $f(x)$ 在点 $x=0$ 处连续，且 $\lim\limits_{h\to0}\frac{f(h^2)}{h^2}=1$，则(   ).

(A) $f(0)=0$ 且 $f'_-(0)$ 存在

(B) $f(0)=1$ 且 $f'_-(0)$ 存在

(C) $f(0)=0$ 且 $f'_+(0)$ 存在

(D) $f(0)=1$ 且 $f'_+(0)$ 存在

4. 函数 $f(x)$ 在点 x_0 处可导是 $|f(x)|$ 在点 x_0 处可导的(   ).

(A) 充分非必要条件

(B) 必要非充分条件

(C) 充分必要条件

(D) 既非必要也非充分条件

5. 设函数 $f(x)=\lim\limits_{n\to\infty}\sqrt[n]{1+|x|^{3n}}$，则 $f(x)$ 在 $(-\infty,+\infty)$ 内(   ).

(A) 处处可导

(B) 只有一个不可导点

(C) 有两个不可导点

(D) 至少有三个不可导点

6. 设 $f(x)$ 在 $(-\infty,+\infty)$ 内有定义，且满足 $|f(x)|\leqslant x^2$，则点 $x=0$ 必为 $f(x)$ 的(   ).

(A) 间断点

(B) 连续点但是 $f(x)$ 在该点不可导

(C) 可导点，且 $f'(0)=0$

(D) 可导点，且 $f'(0)\neq0$

基础篇练习题

7. 设函数 $f(u)$ 可导，$y=f(x^2)$ 当自变量 x 在点 $x=-1$ 处取得增量 $\Delta x=-0.1$ 时，相应的增量 Δy 的线性主部为 0.1，则 $f'(1)=$（　　）.

(A) -1　　(B) 0.1　　(C) 1　　(D) 0.5

二、填空题

1. 曲线 $y=\arctan x$ 在 $x=1$ 时的法线方程是________.

2. 设曲线 $y=f(x)$ 在点 $(0,1)$ 处与曲线 $y=\mathrm{e}^x$ 相切，则 $\lim\limits_{n\to\infty}\sqrt{n\left[f\left(\frac{2}{n}\right)-1\right]}=$________.

3. 设函数 $f(x)$ 在点 $x=1$ 处可导，且 $f(1)=0$，$f'(1)=2$，则 $\lim\limits_{x\to 0}\dfrac{f(\cos x)}{\ln(1+x^2)}=$________.

4. 函数 $f(x)=x|\sin x|$ 在区间 $\left(-\frac{5\pi}{2},\frac{7\pi}{2}\right)$ 内不可导点的个数是________.

5. 设函数 $f(x)=(x^{2\,022}-1)\arctan\dfrac{x^2+x+1}{x^2-x+3}$，则 $f'(1)=$________.

6. 设函数 $f(u)$ 在点 $u=0$ 处可导，且 $f(0)=f'(0)=1$，$g(x)=\begin{cases}x^2\cos\dfrac{1}{x}, & x\neq 0,\\ 0, & x=0,\end{cases}$ 则 $\dfrac{\mathrm{d}}{\mathrm{d}x}\ln\{1+\mathrm{e}^x+f[g(x)]\}\Big|_{x=0}=$________.

7. 设函数 $y=\cos^2 x$，n 为大于 1 的正整数，则 $y^{(n)}=$________.

8. 设函数 $y=y(x)$ 由方程 $2^{xy}=x+y$ 所确定，则 $\mathrm{d}y\Big|_{x=0}=$________.

三、解答题

1. 下列说法是否正确？为什么？

(1) 设函数 $u(x)$ 在点 x 处可导，$v(x)$ 在点 x 处不可导，则 $u(x)\pm v(x)$ 在点 x 处不可导；

(2) 设函数 $u(x)$ 在点 x 处可导，$v(x)$ 在点 x 处不可导，则 $u(x)v(x)$ 在点 x 处不可导；

(3) 设函数 $u=\varphi(x)$ 在点 $x=x_0$ 处可导，$y=f(u)$ 在点 $u=\varphi(x_0)$ 处不可导，则 $y=f[\varphi(x)]$ 在点 $x=x_0$ 处不可导；

(4) 设函数 $u=\varphi(x)$ 在点 $x=x_0$ 处不可导，$y=f(u)$ 在点 $u=\varphi(x_0)$ 处可导，则 $y=f[\varphi(x)]$ 在点 $x=x_0$ 处不可导.

2. 设曲线 $y=f_n(x)=x^n$ 在 $(1,1)$ 处的切线与 x 轴的交点为 $(x_n,0)$，求 $\lim\limits_{n\to\infty}f(x_n)$.

3. 试证明：

(1) 可导的奇函数的导数为偶函数；

(2) 可导的偶函数的导数为奇函数；

(3) 可导的周期函数的导数仍为周期函数，且周期不变.

4. 设函数 $f(x)$ 处处可导，且有 $f'(0)=1$，并且对任意的实数 x,h 恒有 $f(x+h)=f(x)+f(h)+2hx$，求 $f'(x)$.

5. 分别求下列函数的导数

(1) $y=\ln\dfrac{\sqrt{1+\mathrm{e}^x}-1}{\sqrt{1+\mathrm{e}^x}+1}$；　　(2) $y=x(\sin\ln x+\cos\ln x)$；

(3) $y=\sqrt{x+\sqrt{x+\sqrt{x}}}$.

6. 设函数 $y=\sqrt{f^2(x)+g^2(x)}$，其中 $f(x),g(x)$ 可导，且 $f^2(x)+g^2(x)>0$，求 y'.

7. 设函数 $f(x)=x^2|x|$，求使 $f^{(n)}(0)$ 存在的最高阶数 n 的值.

8. (仅限数学一、数学二) 设函数 $y=y(x)$ 由 $\begin{cases}x=\ln(1+t^2),\\ y=t-\arctan t\end{cases}$ 确定，求 $\dfrac{\mathrm{d}^2y}{\mathrm{d}x^2}$.

9. 已知函数 $f(x)$ 可导，且 $f'(x)=[f(x)]^2$，证明 $f(x)$ 有任意阶导数，且 $f^{(n)}(x)=n![f(x)]^{n+1}$，其中 n 为正整数.

第 3 章 微分中值定理与导数应用

一、选择题

1. 下列命题不正确的是(　　).

(A) 若 $f(x)$ 在点 x_0 处左导数、右导数都存在,但 $f'_{-}(x_0) \neq f'_{+}(x_0)$,则 $f(x)$ 在点 x_0 处连续

(B) 若数列极限 $\lim\limits_{n\to\infty} f(n)=A$,$f(x)$ 为可导函数且 $\lim\limits_{x\to+\infty} f'(x)=0$,则 $\lim\limits_{x\to+\infty} f(x)=A$

(C) 若 $\lim\limits_{x\to x_0} f(x)=A$,$\lim\limits_{x\to x_0} g(x)$ 不存在,则 $\lim\limits_{x\to x_0} f(x)g(x)$ 不存在

(D) 若 $\lim\limits_{x\to x_0} f(x)=A$,$\lim\limits_{x\to x_0} g(x)$ 不存在,则 $\lim\limits_{x\to x_0}[f(x)\pm g(x)]$ 不存在

2. 设函数 $f(x)$ 在点 $x=a$ 处可导,且 $f(a)$ 是 $f(x)$ 的极小值,则存在 $\delta>0$,当 $x\in(a-\delta,a)\cup(a,a+\delta)$ 时,必有(　　).

(A) $(x-a)[f(x)-f(a)]\geqslant 0$　　(B) $(x-a)[f(x)-f(a)]\leqslant 0$

(C) $\lim\limits_{t\to a}\dfrac{f(t)-f(x)}{(t-x)^2}\geqslant 0$　　(D) $\lim\limits_{t\to a}\dfrac{f(t)-f(x)}{(t-x)^2}\leqslant 0$

3. 设 $x\to 0$ 时,$\ln\left(\dfrac{2+x}{2+\sin x}\right)\sim kx^n$,则 $(k,n)=$(　　).

(A) $\left(\dfrac{1}{6},3\right)$　　(B) $\left(\dfrac{1}{12},3\right)$　　(C) $\left(\dfrac{1}{6},2\right)$　　(D) $\left(\dfrac{1}{12},2\right)$

4. 设 $f(x)$ 在有限区间 (a,b) 内可导,则下列结论正确的是(　　).

(A) 若 $f(x)$ 在 (a,b) 内是单调的,则 $f'(x)$ 在 (a,b) 内也是单调的

(B) 若 $f'(x)$ 在 (a,b) 内是单调的,则 $f(x)$ 在 (a,b) 内也是单调的

(C) 若 $f(x)$ 在 (a,b) 内是有界的,则 $f'(x)$ 在 (a,b) 内也是有界的

(D) 若 $f'(x)$ 在 (a,b) 内是有界的,则 $f(x)$ 在 (a,b) 内也是有界的

5. 设 $f(x)$,$g(x)$ 在点 x_0 处二阶可导,且 $f(x_0)=g(x_0)=0$,$f'(x_0)g'(x_0)<0$,则(　　).

(A) 点 x_0 不是 $f(x)g(x)$ 的驻点

(B) 点 x_0 是 $f(x)g(x)$ 的驻点,但不是极值点

(C) 点 x_0 是 $f(x)g(x)$ 的驻点,且是它的极大值点

(D) 点 x_0 是 $f(x)g(x)$ 的驻点,且是它的极小值点

6. 设 $f(x)$ 在点 $x=1$ 处连续,且 $\lim\limits_{x\to 1}\dfrac{f(x)}{\ln(x^2-2x+2)}=1$,则在点 $x=1$ 处 $f(x)$(　　).

(A) 取得极小值　　(B) 取得极大值

(C) 不能取得极值　　(D) 不能确定是否取得极值

7. 函数 $y=x\sin x+2\cos x\left(-\frac{\pi}{2}<x<\frac{3}{2}\pi\right)$ 的拐点为(　　).

(A) $\left(\frac{\pi}{2},\frac{\pi}{2}\right)$　　(B) $(0,2)$　　(C) $(\pi,-2)$　　(D) $\left(\frac{3\pi}{2},-\frac{3\pi}{2}\right)$

8. 曲线 $y=x\arctan x$ 的斜渐近线为(　　).

(A) $y=\frac{\pi}{2}x-1$ 和 $y=-\frac{\pi}{2}x-1$　　(B) $y=\frac{\pi}{2}x-1$ 和 $y=\frac{\pi}{2}x+1$

(C) $y=-\frac{\pi}{2}x+1$ 和 $y=-\frac{\pi}{2}x-1$　　(D) $y=-\frac{\pi}{2}x+1$ 和 $y=\frac{\pi}{2}x+1$

二、填空题

1. $\lim\limits_{x\to+\infty}x^2[\arctan(x+1)-\arctan x]=$________.

2. 数列 $1,\sqrt{2},\sqrt[3]{3},\sqrt[4]{4},\cdots,\sqrt[n]{n},\cdots$ 中最大的一个是________.

3. 设函数 $f(x)=nx(1-x)^n$，其中 n 为正整数，设 $f(x)$ 在 $[0,1]$ 上的最大值为 x_n，则 $\lim\limits_{n\to\infty}x_n=$________.

4. 曲线 $y=xe^x$ 的拐点是________.

5. 曲线 $y=x\ln\left(e+\frac{1}{x}\right)$ 的斜渐近线是________.

6. (仅限数学一、数学二) 设 (x_0,y_0) 为曲线 $y=x^2-3x+1$ 上曲率最大的点，则 $(x_0,y_0)=$________.

三、解答题

1. 不求函数 $f(x)=x(x-1)(x-2)(x-3)$ 的导数，说明方程 $f'(x)=0$ 有几个实根，并指出它们所在的区间.

2. 如果 $a_0,a_1,\cdots,a_n$ 是满足条件 $a_0+\frac{a_1}{2}+\cdots+\frac{a_n}{n+1}=0$ 的实数，证明方程 $a_0+a_1x+\cdots+a_nx^n=0$ 在 $(0,1)$ 内至少有一个实根.

3. 设函数 $f(x)=\begin{cases}\frac{g(x)}{x}, & x\neq 0,\\ 0, & x=0,\end{cases}$ 其中 $g(x)$ 在 $(-\infty,+\infty)$ 内有二阶连续导数，且 $g(0)=g'(0)=0$，讨论 $f'(x)$ 的连续性.

4. 分别求下列极限：

(1) $\lim\limits_{x\to+\infty}\left(\frac{2}{\pi}\arctan x\right)^x$；　　(2) $\lim\limits_{x\to 0}\frac{[\sin x-\sin(\sin x)]\sin x}{x^4}$.

5. 设函数 $f(x)$ 二阶可导，且 $f''(x)>0, f(0)<0$，证明 $\dfrac{f(x)}{x}$ 在 $(-\infty,0)$ 与 $(0,+\infty)$ 内均单调递增.

6. 设 $x\in(0,1)$，证明下列不等式

(1) $(1+x)\ln^2(1+x)<x^2$；

(2) $\dfrac{1}{\ln 2}-1<\dfrac{1}{\ln(1+x)}-\dfrac{1}{x}<\dfrac{1}{2}$.

7. 试问常数 a 为何值时，函数 $f(x)=a\sin x+\dfrac{1}{3}\sin 3x$ 在点 $x=\dfrac{\pi}{3}$ 处取得极值？它是极大值还是极小值？并求此极值.

8. 在椭圆 $\dfrac{x^2}{a^2}+\dfrac{y^2}{b^2}=1$ 的第一象限部分上求一点 P，使该点处的切线与两坐标轴构成的三角形面积最小，并求面积的最小值(其中 $a>0, b>0$).

9. 证明：曲线 $y^2=f(x)$ 的拐点的横坐标 x_0 满足关系式 $[f'(x_0)]^2=2f(x_0)f''(x_0)$，其中 $f(x)>0$，且 $f(x)$ 有二阶导数.

10. (仅限数学一、数学二) 求曲线 $y=\tan x$ 在点 $\left(\dfrac{\pi}{4},1\right)$ 处的曲率圆方程.

第 4 章　一元函数积分学

一、选择题

1. 不是$\dfrac{1}{\sqrt{1+x^2}}$的原函数的是(　　).

(A) $\ln(\sqrt{1+x^2}+x)$　　(B) $-\ln(\sqrt{1+x^2}-x)$

(C) $\ln[2(\sqrt{1+x^2}+x)]$　　(D) $-\dfrac{x}{(1+x^2)^{\frac{3}{2}}}$

2. 下列结论不正确的是(　　).

(A) $\int_{-1}^{1}\ln(\sqrt{1+x^2}+x)\mathrm{d}x=0$　　(B) $\int_{0}^{100}(x-[x])\mathrm{d}x=50$

(C) $\int_{0}^{\frac{\pi}{2}}\sin^6 x\mathrm{d}x=\dfrac{5}{16}$　　(D) $\int_{0}^{2}x\sqrt{2x-x^2}\mathrm{d}x=\dfrac{\pi}{2}$

3. 设函数 $f(x),g(x)$ 在$[a,b]$上连续,如果$\int_a^b|f(x)|\mathrm{d}x>\int_a^b|g(x)|\mathrm{d}x$,则(　　).

(A) $f(x)>g(x)$

(B) 存在 $x_0\in[a,b]$,使得 $f(x_0)>g(x_0)$

(C) $|f(x)|>|g(x)|$

(D) 存在 $x_0\in[a,b]$,使得 $|f(x_0)|>|g(x_0)|$

4. 当 $x\to 0^+$ 时,$\int_0^{x^2}\ln(1+\sin t)\mathrm{d}t$ 是 x^3 的(　　).

(A) 高阶无穷小　　(B) 低阶无穷小

(C) 同阶但不等价无穷小　　(D) 等价无穷小

5. 下列反常积分中发散的是(　　).

(A) $\int_0^1\dfrac{1}{\sqrt{\sin x}}\mathrm{d}x$　(B) $\int_0^1 x^{x-1}\mathrm{d}x$　(C) $\int_0^{+\infty}\dfrac{\sin x}{x^2+1}\mathrm{d}x$　(D) $\int_1^{+\infty}\dfrac{\sin x}{x}\mathrm{d}x$

二、填空题

1. 设 $x^2\ln x$ 为 $f(x)$ 的一个原函数,则$\int xf'(x)\mathrm{d}x=$________.

2. $\int\dfrac{\ln\tan x}{\sin^2 x}\mathrm{d}x=$________.

3. $\int_{-1}^{1}\left(x^2\tan x+\left|\frac{e^x-e^{-x}}{e^x+e^{-x}}\right|\right)dx=$______.

4. 设 $f(x)$ 是连续函数，且 $f(x)=x+\int_0^1 tf(t)dt$，则 $f(x)=$______.

5.（仅限数学一、数学二）心形线 $r=1+\cos\theta$ 的全长 $s=$______.

三、解答题

1. 求下列不定积分：

(1) $\int\frac{\ln\sin x}{\sin^2 x}dx$；　　(2) $\int\frac{\ln x}{\sqrt{x+1}}dx$；

(3) $\int\frac{1}{x^4(1+x^2)}dx$；　　(4) $\int\frac{1}{2+\tan^2 x}dx$；

(5) $\int\arcsin\frac{2\sqrt{x}}{x+1}dx$，其中 $x>1$；　　(6) $\int e^{2x}(\tan x+1)^2dx$.

2. 求下列定积分：

(1) $\int_{-1}^{1}\frac{2x^2(1+x)}{1+\sqrt{1-x^2}}dx$；　　(2) $\int_0^{\pi}\cos(\cos x+x)dx$；

(3) $\int_0^1\arctan\sqrt{\frac{1-x}{1+x}}dx$；　　(4) $\int_0^1\left[\frac{\pi}{2}\sqrt{\sin\left(\frac{\pi}{2}x\right)}+\arcsin(x^2)\right]dx$.

3. 求 $\lim\limits_{n\to\infty}\frac{1}{n}\sqrt[n]{\frac{(2n)!}{n!}}$.

4. 设函数 $f(x)$ 在 $[a,b]$ 上连续，证明

$$\int_a^b f(x)dx=\int_a^{\frac{a+b}{2}}[f(x)+f(a+b-x)]dx,$$

并由此计算 $\int_{\frac{\pi}{6}}^{\frac{\pi}{3}}\frac{\cos^2 x}{x(\pi-2x)}dx$.

5. 求 $\lim\limits_{x\to0}\frac{\int_0^x\left[\int_0^{u^2}e^{-t^2}\arctan(1+t)dt\right]du}{x(e^{x^2}-1)}$.

6. 设 $f(x)=\int_0^x\frac{\cos t}{1+\sin^2 t}dt$，求 $\int_0^{\frac{\pi}{2}}\frac{f'(x)}{1+f^2(x)}dx$.

7. 设 $f(x)=\int_1^{\sqrt{x}}e^{-t^2}dt$，求 $I=\int_0^1\frac{1}{\sqrt{x}}f(x)dx$.

8. 设连续函数 $f(x)$ 是以 T 为周期的周期函数，证明 $\varphi(x)=\int_0^x f(t)dt-\frac{x}{T}\int_0^T f(t)dt$ 为以 T 为周期的周期函数，从而 $f(x)$ 的任一原函数均可表示为以 T 为周期的周期函数与线性函数之和.

9. 设 $f(x)=\begin{cases}\int_0^{\sqrt{x}}\sin(t^2)\mathrm{d}t, & x>0,\\ \int_0^{x^2}\sqrt{|\sin t|}\,\mathrm{d}t, & x\leqslant 0,\end{cases}$ 求 $f'(x)$.

10. 计算反常积分 $I=\int_0^{+\infty}\frac{\ln x}{1+x^2}\mathrm{d}x$.

11. (仅限数学一、数学二) 证明椭圆$\frac{x^2}{a^2}+\frac{y^2}{b^2}=1(b>a>0)$的周长 s_1 等于余弦曲线$y=\sqrt{b^2-a^2}\cos\frac{x}{a}$ 在一个周期内的弧长 s_2.

12. 过抛物线 $y=1-x^2$ 在第一象限内的任意一点作切线 L,由该抛物线、切线 L 与两坐标轴所围成的平面图形记为 D,D 的面积记为 A.

(1) 求 A 最小时的切点坐标;

(2) 当 A 最小时,求 D 绕 y 轴旋转一周所得旋转体的体积 V.

13. 设直线 $y=ax$ 与抛物线 $y=x^2$ 所围成的图形的面积是 S_1,它们与直线 $x=1$ 所围成的图形的面积是 S_2,且 $0<a<1$.

(1) 试确定 a 的值,使 $S_1=S_2$;

(2) 试确定 a 的值,使上述两部分平面图形绕 x 轴旋转一周所得旋转体的体积 V 达到最小.

14. 已知抛物叶形线 $y^2=\frac{1}{9}x(3-x)^2$(如右图所示),其中当 $0\leqslant x\leqslant 3$ 时叶形线所围的区域记为 D.

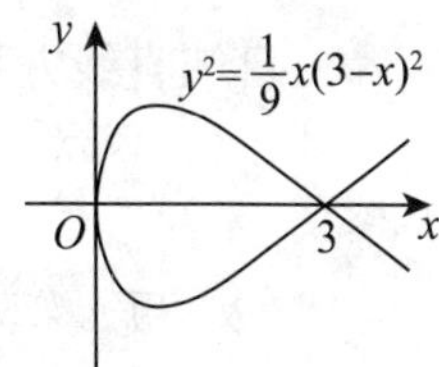

(1) 求 D 的面积 A;

(2)(仅限数学一、数学二) 求 D 的周长 s;

(3) 求 D 绕 x 轴旋转一周所得旋转体的体积 V;

(4)(仅限数学一、数学二) 求 D 绕 x 轴旋转一周所得旋转体的侧面积 S.

15. (仅限数学一、数学二) 设某直线状物体位于 x 轴的[0,1] 区间,其线密度函数为 $\rho = x^2$.

(1) 求该物体的质量 M;

(2) 求该物体的质心坐标 $\bar{x}$;

(3) 在 x 轴上点 $x=-1$ 处有一个质量为 1 的质点,求该质点对直线状物体的引力 F.

16. (仅限数学一、数学二) 设半径为 1 的球正好有一半沉入水中,球的密度为 1,现将球从水中取出,问要做多少功?

第 5 章 向量代数与空间解析几何(仅限数学一)

一、选择题

1. 直线 L:$\dfrac{x+3}{-2}=\dfrac{y+4}{-7}=\dfrac{z}{3}$ 与平面 π:$4x-2y-2z=3$ 的关系是(　　).

(A) 平行　　(B) 直线 L 在平面 π 上

(C) 垂直相交　　(D) 相交但不垂直

2. 下列直线中与直线 L:$\begin{cases}x+y+z=1,\\ x-y-2z=1\end{cases}$ 平行的是(　　).

(A) $\dfrac{x-1}{1}=\dfrac{y-2}{-3}=\dfrac{z}{-2}$　　(B) $\dfrac{x-1}{1}=\dfrac{y-2}{3}=\dfrac{z}{-2}$

(C) $\dfrac{x-1}{1}=\dfrac{y-2}{3}=\dfrac{z}{2}$　　(D) $\dfrac{x-1}{1}=\dfrac{y-2}{-3}=\dfrac{z}{2}$

3. 已知直线方程 $\begin{cases}A_1x+B_1y+C_1z+D_1=0,\\ A_2x+B_2y+C_2z+D_2=0\end{cases}$ 中的系数都不等于 0,且 $\dfrac{D_1}{B_1}=\dfrac{D_2}{B_2}$,则该直线(　　).

(A) 与 x 轴一定相交　　(B) 与 y 轴一定相交

(C) 与 z 轴一定相交　　(D) 与各个坐标轴均不相交

4. 设直线 L:$\begin{cases}x+3y+2z+1=0,\\ 2x-y-10z+3=0\end{cases}$ 及平面 π:$4x-2y+z-2=0$,则(　　).

(A) 直线 $L\parallel\pi$　(B) 直线 L 在 π 上　(C) 直线 $L\perp\pi$　(D) 直线 L 与 π 斜交

5. 设矩阵 $\begin{pmatrix}a_1 & b_1 & c_1\\ a_2 & b_2 & c_2\\ a_3 & b_3 & c_3\end{pmatrix}$ 为满秩矩阵,则直线 L_1:$\dfrac{x-a_3}{a_1-a_2}=\dfrac{y-b_3}{b_1-b_2}=\dfrac{z-c_3}{c_1-c_2}$ 与直线 L_2:$\dfrac{x-a_1}{a_2-a_3}=\dfrac{y-b_1}{b_2-b_3}=\dfrac{z-c_1}{c_2-c_3}$(　　).

(A) 交于一点　(B) 重合　(C) 平行　(D) 异面

6. 在空间直角坐标系中,曲线 Γ:$\begin{cases}3x^2+2y^2-z^2=1,\\ x-y+z=0,\end{cases}$ 在 xOy 面的投影曲线为(　　).

(A) $2x^2+2xy+y^2=1$　　(B) $2x^2-2xy+y^2=1$

(C) $\begin{cases}2x^2+2xy+y^2=1,\\ z=0\end{cases}$ (D) $\begin{cases}2x^2-2xy+y^2=1,\\ z=0\end{cases}$

7. 旋转曲面 $z=x^2+y^2$ 不是由平面曲线(　　)旋转而成的.

(A) $\begin{cases}z=2xy,\\ x=y\end{cases}$ 绕 z 轴 (B) $\begin{cases}z=xy,\\ x=y\end{cases}$ 绕 z 轴

(C) $\begin{cases}z=x^2,\\ y=0\end{cases}$ 绕 z 轴 (D) $\begin{cases}z=y^2,\\ x=0\end{cases}$ 绕 z 轴

8. 过圆 $C:\begin{cases}x^2+y^2+z^2=4,\\ z=1\end{cases}$ 及点 $P_0(2,0,2)$ 的球面方程为(　　).

(A) $x^2+y^2+z^2-4z+4=0$ (B) $x^2+y^2+z^2+4z+4=0$

(C) $x^2+y^2+z^2-4z=0$ (D) $x^2+y^2+z^2+4z=0$

二、填空题

1. 设 $\boldsymbol{a},\boldsymbol{b}$ 是非零向量,且 $|\boldsymbol{b}|=2$, $(\widehat{\boldsymbol{a},\boldsymbol{b}})=\dfrac{\pi}{3}$,则 $\lim\limits_{x\to 0}\dfrac{|\boldsymbol{a}+x\boldsymbol{b}|-|\boldsymbol{a}|}{x}=$________.

2. 设直线 $L_1:\dfrac{x-1}{1}=\dfrac{y+1}{2}=\dfrac{z-1}{\lambda}$ 和 $L_2:x+1=y-1=z$ 相交于一点,则 $\lambda=$________.

3. 直线 $L_1:\dfrac{x-1}{1}=\dfrac{y-5}{-2}=\dfrac{z+8}{1}$ 与 $L_2:\begin{cases}x-y=6,\\ 2y+z=3\end{cases}$ 的夹角为________.

4. 点 $P_0(1,2,3)$ 到直线 $L:\begin{cases}x+y-z=1,\\ 2x+z=3\end{cases}$ 的距离为________.

5. 曲面 $x^2+y^2-z^2=4$ 与曲面 $x^2-y^2-2z=1$ 各自在点 $(2,1,1)$ 处切平面的夹角为________.

三、解答题

1. 设空间中有五个点:$A(1,0,1)$,$B(1,1,2)$,$C(1,-2,-2)$,$D(3,1,0)$,$E(3,1,2)$.试求过点 E 且与 A,B,C 所在的平面平行而与直线 AD 垂直的直线方程.

2. 求过点 $P_0(-1,0,1)$ 且与直线 $L_1:\begin{cases}x-2y-z+4=0,\\ x-z=2\end{cases}$ 及直线 $L_2:\dfrac{x}{2}=\dfrac{y-1}{-1}=\dfrac{z+2}{0}$ 均相交的直线方程.

3. 求在所有过直线 $\begin{cases}x+y+z+1=0,\\ 2x+y+z=0\end{cases}$ 的平面中,到原点距离最大的平面.

4. 已知直线 $L:\dfrac{x}{1}=\dfrac{y}{2}=\dfrac{z}{1}$ 在平面 π 上,且直线 L 平分平面 π 和平面 $y=0$ 的交线与平

基础篇练习题

面 π 和平面 $x+y=0$ 的交线的夹角.求平面 π 的方程.

5.已知一平面过点 $(2,2,0)$ 和 $(3,1,1)$,且和球面 $x^2+y^2+z^2=6$ 相切,试求该平面的方程.

6.求直线 $L:\dfrac{x-1}{1}=\dfrac{y}{1}=\dfrac{z}{-1}$ 绕 z 轴旋转一周所形成的旋转曲面 Σ 的方程,并说明 Σ 是何种曲面.

7.求曲面 $z^2=2x$ 与 $z=\sqrt{x^2+y^2}$ 所围立体在三个坐标面上的投影区域.

第 6 章　多元函数微分学及其应用

一、选择题

1. 二元函数 $f(x,y)=\begin{cases}\dfrac{xy}{x^2+y^2}, & (x,y)\neq(0,0),\\ 0, & (x,y)=(0,0)\end{cases}$ 在点(0,0)处(　　).

(A) 连续,偏导数存在　　(B) 连续,偏导数不存在

(C) 不连续,偏导数存在　　(D) 不连续,偏导数不存在

2. (仅限数学一) 设函数 $f(x,y)$ 在点(0,0)附近有定义,且 $f'_x(0,0)=-3, f'_y(0,0)=1$,则(　　).

(A) $dz\Big|_{(0,0)}=-3dx+dy$

(B) 曲面 $z=f(x,y)$ 在点 $(0,0,f(0,0))$ 处的法向量为 $\{-3,1,1\}$

(C) 曲线 $\begin{cases}z=f(x,y),\\ y=0\end{cases}$ 在点 $(0,0,f(0,0))$ 处的切向量为 $\{1,0,-3\}$

(D) 曲线 $\begin{cases}z=f(x,y),\\ y=0\end{cases}$ 在点 $(0,0,f(0,0))$ 处的切向量为 $\{-3,0,1\}$

3. 设函数 $z=f(x,y)$ 的全微分为 $dz=xdx+ydy$,则点(0,0)(　　).

(A) 不是 $f(x,y)$ 的连续点　　(B) 不是 $f(x,y)$ 的极值点

(C) 是 $f(x,y)$ 的极大值点　　(D) 是 $f(x,y)$ 的极小值点

4. (仅限数学一) 在曲线 $x=t, y=t^2, z=t^3$ 的所有切线中,与平面 $x+2y+z=4$ 平行的切线(　　).

(A) 只有 1 条　　(B) 只有 2 条　　(C) 至少有 3 条　　(D) 不存在

5. (仅限数学一) 函数 $f(x,y,z)=x^2y+z^2$ 在点(1,2,0)处沿向量 $\boldsymbol{n}=\{1,2,2\}$ 的方向导数为(　　).

(A)12　　(B)6　　(C)4　　(D)2

二、填空题

1. 设 $z=\left(\dfrac{y}{x}\right)^{\frac{x}{y}}$,则 $\dfrac{\partial z}{\partial x}\Big|_{(1,2)}=$________.

2. 由方程 $xyz+\sqrt{x^2+y^2+z^2}=\sqrt{2}\,(z\leqslant 0)$ 所确定的函数 $z=z(x,y)$ 在点(1,0)处

的全微分 $\mathrm{d}z\Big|_{(1,0)}=$________.

3.(仅限数学一) 由曲线 $\begin{cases}3x^2+2y^2=12,\\z=0\end{cases}$ 绕 y 轴旋转一周得到的旋转曲面在点 $(0,\sqrt{3},\sqrt{2})$ 处的指向外侧的单位法向量为________.

4.设函数 $F(x,y)=\int_0^{xy}\frac{\sin t}{1+t^2}\mathrm{d}t$,则 $\frac{\partial^2 F}{\partial x^2}\Big|_{(0,2)}=$________.

5.(仅限数学一) 设 $r=\sqrt{x^2+y^2+z^2}$,则 $\mathbf{grad}\, r\Big|_{(1,-2,2)}=$________.

三、解答题

1.分别求下列极限:

(1) $\lim\limits_{\substack{x\to 0\\y\to 1}}\frac{\ln(\mathrm{e}^x+y)}{2x+y^2}$;　　(2) $\lim\limits_{\substack{x\to 0\\y\to 0}}\frac{\ln(1+x^2+y^2)}{1-\sqrt{1+x^2+y^2}}$;

(3) $\lim\limits_{\substack{x\to 0\\y\to 0}}(1-\sin xy)^{\frac{1}{xy}}$;　　(4) $\lim\limits_{\substack{x\to +\infty\\y\to +\infty}}(x^2+y^2)\mathrm{e}^{-(x+y)}$.

2.分别证明下列极限不存在:

(1) $\lim\limits_{\substack{x\to 0\\y\to 0}}\frac{xy^2}{x^2+y^4}$;　　(2) $\lim\limits_{\substack{x\to 0\\y\to 0}}\frac{x^2y^2}{x^2y^2+(x-y)^2}$.

3.分别讨论下列函数在点(0,0)处的连续性和可偏导性:

(1) $f(x,y)=\begin{cases}\frac{xy^2}{x^2+y^2}, & (x,y)\neq(0,0),\\ 0, & (x,y)=(0,0);\end{cases}$

(2) $f(x,y)=\sqrt{x^2+y^2}$;

(3) $f(x,y)=\begin{cases}\frac{x^2-y^2}{x^2+y^2}, & (x,y)\neq(0,0),\\ 1, & (x,y)=(0,0).\end{cases}$

4.设函数 $f(x,y)=\begin{cases}xy\sin\frac{1}{x^2+y^2}, & (x,y)\neq(0,0),\\ 0, & (x,y)=(0,0),\end{cases}$ 证明:

(1) $f'_x(0,0)$,$f'_y(0,0)$ 存在;

(2) $f'_x(x,y)$,$f'_y(x,y)$ 在点(0,0)处不连续;

(3) $f(x,y)$ 在点(0,0)处可微.

5.分别求下列复合函数的偏导数:

(1) $z=u^2\ln v$,且 $u=\frac{x}{y}$,$v=3x-2y$,求 $\frac{\partial z}{\partial x}$,$\frac{\partial z}{\partial y}$;

(2) $u=(x+y)^z$，且 $z=x^2-y^2$，求 $\frac{\partial u}{\partial x},\frac{\partial u}{\partial y}$.

6. 设函数 $z=f\left(x+y,\frac{x}{y}\right)$，其中 f 具有二阶连续偏导数，求 $\frac{\partial^2 z}{\partial x^2},\frac{\partial^2 z}{\partial x\partial y}$.

7. 设 $z=x^2 f(x-y,\mathrm{e}^{x+y})$，其中 f 具有二阶连续偏导数，求 $\frac{\partial z}{\partial x},\frac{\partial z}{\partial y},\frac{\partial^2 z}{\partial x\partial y},\frac{\partial^2 z}{\partial y^2}$.

8. 设方程 $2xz-2xyz+\ln(xyz)=0$ 确定二元函数 $z=z(x,y)$，先求全微分 $\mathrm{d}z$，再求偏导数 $\frac{\partial z}{\partial x},\frac{\partial z}{\partial y}$.

9. 证明由方程 $F\left(\frac{y}{x},\frac{z}{x}\right)=0$(其中 F 为可微函数，$F'_2\neq 0$) 所确定的隐函数 $z=z(x,y)$ 满足关系式

$$x\frac{\partial z}{\partial x}+y\frac{\partial z}{\partial y}=z.$$

10. 分别求下列方程组所确定的隐函数的导数或偏导数：

(1) $\begin{cases} z=x^2+y^2, \\ x^2+y^2+z^2=1, \end{cases}$ 求 $\frac{\mathrm{d}y}{\mathrm{d}x},\frac{\mathrm{d}z}{\mathrm{d}x}$；

(2) $\begin{cases} xu-yv=0, \\ yu+xv=1, \end{cases}$ 求 $\frac{\partial u}{\partial x},\frac{\partial u}{\partial y},\frac{\partial v}{\partial x},\frac{\partial v}{\partial y}$.

11. 分别求下列函数的极值：

(1) $f(x,y)=\mathrm{e}^{2x}(x+y^2+2y)$；

(2) $f(x,y)=1-\sqrt{x^2+y^2}$.

12. 求抛物线 $y=x^2$ 上的点到直线 $x-y-2=0$ 的最短距离.

13. 分别求下列函数在指定区域 D 上的最大值和最小值：

(1) $f(x,y)=x^2+2y^2-x^2y^2$，$D=\{(x,y)\mid x^2+y^2\leqslant 4,y\geqslant 0\}$；

(2) $f(x,y)=xy\sqrt{1-x^2-y^2}$，$D=\{(x,y)\mid x^2+y^2\leqslant 1,x\geqslant 0,y\geqslant 0\}$.

14. (仅限数学一) 求曲面 $x^2+2y^2+3z^2=21$ 平行于平面 $x+4y+6z=0$ 的切平面.

基础篇练习题

第 7 章 重积分

基础篇练习题

一、选择题

1. 设区域 D 由 $x+y=\frac{1}{2}$，$x+y=1$ 及两个坐标轴围成，记 $I_1=\iint\limits_D \ln(x+y)^3\mathrm{d}x\mathrm{d}y$，$I_2=\iint\limits_D (x+y)^3\mathrm{d}x\mathrm{d}y$，$I_3=\iint\limits_D \sin(x+y)^3\mathrm{d}x\mathrm{d}y$，则(　　).

(A)$I_2<I_3<I_1$　　　　(B)$I_1<I_2<I_3$

(C)$I_1<I_3<I_2$　　　　(D)$I_3<I_2<I_1$

2. 设区域 D 由曲线 $y=\sin x$，$x=\pm\frac{\pi}{2}$，$y=1$ 围成，则 $\iint\limits_D (xy^5-1)\mathrm{d}x\mathrm{d}y=$(　　).

(A)π　　(B)2　　(C)-2　　(D)$-\pi$

3.（仅限数学一）设有空间区域 $\Omega_1: x^2+y^2+z^2\leqslant R^2, z\geqslant 0$ 及 $\Omega_2: x^2+y^2+z^2\leqslant R^2$，$x\geqslant 0, y\geqslant 0, z\geqslant 0$，则(　　).

(A)$\iiint\limits_{\Omega_1} x\,\mathrm{d}v=4\iiint\limits_{\Omega_2} x\,\mathrm{d}v$　　　　(B)$\iiint\limits_{\Omega_1} y\,\mathrm{d}v=4\iiint\limits_{\Omega_2} y\,\mathrm{d}v$

(C)$\iiint\limits_{\Omega_1} z\,\mathrm{d}v=4\iiint\limits_{\Omega_2} z\,\mathrm{d}v$　　　　(D)$\iiint\limits_{\Omega_1} xyz\,\mathrm{d}v=4\iiint\limits_{\Omega_2} xyz\,\mathrm{d}v$

4. 设 $f(x,y)$ 为连续函数，则 $\int_0^{\frac{\pi}{4}}\mathrm{d}\theta\int_0^1 f(r\cos\theta, r\sin\theta)r\,\mathrm{d}r$ 等于(　　).

(A)$\int_0^{\frac{\sqrt{2}}{2}}\mathrm{d}x\int_x^{\sqrt{1-x^2}} f(x,y)\mathrm{d}y$　　　　(B)$\int_0^{\frac{\sqrt{2}}{2}}\mathrm{d}x\int_0^{\sqrt{1-x^2}} f(x,y)\mathrm{d}y$

(C)$\int_0^{\frac{\sqrt{2}}{2}}\mathrm{d}y\int_y^{\sqrt{1-y^2}} f(x,y)\mathrm{d}x$　　　　(D)$\int_0^{\frac{\sqrt{2}}{2}}\mathrm{d}y\int_0^{\sqrt{1-y^2}} f(x,y)\mathrm{d}x$

5.（仅限数学一）区域 $x^2+y^2+z^2\leqslant 2z$ 与 $z\leqslant x^2+y^2$ 公共部分的体积 $V=$(　　).

(A)$\int_0^{2\pi}\mathrm{d}\theta\int_0^1 r\,\mathrm{d}r\int_{r^2}^{1-r^2}\mathrm{d}z$　　　　(B)$\int_0^{2\pi}\mathrm{d}\theta\int_0^1 r\,\mathrm{d}r\int_1^{1-\sqrt{1-r^2}}\mathrm{d}z$

(C)$\int_0^{2\pi}\mathrm{d}\theta\int_0^1 r\,\mathrm{d}r\int_{r^2}^{1-r}\mathrm{d}z$　　　　(D)$\int_0^{2\pi}\mathrm{d}\theta\int_0^1 r\,\mathrm{d}r\int_{1-\sqrt{1-r^2}}^{r^2}\mathrm{d}z$

6. 设 $f(x)$ 为连续函数，$F(t)=\int_1^t\mathrm{d}y\int_y^t f(x)\mathrm{d}x$，则 $F'(2)=$(　　).

(A)$2f(2)$　　(B)$f(2)$　　(C)$-f(2)$　　(D)0

7.(仅限数学一)设函数 $f(u)$ 有连续导数且 $f(0)=0$,区域 $\Omega: x^2+y^2+z^2 \leqslant t^2$,则 $\lim\limits_{t \to 0^+} \dfrac{1}{\pi t^4} \iiint\limits_{\Omega} f(\sqrt{x^2+y^2+z^2})\,\mathrm{d}v = ($ $)$.

(A) $f(0)$　　(B) $f'(0)$　　(C) $\dfrac{1}{\pi} f'(0)$　　(D) $\dfrac{2}{\pi} f'(0)$

二、填空题

1. $\int_0^2 \mathrm{d}x \int_x^2 \mathrm{e}^{-y^2}\,\mathrm{d}y =$ ________.

2. 交换二重积分的次序 $\int_{-1}^0 \mathrm{d}y \int_2^{1-y} f(x,y)\,\mathrm{d}x =$ ________.

3.若函数 $f(x,y)$ 在区域 $D:0 \leqslant x \leqslant 1, 0 \leqslant y \leqslant 1$ 上连续,且 $xy\left[\iint\limits_D f(x,y)\,\mathrm{d}\sigma\right]^2 = f(x,y)-1$,则 $f(x,y)=$ ________.

4.设 $D=\{(x,y)\mid 0 \leqslant x \leqslant 2, 0 \leqslant y \leqslant 2\}$,则 $\iint\limits_D \max\{xy,1\}\,\mathrm{d}x\,\mathrm{d}y =$ ________.

5.(仅限数学一)设区域 $\Omega=\left\{(x,y,z)\,\middle|\, x^2+\dfrac{y^2}{2^2}+\dfrac{z^2}{3^2} \leqslant 1, 0 \leqslant z \leqslant 1\right\}$,则 $\iiint\limits_{\Omega} z^2\,\mathrm{d}v =$ ________.

6.(仅限数学一)曲面 $z=\sqrt{x^2+y^2}$ 夹在圆柱面 $x^2+y^2=y, x^2+y^2=2y$ 之间部分的面积为________.

三、解答题

1.利用二重积分性质,分别估计下列积分值:

(1) $I=\iint\limits_D \dfrac{1}{100+\cos^2 x+\cos^2 y}\,\mathrm{d}\sigma$,其中 D 是矩形区域: $|x|+|y| \leqslant 10$;

(2) $I=\iint\limits_D \sqrt{x^2+y^2}\,\mathrm{d}\sigma$,其中 D 是矩形区域: $0 \leqslant x \leqslant 1, 0 \leqslant y \leqslant 2$.

2.设函数 $f(x,y)$ 连续,求 $\lim\limits_{R \to 0^+} \dfrac{\iint\limits_D f(x,y)\,\mathrm{d}\sigma}{R^2}$,其中 $D: x^2+y^2 \leqslant R^2$.

3.分别计算下列二重积分:

(1) $\iint\limits_D x\cos(x+y)\,\mathrm{d}\sigma$,其中 D 是顶点分别为 $(0,0)$, $(\pi,0)$, (π,π) 的三角形闭区域;

(2) $\iint\limits_D x\,\mathrm{e}^{xy}\,\mathrm{d}\sigma$,其中 D 是由 $x=0, y=1, y=\dfrac{1}{2}, y=\dfrac{1}{x}$ 围成的闭区域;

(3) $\iint\limits_D |y-x^2|\,\mathrm{d}\sigma$,其中 $D=\{(x,y \mid 0 \leqslant x \leqslant 1, 0 \leqslant y \leqslant 1)\}$;

(4) $\iint\limits_{D}(3x^3+y)\,d\sigma$,其中 D 是由两条抛物线 $y=x^2$ 和 $y=4x^2$ 以及直线 $y=1$ 围成的闭区域.

4. 分别交换下列二次积分的积分次序:

(1) $\int_0^1 dy\int_{1-y}^{1+y^2} f(x,y)\,dx$; (2) $\int_1^2 dx\int_{2-x}^{\sqrt{2x-x^2}} f(x,y)\,dy$;

(3) $\int_0^1 dy\int_{\sqrt{y}}^{\sqrt{2-y^2}} f(x,y)\,dx$.

5. 分别计算下列二次积分:

(1) $\int_0^{2\pi} dx\int_x^{2\pi}\frac{|\sin y|}{y}dy$;

(2) $\int_0^1 dx\int_{e^{\frac{x}{2}}}^{e^x}\frac{1}{\ln y}dy+\int_1^2 dx\int_{e^{\frac{x}{2}}}^{e}\frac{1}{\ln y}dy$.

6. 分别把下列二次积分化为极坐标形式,并计算积分值:

(1) $\int_0^a dy\int_0^{\sqrt{a^2-y^2}}(x^2+y^2)\,dx$; (2) $\int_0^1 dy\int_y^{\sqrt{y}}\frac{1}{\sqrt{x^2+y^2}}dx$.

7. 分别选择适当的坐标计算下列二重积分:

(1) $\iint\limits_{D}\frac{x^2}{y^2}d\sigma$,其中 D 是由直线 $x=2$, $y=x$ 及曲线 $xy=1$ 所围成的闭区域;

(2) $\iint\limits_{D}\sqrt{R^2-x^2-y^2}\,d\sigma$,其中 D 是由圆周 $x^2+y^2=Rx$ 所围成的闭区域.

8. 计算 $\iint\limits_{D}x\mathrm{e}^{-y^2}dx\,dy$,其中 D 是由曲线 $y=4x^2$ 和 $y=9x^2$ 在第一象限所围成的区域.

9. 计算 $\iint\limits_{D}\frac{1}{\sqrt{a^2-x^2-y^2}}dx\,dy$,其中 $D: x^2+y^2\leqslant a^2\ (a>0)$.

10. (仅限数学一) 分别计算下列三重积分:

(1) $\iiint\limits_{\Omega}\frac{dv}{(1+x+y+z)^2}$,其中 Ω 是由平面 $x+y+z=1$ 及三坐标面所围成的闭区域;

(2) $\iiint\limits_{\Omega}xy^2z^3\,dv$,其中 Ω 是由 $z=xy$ 与 $y=x$, $y=1$, $z=0$ 所围成的闭区域;

(3) $\iiint\limits_{\Omega}\mathrm{e}^{|z|}\,dv$,其中区域 $\Omega: x^2+y^2+z^2\leqslant 1$.

11. (仅限数学一) 利用柱面坐标或球面坐标分别计算下列积分:

(1) $\iiint\limits_{\Omega}\mathrm{e}^{-x^2-y^2}\,dv$,其中 $\Omega: x^2+y^2\leqslant 1, 0\leqslant z\leqslant 1$;

(2) $\iiint\limits_{\Omega}\frac{\sin\sqrt{x^2+y^2+z^2}}{x^2+y^2+z^2}dv$,其中 $\Omega: x^2+y^2+z^2\leqslant 1, x\geqslant 0, y\geqslant 0, z\geqslant 0$;

(3) $\iiint\limits_{\Omega}z\,dv$,其中 $\Omega: x^2+y^2+(z-a)^2\leqslant a^2, x^2+y^2\leqslant z^2$,常数 $a>0$.

12.(仅限数学一) 分别计算下列曲面所围成立体的体积：

(1) 曲面 $x=\sqrt{y-z^2}$，$x=\frac{1}{2}\sqrt{y}$ 及平面 $y=1$；

(2) 旋转抛物面 $x^2+y^2=az$，圆锥面 $z=2a-\sqrt{x^2+y^2}$（常数 $a>0$）.

13.(仅限数学一) 求曲面 $x^2+y^2=ax$，$z^2=4ax\ (a>0)$ 所围立体的全部表面面积.

14.(仅限数学一) 球体占有空间区域 Ω：$x^2+y^2+z^2\leqslant 2Rz$，且区域内各点处密度等于该点到原点的距离的平方，求该球体的质心坐标.

第 8 章 常微分方程

一、选择题

1. 设非齐次线性微分方程 $y'+P(x)y=Q(x)$ 有两个不同的解 $y_1(x)$，$y_2(x)$，C 为任意常数，则该方程通解是（　　）.

(A) $C[y_1(x)-y_2(x)]$　　(B) $y_1(x)+C[y_1(x)-y_2(x)]$

(C) $C[y_1(x)+y_2(x)]$　　(D) $y_1(x)+C[y_1(x)+y_2(x)]$

2. 微分方程 $y''-3y'+2y=e^x\cos 2x$ 的特解形式 y^* 是（　　），其中 A，B 为待定系数.

(A) $e^x(A\cos 2x+B\sin 2x)$　　(B) $xe^x(A\cos 2x+B\sin 2x)$

(C) $x^2e^x(A\cos 2x+B\sin 2x)$　　(D) $Ae^x\cos 2x$

二、填空题

1. 微分方程 $xy'+y=0$ 满足初始条件 $y(1)=2$ 的特解为________.

2. 过点 $\left(\frac{1}{2},0\right)$ 且满足关系式 $y'\arcsin x+\frac{y}{\sqrt{1-x^2}}=1$ 的曲线方程为________.

3. 微分方程 $y''-4y'+3y=2e^{2x}$ 的通解为________.

三、解答题

1. 求微分方程 $y-xy'=a(y^2+y')$ 的通解，其中 a 为常数.

2. 求初值问题 $\begin{cases}(y+\sqrt{x^2+y^2})\mathrm{d}x-x\,\mathrm{d}y=0,\\ y\big|_{x=1}=0\end{cases}$ $(x>0)$ 的解.

3. 设 $y=e^x$ 是微分方程 $xy'+P(x)y=x$ 的一个解，求此微分方程满足条件 $y(\ln 2)=0$ 的特解.

4.（仅限数学一、数学二）求微分方程 $(1-x^2)y''-xy'=0$ 满足初始条件 $y(0)=0$，$y'(0)=1$ 的特解.

5. 设函数 $y=y(x)$ 满足微分方程 $y''-3y'+2y=2e^x$，且其图形在点 $(0,1)$ 处的切线与曲线 $y=x^2-x+1$ 在该点的切线重合，求 $y(x)$.

6. 设有 $[0,+\infty)$ 上的连续曲线 $y=f(x)$，$f(x)\geqslant 0$. 若对任意 $x\in[0,+\infty)$，在 $[0,x]$ 上以曲线 $y=f(x)$ 为曲边的曲边梯形的面积 S_1 和以曲线 $y=e^x$ 为曲边的曲边梯形的面积 S_2 满足 $S_2-S_1=f(x)$，求 $f(x)$ 的表达式.

第 9 章 无穷级数（仅限数学一、数学三）

基础篇练习题

一、选择题

1. 设 $u_n=(-1)^n\ln\left(1+\frac{1}{\sqrt{n}}\right), n=1,2,\cdots$，则级数（　　）.

(A) $\sum_{n=1}^{\infty}u_n$ 与 $\sum_{n=1}^{\infty}u_n^2$ 都收敛　　(B) $\sum_{n=1}^{\infty}u_n$ 与 $\sum_{n=1}^{\infty}u_n^2$ 都发散

(C) $\sum_{n=1}^{\infty}u_n$ 收敛，而 $\sum_{n=1}^{\infty}u_n^2$ 发散　　(D) $\sum_{n=1}^{\infty}u_n$ 发散，而 $\sum_{n=1}^{\infty}u_n^2$ 收敛

2. 下列级数中发散的是（　　）.

(A) $\sum_{n=1}^{\infty}\frac{2^n}{n!}$　　(B) $\sum_{n=1}^{\infty}\frac{\sin n}{n^2}$

(C) $\sum_{n=1}^{\infty}\left(1-\cos\frac{1}{\sqrt{n}}\right)$　　(D) $\sum_{n=1}^{\infty}(-1)^n\frac{n+1}{n^2}$

3. 设 α 是常数，则级数 $\sum_{n=1}^{\infty}\left(\frac{\sin n\alpha}{n^3}-\frac{1}{n}\right)$（　　）.

(A) 发散　　(B) 绝对收敛　　(C) 条件收敛　　(D) 收敛与否与 α 有关

4. 若可由 $\sum_{n=1}^{\infty}a_n$ 发散推出 $\sum_{n=1}^{\infty}b_n$ 发散. 则下列关系中，a_n,b_n 应满足（　　）.

(A) $|a_n|\leqslant b_n$　　(B) $a_n<b_n$　　(C) $a_n<|b_n|$　　(D) $|a_n|<|b_n|$

二、填空题

1. 已知级数 $\sum_{n=1}^{\infty}(-1)^{n-1}u_n=2, \sum_{n=1}^{\infty}u_{2n-1}=5$，则级数 $\sum_{n=1}^{\infty}u_n=$________.

2. $\sum_{n=1}^{\infty}\frac{1}{(3n-1)(3n+2)}=$________.

3. 幂级数 $\sum_{n=1}^{\infty}\frac{e^n-(-1)^n}{n^2}x^n$ 的收敛半径为________.

4. 级数 $\sum_{n=1}^{\infty}\frac{(x-2)^{2n}}{n4^n}$ 的收敛域为________.

5. 已知幂级数 $\sum_{n=0}^{\infty}a_n(x+2)^n$ 在点 $x=0$ 处收敛，在点 $x=-4$ 处发散，则幂级数 $\sum_{n=0}^{\infty}a_n$

$(x-3)^n$ 的收敛域为________.

6. $\dfrac{\mathrm{d}}{\mathrm{d}x}\left(\dfrac{\mathrm{e}^x-1}{x}\right)$ 的幂级数展开式为________.

三、解答题

1. 判别级数 $\sum\limits_{n=1}^{\infty}\dfrac{1}{\sqrt{n}+\sqrt{n+1}}=\dfrac{1}{1+\sqrt{2}}+\dfrac{1}{\sqrt{2}+\sqrt{3}}+\cdots$ 的敛散性.

2. 分别判别下列级数的敛散性.

(1) $\sum\limits_{n=1}^{\infty}\dfrac{1}{n^{\alpha}}\sin\dfrac{1}{n}$（常数 $\alpha>0$）；

(2) $\sum\limits_{n=1}^{\infty}\dfrac{n}{\sqrt{n^3+n+1}}$；

(3) $\sum\limits_{n=2}^{\infty}\dfrac{1}{n}\ln\dfrac{n+1}{n-1}$；

(4) $\sum\limits_{n=1}^{\infty}\dfrac{(n!)^2}{(2n)!}$.

3. 求幂级数 $\sum\limits_{n=1}^{\infty}\dfrac{(-1)^{n-1}}{2n-1}x^{2n}$ 的收敛域与和函数.

4. 求幂级数 $\sum\limits_{n=1}^{\infty}\left(\dfrac{1}{2n+1}-1\right)x^{2n}$ 在区间 $(-1,1)$ 内的和函数 $S(x)$.

5.（仅限数学一）将函数 $f(x)=|x|\ (-\pi\leqslant x<\pi)$ 展开成傅里叶级数.

第 10 章　曲线积分与曲面积分（仅限数学一）

一、选择题

1. 设 L 为圆周 $|x|+|y|=1$，则 $\oint_L (x+|y|)\mathrm{d}s=$（　　）.

(A)0　　(B) $\sqrt{2}$　　(C)2　　(D) $2\sqrt{2}$

2. 设有向曲线 L 为 $x^2+y^2=1, y\geqslant 0, x:-1\to 1$，$f(x,y)$ 在有向曲线 L 上连续，则以下结论不正确的是（　　）.

(A) $\int_L f(x,y)\mathrm{d}s=\int_L f(x,\sqrt{1-x^2})\mathrm{d}s$

(B) $\int_L f(x,y)\mathrm{d}y=\int_0^1 [f(-\sqrt{1-y^2},y)-f(\sqrt{1-y^2},y)]\mathrm{d}y$

(C) $\int_L f(x,y)\mathrm{d}s=\int_\pi^0 f(\cos\theta,\sin\theta)\mathrm{d}\theta$

(D) $\int_L f(x,y)\mathrm{d}y=\int_\pi^0 f(\cos\theta,\sin\theta)\cos\theta\mathrm{d}\theta$

3. 已知当 $x>0, y>0$ 时曲线积分 $\int_L \dfrac{x\mathrm{d}y-y\mathrm{d}x}{\varphi(x,y)}$ 与路径无关，则下列函数中，$\varphi(x,y)$ 不可能为（　　）.

(A) xy　　(B) $\dfrac{x}{y}$　　(C) x^2　　(D) x^2+y^2

4. 设曲面 $\Sigma: z=\sqrt{1-x^2-y^2}$，取上侧，则不等于零的积分为（　　）.

(A) $\iint\limits_\Sigma x^2\mathrm{d}y\mathrm{d}z$　　(B) $\iint\limits_\Sigma x\mathrm{d}y\mathrm{d}z$　　(C) $\iint\limits_\Sigma z\mathrm{d}z\mathrm{d}x$　　(D) $\iint\limits_\Sigma y\mathrm{d}x\mathrm{d}y$

二、填空题

1. 设曲线 L 为 $x^2+y^2=1$，$f(x,y)=(x-1)^2+y^2\oint_L f(x,y)\mathrm{d}s$，则 $\oint_L f(x,y)\mathrm{d}s=$ ________.

2. 设 Σ 是球面 $x^2+y^2+z^2=a^2$ 被平面 $z=h(0<h<a)$ 截出的顶部，则 $\iint\limits_\Sigma z\mathrm{d}S=$ ________.

3. 已知 $(axy^3-y^2\cos x)\mathrm{d}x+(1+by\sin x+3x^2y^2)\mathrm{d}y$ 为某一函数 $u(x,y)$ 的全微分，

则 $a=$________，$b=$________.

4. 半圆柱面 $x^2+y^2=1(y\geqslant 0)$ 被平面 $z=0$ 及椭圆抛物面 $z=2x^2+y^2$ 所截下部分的面积为________.

5. 设旋转抛物面状的物体占有曲面 $\Sigma:2z=x^2+y^2,x^2+y^2\leqslant 4$，其面密度为 $\dfrac{1}{1+2z}$，则该物体的质量为________.

三、解答题

1. 计算 $\int_L (x^2+y^2)\mathrm{d}s$，其中曲线 L 为 $x=\cos t+t\sin t,y=\sin t-t\cos t,0\leqslant t\leqslant 2\pi$.

2. 计算 $\int_\Gamma y^2\mathrm{d}s$，其中曲线 Γ 为 $\begin{cases}x^2+y^2+z^2=4,\\ y+z=2.\end{cases}$

3. 已知曲线 L 的方程为 $y=1-|x|$，起点为 $(-1,0)$，终点为 $(1,0)$，求 $\int_L xy\mathrm{d}x+x^2\mathrm{d}y$.

4. 计算 $\oint_L \dfrac{(\mathrm{e}^{x^2}-x^2y)\mathrm{d}x+[xy^2-\sin(y^2)]\mathrm{d}y}{x^2+y^2}$，其中 $L:x^2+y^2=1$，取逆时针方向.

5. (1) 在全平面上，证明曲线积分 $\int_L y^2\mathrm{e}^x\mathrm{d}x+2y\mathrm{e}^x\mathrm{d}y$ 与路径无关，并求 $y^2\mathrm{e}^x\mathrm{d}x+2y\mathrm{e}^x\mathrm{d}y$ 的一个原函数 $u(x,y)$；

(2) 计算 $I=\int_L (y^2\mathrm{e}^x-y)\mathrm{d}x+(2y\mathrm{e}^x-1)\mathrm{d}y$，其中 L 为 $x^2+y^2=2x(y\geqslant 0)$ 上从 $(2,0)$ 到 $(1,1)$ 的一段曲弧.

6. 设函数 $f(x)$ 可导，$f(0)=0$. 若曲线积分 $\int_L [f(x)+4\mathrm{e}^x]y\mathrm{d}x+f(x)\mathrm{d}y$ 与路径无关，求 $f(x)$ 和 $I=\int_{(0,0)}^{(1,1)}[f(x)+4\mathrm{e}^x]y\mathrm{d}x+f(x)\mathrm{d}y$ 的值.

7. 设 $f(u)$ 为连续函数，计算 $\int_L f(x+y)(\mathrm{d}x+\mathrm{d}y)$，其中 L 为从点 $(6,2)$ 到 $(3,5)$ 的光滑有向曲线.

8. 设 Σ 为圆柱体 $\Omega:x^2+y^2\leqslant 4,0\leqslant z\leqslant 2$ 表面的外侧，求

$$I=\oiint_\Sigma x^3\mathrm{d}y\mathrm{d}z+y^2\mathrm{d}z\mathrm{d}x+z\mathrm{d}x\mathrm{d}y.$$

9. 设曲面 Σ 是 $z=2-x^2-y^2(1\leqslant z\leqslant 2)$ 的上侧，计算

$$I=\iint_\Sigma (y-x)\mathrm{d}y\mathrm{d}z+(z-y)\mathrm{d}z\mathrm{d}x+(x-z)\mathrm{d}x\mathrm{d}y.$$

10. 计算曲面积分 $I=\iint_\Sigma (2x-y^2)\mathrm{d}y\mathrm{d}z+z\mathrm{d}x\mathrm{d}y$，其中 Σ 是圆柱面 $x^2+y^2=1$ 被平面 $z=2$ 与 $z=0$ 所截下的有限部分，取外侧.

11. 计算 $I=\oint_{\Gamma}(x+y)\mathrm{d}x-2y\mathrm{d}y+(x+z)\mathrm{d}z$，其中 Γ 为 $x^2+2y^2=1$ 与 $x^2+2y^2=-z$ 的交线，从 z 轴正向看，Γ 是逆时针方向.

12. 设函数 $u=u(x,y,z)$ 具有二阶连续偏导数，证明 $\mathbf{rot}(\mathbf{grad}\ u)=\mathbf{0}$.

基础篇练习题

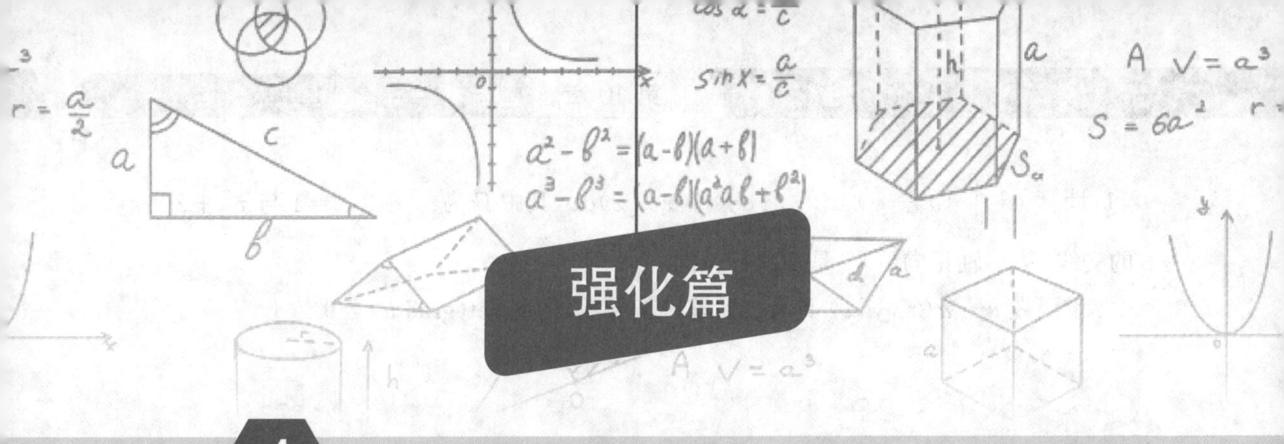

第1章 函数、极限与连续

强化篇练习题

一、选择题

1. 设$\{a_n\}$，$\{b_n\}$，$\{c_n\}$均为非负的数列，且$\lim\limits_{n\to\infty}a_n=0$，$\lim\limits_{n\to\infty}b_n=1$，$\lim\limits_{n\to\infty}c_n=\infty$，则必有(　　).

(A)$a_n<b_n$对任意n成立　(B)$b_n<c_n$对任意n成立

(C)$\lim\limits_{n\to\infty}a_nc_n$不存在　(D)$\lim\limits_{n\to\infty}b_nc_n$不存在

2. 设数列$\{x_n\}$与$\{y_n\}$满足$\lim\limits_{n\to\infty}x_ny_n=0$,则下列命题正确的是(　　).

(A) 若$\{x_n\}$发散,则$\{y_n\}$必发散　(B) 若$\{x_n\}$无界,则$\{y_n\}$必有界

(C) 若$\{x_n\}$有界,则y_n必为无穷小　(D) 若$\dfrac{1}{x_n}$为无穷小,则y_n必为无穷小

3. 设$\lim\limits_{n\to\infty}x_n$,$\lim\limits_{n\to\infty}y_n$均不存在,则下列命题正确的是(　　).

(A) 若$\lim\limits_{n\to\infty}(x_n+y_n)$不存在,则$\lim\limits_{n\to\infty}(x_n-y_n)$必不存在

(B) 若$\lim\limits_{n\to\infty}(x_n+y_n)$不存在,则$\lim\limits_{n\to\infty}(x_n-y_n)$必存在

(C) 若$\lim\limits_{n\to\infty}(x_n+y_n)$存在,则$\lim\limits_{n\to\infty}(x_n-y_n)$必不存在

(D) 若$\lim\limits_{n\to\infty}(x_n+y_n)$存在,则$\lim\limits_{n\to\infty}(x_n-y_n)$必存在

4. 设$\lim\limits_{x\to0^+}\dfrac{\sqrt{4+\dfrac{f(x)}{x^2}}-1}{x^a}=a$(此处$a$为正的常数,且$a\neq2$),那么必有(　　).

(A) $\lim\limits_{x\to0^+}f(x)$存在且不为零　(B) $\lim\limits_{x\to0^+}\dfrac{f(x)}{x^a}$存在且不为零

(C) $\lim\limits_{x\to0^+}\dfrac{f(x)}{x^2}$存在且不为零　(D) $\lim\limits_{x\to0^+}\dfrac{f(x)}{x^{a+2}}$存在且不为零

5. 设$\cos x-1=x\sin\alpha(x)$,$|\alpha(x)|<\dfrac{\pi}{2}$,则当$x\to0$时,$\alpha(x)$是(　　).

(A) 比x高阶的无穷小　(B) 比x低阶的无穷小

(C) 与x同阶但不等价的无穷小　(D) x的等价无穷小

6. 下列结论正确的是(　　).

(A) 若 $f(x)$ 在点 x_0 处连续,则 $|f(x)|$ 未必在点 x_0 处连续

(B) 若 $|f(x)|$ 在点 x_0 处连续,则 $f^2(x)$ 必在点 x_0 处连续

(C) 若 $f^2(x)$ 在点 x_0 处连续,则 $f(x)$ 必在点 x_0 处连续

(D) 若 $|f(x)|$ 在点 x_0 处连续,则 $f(x)$ 必在点 x_0 处连续

7. 设函数 $f(x)=\begin{cases}-1, & x<0,\\ 1, & x\geqslant 0,\end{cases}$ $g(x)=\begin{cases}2-ax, & x\leqslant -1,\\ x, & -1<x<0,\\ x-b, & x\geqslant 0.\end{cases}$ 若 $f(x)+g(x)$ 在 $(-\infty,+\infty)$ 内连续,则(　　).

(A) $a=3,b=1$　(B) $a=3,b=2$　(C) $a=-3,b=1$　(D) $a=-3,b=2$

8. 函数 $f(x)=\lim\limits_{t\to 0}\left(1+\dfrac{\sin t}{x}\right)^{\frac{x^2}{t}}$ 在 $(-\infty,+\infty)$ 内(　　).

(A) 连续　(B) 有可去间断点

(C) 有跳跃间断点　(D) 有无穷间断点

9. 设 $f(x)=\begin{cases}x-1, & x\geqslant 0,\\ -\dfrac{1}{|1+x|}-1, & x<0,x\neq -1,\\ -1, & x=-1.\end{cases}$ 则(　　).

(A) $x=-1$ 是 $f[f(x)]$ 的无穷间断点,$x=0$ 是 $f[f(x)]$ 的跳跃间断点

(B) $x=-1$ 是 $f[f(x)]$ 的无穷间断点,$x=0$ 是 $f[f(x)]$ 的连续点

(C) $x=-1$ 是 $f[f(x)]$ 的跳跃间断点,$x=0$ 是 $f[f(x)]$ 的无穷间断点

(D) $x=-1$ 是 $f[f(x)]$ 的连续点,$x=0$ 是 $f[f(x)]$ 的无穷间断点

二、填空题

1. $\lim\limits_{x\to 0}\dfrac{x-\dfrac{x}{\sqrt{1-x^2}}}{\tan x\ln(1+x^2)}=$________.

2. 设 $a>0$ 且 $a\neq 1$,则 $\lim\limits_{x\to\infty}x^2\left(a^{\frac{1}{x}}-a^{\frac{1}{1+x}}\right)=$________.

3. 设 $\sqrt{x+c}=\sqrt{x}+\dfrac{c}{2\sqrt{x}}[1+f(x)]$,其中 c 为正的常数,则 $\lim\limits_{x\to 0^+}f(x)=$________.

4. $\lim\limits_{x\to 1^-}\dfrac{\sqrt[5]{1-\sqrt{1-x^2}}-1}{\arcsin\left(\mathrm{e}^{-\sqrt{1-x^2}}-1\right)}=$________.

5. $\lim\limits_{x\to 0}\dfrac{(1-\sqrt{\cos x})(1-\sqrt[3]{\cos x})\cdots(1-\sqrt[n]{\cos x})}{x^{2n-2}}=$________.

6. $\lim\limits_{n\to\infty}\left(1+\dfrac{1}{\sqrt{2}}+\dfrac{1}{\sqrt[3]{3}}+\cdots+\dfrac{1}{\sqrt[n]{n}}\right)^{\frac{1}{n}}=$________.

强化篇练习题

7. 设极限$\lim\limits_{x\to 0}\dfrac{e^{ax}-e^{x\cos x}}{x\arctan x^2}$存在，则常数 $a=$________.

8. 设$f(x)=\begin{cases}\dfrac{\sqrt{1+x}-\sqrt[3]{1+x}}{\cos x(\sqrt{1+x}-1)}, & x\in(-1,0)\cup(0,1),\\ a, & x=0.\end{cases}$ 若 $f(x)$ 在 $x=0$ 处连续，则常数 $a=$________.

9. 已知函数 $f(x)$ 连续，且$\lim\limits_{x\to 0}\dfrac{1-\cos[xf(x)]}{(e^{x^2}-1)f(x)}=1$，则 $f(0)=$________.

三、解答题

1. 设 $y=f(x)$ 在$(-\infty,+\infty)$上为奇函数，已知 $f(1)=a$，且对 $\forall x\in(-\infty,+\infty)$ 有

$$f(x+2)=f(x)+f(2).$$

(1) 求 $f(5)$； (2) 若 $y=f(x)$ 是以 $T=2$ 为周期的周期函数，求 a 的值.

2. 求极限$\lim\limits_{x\to 0^+}\dfrac{\sqrt{1-e^{-2x}}-\sqrt{1-\cos x}}{\sqrt{\sin x}+\sqrt{x}}$.

3. 求极限$\lim\limits_{x\to 0}\dfrac{\sqrt{1+\tan x}-\sqrt{1+\sin x}}{\ln(1+2x^3)}$.

4. 求极限$\lim\limits_{n\to\infty}n^3\left(\sin\dfrac{1}{n}-\dfrac{1}{2}\sin\dfrac{2}{n}\right)$.

5. 求极限$\lim\limits_{x\to\infty}\left[\dfrac{x^2}{(x-a)(x+b)}\right]^x$，其中 a,b 为常数.

6. 求极限$\lim\limits_{n\to\infty}\left[1+\sin(\sqrt{1+n^2}\pi)\right]^{\frac{1}{\ln\left(1+\frac{\cos n\pi}{n}\right)}}$.

7. 求极限$\lim\limits_{x\to 0}\left[\lim\limits_{n\to\infty}\left(\cos\dfrac{x}{2}\cos\dfrac{x}{2^2}\cdots\cos\dfrac{x}{2^n}\right)\right]$.

8. 设$\lim\limits_{x\to+\infty}[(x^4+3x^3+1)^a-x]=b\neq 0$，求常数 a,b 的值.

9. 求极限$\lim\limits_{n\to\infty}\sum\limits_{k=1}^{n}(n^k+1)^{-\frac{1}{k}}$.

10. 记$(2n-1)!!=1\cdot 3\cdot 5\cdots(2n-1)$，$(2n)!!=2\cdot 4\cdot 6\cdots(2n)$，$x_n=\dfrac{(2n-1)!!}{(2n)!!}$，$n=1,2,\cdots$. 证明$\dfrac{1}{\sqrt{4n}}\leqslant x_n\leqslant\dfrac{1}{\sqrt{2n+1}}$，并求$\lim\limits_{n\to\infty}x_n$.

11. 设 $0<x_1<1$，$x_{n+1}=-x_n^2+2x_n$，$n=1,2,\cdots$. 证明$\lim\limits_{n\to\infty}x_n$ 存在，并求它的值.

12. 已知当 $x\to 0$ 时，$e^{\sin x}-e^{\tan x}$ 与 x^n 是同阶无穷小，试确定 n 的值.

13. 求函数 $f(x)=\lim\limits_{t\to x}\left(\dfrac{\sin t}{\sin x}\right)^{\frac{x}{\sin t-\sin x}}$ 的间断点，并判定其类型.

第 2 章 导数与微分

一、选择题

1. 设函数 $f(x),g(x)$ 在区间 $(-\infty,+\infty)$ 内有定义，$f(x)$ 为处处可导函数，且 $f(x)\neq 0$，$g(x)$ 在 $(-\infty,+\infty)$ 内有不可导点，则在 $(-\infty,+\infty)$ 上（　　）.

(A) $f[g(x)]$ 必有不可导点　　(B) $g[f(x)]$ 必有不可导点

(C) $g^2(x)$ 必有不可导点　　(D) $\dfrac{g(x)}{f(x)}$ 必有不可导点

2. 已知 α,β 均为非零常数，$f(x+x_0)=\alpha f(x)$ 恒成立，且 $f'(0)=\beta$，则 $f(x)$ 在点 x_0 处（　　）.

(A) 可导且 $f'(x_0)=\alpha\beta$　　(B) 可导且 $f'(x_0)=\alpha$

(C) 可导且 $f'(x_0)=\beta$　　(D) 不可导

3. 设 $f(x)$ 在点 $x=0$ 的一个邻域内有定义，且 $f(0)=0$，若 $\lim\limits_{x\to 0}\dfrac{(1-\cos x)f(x)}{x(e^{x^2}-1)}=\dfrac{1}{2}$，则 $f(x)$ 在点 $x=0$ 处（　　）.

(A) 不连续　　(B) 连续但不可导

(C) 可导且 $f'(0)=0$　　(D) 可导且 $f'(0)=1$

4. 设函数 $f(x)=\begin{cases}\sin x\arctan\dfrac{1}{|x|}, & x\neq 0,\\ 0, & x=0,\end{cases}$ 则 $f(x)$ 在点 $x=0$ 处（　　）.

(A) 不连续　　(B) 连续但不可导

(C) 可导但 $f'(x)$ 在点处不连续　　(D) 可导且 $f'(x)$ 在点 $x=0$ 连续

5. 设函数 $f(x)=\begin{cases}x^{\alpha}\cos\dfrac{1}{x^{\beta}}, & x>0,\\ 0, & x\leqslant 0,\end{cases}$ $(\alpha>0,\beta>0)$，若 $f'(x)$ 在点 $x=0$ 处连续，则（　　）.

(A) $\alpha-\beta>1$　　(B) $0<\alpha-\beta\leqslant 1$　　(C) $\alpha-\beta>2$　　(D) $0<\alpha-\beta\leqslant 2$

6. 设函数 $y=f(x)$ 由方程 $\cos(xy)+\ln y-x=1$ 确定，则 $\lim\limits_{n\to\infty}n\left[f\left(\dfrac{2}{n}\right)-1\right]=$（　　）.

(A) 2　　(B) 1　　(C) -1　　(D) -2

7. 设函数 $y=f(x)$ 在 x_0 处可导，$\Delta x,\Delta y$ 分别是自变量 x 和函数 y 的增量，$\mathrm{d}y$ 为 y 微

强化篇练习题

分,且 $f'(x_0)\neq 0$,则 $\lim\limits_{\Delta x\to 0}\dfrac{\mathrm{d}y-\Delta y}{\Delta y}=$( ).

(A) -1　　(B)1　　(C)0　　(D) ∞

8. 设 $f(u)$ 为可导函数,曲线 $y=f\left(\dfrac{x-1}{x+1}\right)$ 过点 $\left(3,\dfrac{3}{4}\right)$,且在该点处切线过原点(0,0),则 $f(u)$ 在点 $u=\dfrac{1}{2}$ 处当 u 取得增量 $\Delta u=-0.1$ 时相应的函数值增量 Δy 的线性主部是( ).

(A)0.2　　(B) -0.2　　(C)0.1　　(D) -0.1

二、填空题

1. 若函数 $f(x)=\lim\limits_{n\to\infty}\left(\dfrac{n-\sin^2 x}{n}\right)^n$,则 $f'(x)=$________.

2. 设函数 $f(x)$ 在 $x=0$ 处连续,且 $\lim\limits_{x\to 0}\dfrac{f(x)+1}{x+\sin x}=2$,则曲线 $y=f(x)$ 在点 $x=0$ 处的法线方程为________.

3. 设对一切 x,$f(x)$ 满足 $2f(x)+f(1-x)=x^2$,则 $f'(x)=$________.

4. 设 $f(x)$ 是单调可导函数,f^{-1} 是 f 的反函数,且 $f(1)=f'(1)=\dfrac{1}{2}$,$\varphi(x)=f^{-1}\left(\dfrac{2x-1}{x+1}\right)$,则 $\varphi'(1)=$________.

5. 设 $x^2+xy+y^3=1$,则 $y''(1)=$________.

6. 设 $\begin{cases}x=\sin t,\\ y=t\sin t+\cos t\end{cases}$ (t 为参数),则 $\left.\dfrac{\mathrm{d}^2y}{\mathrm{d}x^2}\right|_{t=\frac{\pi}{4}}=$________.

7. 设函数 $y=y(x)$ 由 $\begin{cases}x=3t^2-2t+3,\\ \mathrm{e}^y\sin t-y+1=0\end{cases}$ 确定,则 $\left.\dfrac{\mathrm{d}y}{\mathrm{d}x}\right|_{t=0}=$________.

8. 设函数 $y=y(x)$ 由 $(\cos y)^x=(\sin x)^y$ 确定,则 $\mathrm{d}y=$________.

9. 设函数 $f(x)=(x^2-3x+2)^n\sin\dfrac{\pi x^2}{8}$,其中 n 为正整数,则 $f^{(n)}(2)=$________.

10. 已知动点 P 在曲线 $y=x^3$ 上运动,记坐标原点与点 P 间的距离为 l.若点 P 的横坐标对时间的变化率为常数 v_0,则当点 P 运动到点(1,1)时,l 对时间的变化率是________.

三、解答题

1. 设 $f(x)$ 可导的偶函数,且在点 $x=0$ 的某个邻域内满足关系式

$$f(\cos x)-\mathrm{e}f[\ln(\mathrm{e}+x^2)]=2x^2+o(x^2)\ (x\to 0),$$

求曲线 $y=f(x)$ 在点 $x=-1$ 处的切线方程.

2. 设 y_a 为曲线 $y=\arctan x$ 在点 $(a,\arctan a)(a>0)$ 处的切线在 y 轴上的截距,

强化篇练习题

求 $\lim\limits_{a\to+\infty} y_a$.

3. 证明：原点到曲线 $\begin{cases} x=a(\cos t+t\sin t), \\ y=a(\sin t-t\cos t) \end{cases}$（常数 $a>0$）上任意点处的法线的距离均为常数.

4. 确定常数 a,b 的值，使得函数 $f(x)=\begin{cases} \sin x+2a\mathrm{e}^x, & x<0, \\ 9\arctan x+2b(x-1)^3, & x\geqslant 0 \end{cases}$ 处处可导，并求 $f'(x)$.

5. 设函数 $f(x)=\begin{cases} ax+x^{\alpha}\sin\dfrac{1}{x}, & x>0, \\ \lim\limits_{n\to\infty}\left(\dfrac{n+2x}{n-x}\right)^n+b, & x\leqslant 0. \end{cases}$ 若 $f(x)$ 在 $(-\infty,+\infty)$ 内可导，试确定常数 a,b,α 的取值.

6. 设函数 $y=f[f(\mathrm{e}^{x^2})]$，其中 f 具有二阶导数，求 $\dfrac{\mathrm{d}^2 y}{\mathrm{d}x^2}$.

7. 设 $y=f(x+y)$，其中 f 具有二阶导数，且其一阶导数不等于 1，求 $\dfrac{\mathrm{d}^2 y}{\mathrm{d}x^2}$.

8. 已知函数 $f(u)$ 具有二阶导数，且 $f'(0)=1$，函数 $y=y(x)$ 由方程 $y-x\mathrm{e}^{y-1}=1$ 所确定. 设 $z=f(\ln y-\sin x)$，求 $\left.\dfrac{\mathrm{d}z}{\mathrm{d}x}\right|_{x=0}$，$\left.\dfrac{\mathrm{d}^2 z}{\mathrm{d}x^2}\right|_{x=0}$.

9. 设 $y=\cos(\beta\arcsin x)$，其中 β 为常数.

(1) 验证 y 满足等式 $(1-x^2)y''-xy'+\beta^2 y=0$；

(2) 求 $y^{(n)}(0)$.

第 3 章 微分中值定理与导数应用

强化篇练习题

一、选择题

1. 设函数 $f(x)$ 满足方程式 $f''(x)+[f'(x)]^2=\mathrm{e}^x-1$，且 $f'(0)=0$，则(　　).

(A) $f(0)$ 是 $f(x)$ 的极大值

(B) $f(0)$ 是 $f(x)$ 的极小值

(C) 点 $(0,f(0))$ 是曲线 $y=f(x)$ 的拐点

(D) $x=0$ 不是 $f(x)$ 的极值点，且点 $(0,f(0))$ 也不是曲线 $y=f(x)$ 的拐点

2. 函数 $f(x)=\begin{cases}\dfrac{\mathrm{e}^x-1}{x}, & x\neq 0,\\ 1, & x=0\end{cases}$ 在点 $x=0$ 处(　　).

(A) 连续且取得极大值　　(B) 连续且取得极小值

(C) 可导且导数等于零　　(D) 可导且导数不为零

3. 设函数 $f(x)$ 在 $[0,1]$ 上 $f'''(x)>0$，且 $f''(0)=0$，则 $f'(1)$，$f'(0)$，$f(1)-f(0)$ 及 $f(0)-f(1)$ 的大小顺序是(　　).

(A) $f'(1)>f'(0)>f(1)-f(0)$　　(B) $f'(1)>f(1)-f(0)>f'(0)$

(C) $f(1)-f(0)>f'(1)>f'(0)$　　(D) $f'(1)>f(0)-f(1)>f'(0)$

4. 设 $y=y(x)$ 是方程 $x^2y^2+y=1(y>0)$ 所确定的函数，则(　　).

(A) $y(x)$ 有极小值，但无极大值　　(B) $y(x)$ 有极大值，但无极小值

(C) $y(x)$ 既有极大值，又有极小值　　(D) $y(x)$ 无极值

5. 若函数 $f(x)$ 在区间 $[a,+\infty)$ 上二阶可导，且 $f(a)>0$，$f'(a)<0$，$f''(x)<0$ $(x>a)$，则方程 $f(x)=0$ 在 $(a,+\infty)$ 内(　　).

(A) 没有实根　　(B) 有且仅有一个实根

(C) 有且仅有两个实根　　(D) 至少有三个根

6. 设函数 $f(x)$ 在 $[a,b]$ 上连续，在 (a,b) 内可导，且 $f'_+(a)<0$，$f'_-(b)>0$. 现有命题

① $\exists x_0\in(a,b)$，使得 $f(x_0)<f(a)$.

② $\exists x_0\in(a,b)$，使得 $f(x_0)>f(b)$.

③ $\exists x_0\in(a,b)$，使得 $f'(x_0)=0$.

④ $\exists x_0\in(a,b)$，使得 $f(x_0)=\dfrac{1}{3}[f(a)+2f(b)]$.

那么上述命题中正确的个数是(　　).

(A)1　　(B)2　　(C)3　　(D)4

7. 设函数 $f(x)$ 在点 $x=0$ 的某个邻域内有连续的导数，$f(0)=0$，且 $\lim\limits_{x\to 0}\dfrac{f(x)-f'(x)}{\ln(1+x)}=-1$，则(　　).

(A) $f(0)$ 是 $f(x)$ 的极小值　　(B) $f(0)$ 是 $f(x)$ 的极大值

(C) $f(0)$ 不是 $f(x)$ 的极值　　(D) 不能判别 $f(0)$ 是否为 $f(x)$ 的极值

8.（仅限数学一、数学二）设函数 $f_i(x)(i=1,2)$ 具有二阶连续导数，且 $f_i''(x_0)<0(i=1,2)$，若两条曲线 $y=f_i(x)(i=1,2)$ 在点 (x_0,y_0) 处具有公切线 $y=g(x)$，且在该点处曲线 $y=f_1(x)$ 的曲率大于曲线 $y=f_2(x)$ 的曲率，则在点 x_0 的某个领域内，有(　　).

(A) $f_1(x)\leqslant f_2(x)\leqslant g(x)$　　(B) $f_2(x)\leqslant f_1(x)\leqslant g(x)$

(C) $f_1(x)\leqslant g(x)\leqslant f_2(x)$　　(D) $f_2(x)\leqslant g(x)\leqslant f_1(x)$

9.（仅限数学一、数学二）设抛物线 $y^2=2px(p>0)$ 与直线 $y=x$ 位于第一象限的交点处的曲率半径为 $R=5\sqrt{5}$，则此抛物线在相应的点处的切线方程是(　　).

(A) $x-2y+2=0$　　(B) $x+2y-6=0$

(C) $2x-y-2=0$　　(D) $2x+y-6=0$

10. 若方程 $\ln x=ax$ 仅有两个实根，则(　　).

(A) $a\leqslant 0$　　(B) $0<a<\dfrac{1}{e}$　　(C) $a=\dfrac{1}{e}$　　(D) $a>\dfrac{1}{e}$

二、填空题

1. 设 $x\to 0$ 时，$e^{\tan x}-e^x$ 与 x^n 是同阶无穷小，则 $n=$________.

2. 设函数 $f(x)$，$g(x)$ 在点 $x=0$ 的某个邻域内任意阶可导，$f(0)=2$，$g(0)=g'(0)=1$，且 $f(x)$，$g(x)$ 满足 $f'(x)+xg(x)=e^x-1$，则 $\lim\limits_{x\to 0}\dfrac{f(x)-2}{\ln(1+x^3)}=$________.

3. 函数 $f(x)=x^x$，$x\in(0,1]$ 的值域是________.

4. 设函数 $f(x)=\dfrac{1}{2}x^2+\dfrac{a}{x}$，其中 a 为常数，若当 $x\in(0,+\infty)$ 时，恒有 $f(x)\geqslant 6$，则 a 应满足________.

5. 曲线 $y=x^{\frac{2}{3}}(x-1)$ 的拐点为________.

6.（仅限数学一、数学二）设函数 $y=y(x)$ 由参数方程 $\begin{cases}x=t^3+3t+1,\\ y=t^3-3t+1\end{cases}$ 确定，则曲线 $y=y(x)$ 的凸区间的 x 取值范围为________.

7. 曲线 $y=\dfrac{x^2+x+1}{\sqrt{x^2-1}}(x>1)$ 的斜渐近线方程是________.

强化篇练习题

8.（仅限数学一、数学二）设(x_0,y_0)为曲线$y=\ln x$上曲率半径最小的点，则$(x_0,y_0)=$ ________.

三、解答题

1. 设$f(x)$在$[0,3]$上连续，在$(0,3)$内可导，且$f(0)+f(1)+f(2)=3$，$f(3)=1$，证明：$\exists\xi\in(0,3)$使得$f'(\xi)=0$.

2. 设$f(x)$，$g(x)$在$[a,b]$上二阶可导，$g''(x)\neq 0$，证明$\exists\xi\in(a,b)$使得

$$\frac{f(b)-f(a)-(b-a)f'(a)}{g(b)-g(a)-(b-a)g'(a)}=\frac{f''(\xi)}{g''(\xi)}.$$

3. 设$x_1<x_2$，且$x_1x_2>0$，试证：$\exists\xi\in(x_1,x_2)$使得$x_1e^{x_2}-x_2e^{x_1}=(1-\xi)e^{\xi}(x_1-x_2)$.

4. 设函数$f(x)=\begin{cases}\dfrac{\varphi(x)-\cos x}{x}, & x\neq 0,\\ a, & x=0,\end{cases}$其中$\varphi(x)$具有连续的二阶导数，且$\varphi(0)=1$.

(1) 确定a的值，使$f(x)$在点$x=0$处可导；

(2) 求$f'(x)$；

(3) 讨论$f'(x)$在点$x=0$处的连续性.

5. 求极限$\lim\limits_{x\to 0}\dfrac{\cos x-e^{-\frac{x^2}{2}}}{x^2[2x+\ln(1-2x)]}$.

6. 求极限$\lim\limits_{x\to 0}\dfrac{\frac{x^2}{2}+1-\sqrt{1+x^2}}{(\cos x-e^{x^2})\sin^2 x}$.

7. 设函数$f(x)=x-(a+b\cos x)\sin x$，其中a,b均为常数，若$x\to 0$时，$f(x)$与x^5是同阶无穷小，试求常数a,b及极限$\lim\limits_{x\to 0}\dfrac{f(x)}{x^5}$的值.

8. 求极限$\lim\limits_{n\to\infty}n^4\left(\cos\dfrac{1}{n}-e^{-\frac{1}{2n^2}}\right)$.

9. 讨论曲线$y=3x^5-5x^3$的凹凸性，并求其拐点.

10. 设函数$y=y(x)$由方程$2y^3-2y^2+2xy-x^2=1$所确定，试求$y=y(x)$的驻点，并判别它是否为$y=y(x)$的极值点，如果是，则求y的极值.

11. 设有一体积为V的有金属盖的圆柱形玻璃瓶，已知单位面积的金属是单位面积的玻璃价格的三倍，问圆柱体的底面半径与圆柱体的高之比为多少时，才能使玻璃瓶的总造价最小？

12.（仅限数学三）一商家销售某种商品的价格满足关系$p=7-0.2x$（万元/吨），x为销售量（单位：吨），商品的成本函数是$C=3x+1$（万元）.

(1) 若每销售一吨商品，政府要征税t（万元），求该商家获得最大利润时的销售量；

(2) 当商家获得最大利润时，问 t 为何值，政府税收总额最大？

13. 讨论方程 $x-\frac{\pi}{2}\sin x=k$ 在 $\left(0,\frac{\pi}{2}\right)$ 内不同实根的个数，其中 k 为常数.

14. 设函数 $f(x)$ 在 $(-\infty,+\infty)$ 内二阶可导，$f''(x)>0$，且 $\lim\limits_{x\to1}\frac{f(x)-2}{x-1}=1$，证明对任意的 $x\in(-\infty,1)\cup(1,+\infty)$，有 $f(x)>x+1$.

15. (仅限数学一、数学二) 求曲线 $y=\sin x$ 在点 $\left(\frac{\pi}{2},1\right)$ 处的曲率、曲率半径及曲率圆的方程.

16. 设常数 $a>1,b>0$，讨论方程 $\log_a x=x^b$ 有实根时，a,b 所满足的条件.

17. 设 $x\in\left(0,\frac{\pi}{4}\right)$，证明 $(\sin x)^{\cos x}<(\cos x)^{\sin x}$.

18. 设 $x>0,0<a<1$，证明 $x^a-ax\leqslant1-a$.

强化篇练习题

第 4 章 一元函数积分学

一、选择题

1. 设正值函数 $f(x)$ 连续，且在 $\left[0,\frac{\pi}{2}\right]$ 上单调递增，$I_1=\int_0^{\frac{\pi}{2}}f(x)\sin x\,\mathrm{d}x$，$I_2=\int_0^{\frac{\pi}{2}}f(x)\cos x\,\mathrm{d}x$，$I_3=\int_0^{\frac{\pi}{2}}xf(x)\,\mathrm{d}x$，则(　　).

(A) $I_1>I_2>I_3$　(B) $I_3>I_2>I_1$　(C) $I_3>I_1>I_2$　(D) $I_2>I_3>I_1$

2. 设函数 $f(x)$ 连续，则下列结论**不成立**的是(　　).

(A) $\int_0^{\pi}f(\sin x)\,\mathrm{d}x=2\int_0^{\frac{\pi}{2}}f(\sin x)\,\mathrm{d}x$　(B) $\int_0^{\pi}f(\sin^2 x)\,\mathrm{d}x=2\int_0^{\frac{\pi}{2}}f(\sin^2 x)\,\mathrm{d}x$

(C) $\int_0^{\pi}f(\cos x)\,\mathrm{d}x=2\int_0^{\frac{\pi}{2}}f(\cos x)\,\mathrm{d}x$　(D) $\int_0^{\pi}f(\cos^2 x)\,\mathrm{d}x=2\int_0^{\frac{\pi}{2}}f(\cos^2 x)\,\mathrm{d}x$

3. 设函数 $f(x)$ 具有一阶连续导数，$\lim\limits_{x\to 0}\frac{f(x)}{x}=1$. 当 $x\to 0$ 时，$F(x)=\int_0^x(x^2-t^2)f(t)\,\mathrm{d}t$ 与 x^n 是同阶无穷小，则 $n=$(　　).

(A) 1　(B) 2　(C) 3　(D) 4

4. 设 $f(x)$ 是单调增加的连续函数，则下列函数一定单调增加的是(　　).

(A) $F_1(x)=\int_0^x f(1+t)\,\mathrm{d}t$　(B) $F_2(x)=\int_0^x f(1-t)\,\mathrm{d}t$

(C) $F_3(x)=\int_0^1 f(t+x)\,\mathrm{d}t$　(D) $F_4(x)=\int_0^1 f(t-x)\,\mathrm{d}t$

5. 设常数 $p\geqslant q>0$，如果反常积分 $\int_0^{+\infty}\frac{1}{x^p+x^q}\,\mathrm{d}x$ 收敛，则(　　).

(A) $p>1>q$　(B) $p>q>1$　(C) $1>p>q$　(D) $p=q$

6. 设常数 $p\in(0,1)$，下列反常积分的四个结论：

① $\int_0^1\frac{1}{x^2+1}\,\mathrm{d}x=\int_1^{+\infty}\frac{1}{x^2+1}\,\mathrm{d}x$；

② $\int_0^1\frac{1}{x^{1-p}(x+1)}\,\mathrm{d}x=\int_1^{+\infty}\frac{1}{x^p(x+1)}\,\mathrm{d}x$；

③ $\int_0^{+\infty}\frac{1}{x^{1-p}(x+1)}\,\mathrm{d}x=\int_0^{+\infty}\frac{1}{x^p(x+1)}\,\mathrm{d}x$；

强化篇练习题

④$\int_0^1\sqrt{\frac{x}{1-x}}\mathrm{d}x=\int_0^1\sqrt{\frac{1-x}{x}}\mathrm{d}x$

中,正确的结论个数是(　　).

(A)1　　(B)2　　(C)3　　(D)4

二、填空题

1. 设可导函数 $f(x)=\begin{cases}\mathrm{e}^x, & x<0,\\ ax+b, & x\geqslant 0,\end{cases}$ 其中 a,b 为常数,则 $\int f(\ln x)\mathrm{d}x=$________.

2. 设单调函数 $f(x)$ 在 $(0,+\infty)$ 内可导,若 $f(x)$ 的反函数 $\varphi(x)$ 满足 $\int_1^{f(x)}\varphi(t)\mathrm{d}t=\ln x$,且 $\lim\limits_{x\to+\infty}f(x)=0$,则当 $x>0$ 时,$f(x)=$________.

3. 设函数 $f(x)$ 连续,$\int_0^x tf(x-t)\mathrm{d}t=\mathrm{e}^x\arctan x$,则 $\int_0^1 f(x)\mathrm{d}x=$________.

4. $\int\frac{1}{x^2}\ln\frac{x}{1-x}\mathrm{d}x=$________.

5. $\int\frac{1+\sin x}{1+\cos x}\mathrm{e}^x\mathrm{d}x=$________.

6. $\lim\limits_{n\to\infty}\frac{1}{n}\left(\arcsin\sqrt{\frac{1}{2n}}+\arcsin\sqrt{\frac{3}{2n}}+\cdots+\arcsin\sqrt{\frac{2n-1}{2n}}\right)=$________.

7. $\int_0^{100\pi}\sin(\cos x)\mathrm{d}x=$________.

8. 曲线 $y=\frac{\sqrt{x}}{1+x^2}$ 与两个坐标轴所围图形绕 x 轴旋转一周所得旋转体的体积 $V=$________.

三、解答题

1. 求 $\lim\limits_{n\to\infty}\int_0^{\frac{\pi}{2}}\sqrt[n]{\sin^n x+\cos^n x}\,\mathrm{d}x$.

2. 设函数 $f(x)$ 连续,$f(x+1)-f(x)=x$,$\int_0^1 f(x)\mathrm{d}x=0$,求 $\lim\limits_{n\to\infty}\frac{\int_0^n f(x)\mathrm{d}x}{n^3}$.

3. 设 $f(x)=\int_x^{x^2}\left(1+\frac{1}{2t}\right)^t\sin\frac{1}{\sqrt{t}}\mathrm{d}t$,求 $\lim\limits_{x\to+\infty}f(x)\sin\frac{1}{x}$.

4. 设 n 为非负整数,计算 $I_n=\int_0^{\pi}\frac{\sin nx}{\sin x}\mathrm{d}x$.

5. 讨论 $f(x)=\int_0^x\mathrm{e}^{-t^2}\mathrm{d}t$ 的单调性、极值和凹凸性、拐点情况.

6. 设连续函数 $f(x)$ 在 $[0,a]$ 上单调增加,$f(0)=0$,$g(x)$ 为 $f(x)$ 的反函数,证明:

$\int_0^a f(x)\mathrm{d}x=\int_0^{f(a)}[a-g(x)]\mathrm{d}x$.

7. 设函数 $f(x)$ 具有一阶连续导数, $f(0)=f'(0)=1$.

(1) 证明当 $x\to 0$ 时, $\int_0^x f(t)\mathrm{d}t\sim x$;

(2) 求 $\lim\limits_{x\to 0}\left[\dfrac{1}{\int_0^x f(t)\mathrm{d}t}-\dfrac{1}{x}\right]$;

(3) 当 $x\neq 0$ 时, 证明 $\int_0^x f(t)\mathrm{d}t=xf(\xi)$, 其中 ξ 介于 x 与 0 之间, 并求 $\lim\limits_{x\to 0}\dfrac{\xi}{x}$.

8. 设函数 $f(x)$ 在 $[0,1]$ 上连续, $\int_0^1 f(x)\mathrm{d}x=0$, 证明存在一点 $\xi\in(0,1)$, 使得 $f(\xi)+f(1-\xi)=0$.

9. (1) 设函数 $f(x)$, $g(x)$ 在 $[a,b]$ 上连续, 当 $x\in(a,b)$ 时, $g(x)>0$, 证明存在 $\xi\in(a,b)$, 使得 $\int_a^b f(x)g(x)\mathrm{d}x=f(\xi)\int_a^b g(x)\mathrm{d}x$;

(2) 设函数 $f(x)$ 在 $[0,\pi]$ 上可导, 若 $\int_0^\pi f(x)\sin x\,\mathrm{d}x=f(\pi)+f(2\pi)$, 证明存在 $\eta\in(a,b)$, 使得 $f'(\eta)=0$.

10. 设函数 $f(x)$ 在 $[a,b]$ 上连续, $\int_a^b f(x)\mathrm{d}x\neq 0$, 证明: 存在 $\xi,\eta,\zeta\in(a,b)$, $a<\zeta<\xi<\eta<b$, 使得 $\int_a^\xi f(x)\mathrm{d}x=\int_\xi^b f(x)\mathrm{d}x=(b-\xi)f(\eta)=(\xi-a)f(\zeta)$.

11. 设函数 $f(x)$ 在 $[a,b]$ 上连续, 且不恒为常数, 如果 $f(a)=f(b)=\min\limits_{x\in[a,b]}f(x)$, 证明: 存在 $\xi\in(a,b)$, 使得 $\int_a^\xi f(x)\mathrm{d}x=(\xi-a)f(\xi)$.

12. 设函数 $f(x)$ 在 $[a,b]$ 上导数连续, $f(a)=f(b)=0$, 证明 $|f(x)|\leqslant\dfrac{1}{2}\int_a^b|f'(x)|\mathrm{d}x$, $a\leqslant x\leqslant b$.

13. 设函数 $f(x)$ 在 $[0,1]$ 上变号, $f'(x)$ 在 $[0,1]$ 上连续, 证明: $\int_0^1|f(x)|\mathrm{d}x\leqslant\int_0^1|f'(x)|\mathrm{d}x$.

14. 设函数 $\varphi(t)$ 二阶可导, 且 $\varphi''(t)\geqslant 0$, $f(x)$ 在 $[a,b]$ 上连续, 证明:

$$\frac{1}{b-a}\int_a^b\varphi(f(x))\mathrm{d}x\geqslant\varphi\left(\frac{1}{b-a}\int_a^b f(x)\mathrm{d}x\right).$$

15. 设非负函数 $f(x)$ 在 $[a,b]$ 上满足 $f''(x)\leqslant 0$, 且 $f(x)$ 在点 $x_0\in[a,b]$ 处取得最大值. 证明: $f(x)\leqslant\dfrac{2}{b-a}\int_a^b f(x)\mathrm{d}x$, $x\in[a,b]$.

16. 设曲线 $y=\mathrm{e}^x$, $x\geqslant 0$, 若对任意的 $t>0$, 存在 $\theta=\theta(t)\in(0,1)$, 使得曲线 $y=\mathrm{e}^x$ 与

直线 $y=1$ 及 $x=\theta t$ 围成的图形面积和 $y=\mathrm{e}^x$ 与直线 $y=\mathrm{e}^t$ 及 $x=\theta t$ 围成的图形面积相等，求 $\theta=\theta(t)$ 的表达式及 $\lim\limits_{t\to 0^+}\theta$.

17. 设抛物线 $y=ax^2+bx+c$ 过原点，当 $0\leqslant x\leqslant 1$ 时，$y\geqslant 0$，又已知该抛物线与 x 轴及直线 $x=1$ 围成的图形面积为 $\dfrac{1}{3}$，试确定 a,b,c 的值使得该平面图形绕 x 轴旋转一周所形成的立体体积最小.

18. 根据常数 p 的取值，讨论反常积分 $\int_0^{+\infty}\dfrac{x^{p-1}}{1+x}\mathrm{d}x$ 的敛散性.

19. 设函数 $f(x)$ 在 $[0,1]$ 上具有一阶连续导数，$f(0)=0$，$f'(x)>0$，证明：当 $0<\alpha<2$ 时，反常积分 $\int_0^1\dfrac{f(x)}{x^\alpha}\mathrm{d}x$ 收敛，当 $\alpha\geqslant 2$ 时，发散.

20.（仅限数学一、数学二）设长度为 $2l$，线密度为常数 ρ 的细棒位于 x 轴的区间 $[-l,l]$ 上，在 y 轴的点 $y=a(a>0)$ 处有一个质量为 m 的质点 A，求质点 A 对该细棒的引力.

强化篇练习题

第 5 章 空间解析几何（仅限数学一）

一、选择题

1. 下列结论中错误的是(　　).

(A)$z+3x^2+4y^2=0$ 表示椭圆抛物面

(B)$x^2+y^2-z^2=0$ 表示圆锥面

(C)$x^2-2y^2=1+3z^2$ 表示单叶双曲面

(D)$z=x^2$ 表示抛物柱面

2. 设有三个不同平面方程 $a_{i1}x+a_{i2}y+a_{i3}z=b_i\ (i=1,2,3)$，它们组成的线性方程组系数矩阵与增广矩阵的秩都为 2，则三个平面可能的位置关系为(　　).

(A) 交于同一点　　(B) 交于同一直线

(C) 两两相交　　(D) 有两个平行再与另一个相交

3. 设矩阵 $\boldsymbol{A}=\begin{pmatrix} a_1 & b_1 & c_1 \\ a_2 & b_2 & c_2 \\ a_3 & b_3 & c_3 \end{pmatrix}$ 是满秩的，则直线 L_1：$\dfrac{x-a_3}{a_1}=\dfrac{y-b_3}{b_1}=\dfrac{z-c_3}{c_1}$ 与直线 L_2：$\dfrac{x-a_1}{a_2}=\dfrac{y-b_1}{b_2}=\dfrac{z-c_1}{c_2}$(　　)

(A) 相交于一点　　(B) 重合

(C) 平行但不重合　　(D) 异面

二、填空题

1. 已知向量 $\boldsymbol{\alpha}_1=\{1,2,-3\}$，$\boldsymbol{\alpha}_2=\{2,-3,a\}$，$\boldsymbol{\alpha}_3=\{-2,a,6\}$.

(1) 若 $\boldsymbol{\alpha}_1\perp\boldsymbol{\alpha}_2$，则 $a=$________；

(2) 若 $\boldsymbol{\alpha}_1 /\!/ \boldsymbol{\alpha}_3$，则 $a=$________；

(3) 若 $\boldsymbol{\alpha}_1,\boldsymbol{\alpha}_2,\boldsymbol{\alpha}_3$ 共面，则 $a=$________.

2. 设 $(\boldsymbol{a}\times\boldsymbol{b})\cdot\boldsymbol{c}=2$，则 $[(\boldsymbol{a}+\boldsymbol{b})\times(\boldsymbol{b}+\boldsymbol{c})]\cdot(\boldsymbol{c}+\boldsymbol{a})=$________.

3. 过点 $P(1,2,-1)$ 且与直线 $\begin{cases} 2x-3y+z-5=0, \\ 3x+y-2z-4=0 \end{cases}$ 垂直的平面方程为________.

4. 设一平面过原点与点 $P(6,-3,2)$，且与平面 $4x-y+2z=8$ 垂直，则此平面方程为________.

5. 过直线 l_1: $\dfrac{x-1}{1}=\dfrac{y-2}{0}=\dfrac{z-3}{-1}$ 且平行于直线 l_2: $\dfrac{x+2}{2}=\dfrac{y-1}{1}=\dfrac{z}{1}$ 的平面方程为________.

6. 过点 $P_0(2,4,0)$ 且与直线 $\begin{cases} x+2z-1=0, \\ y-3z+1=0 \end{cases}$ 平行的直线方程为________.

7. 直线 L: $\dfrac{x-1}{1}=\dfrac{y}{1}=\dfrac{z-1}{-1}$ 在平面 $\pi: x-y+2z-1=0$ 上的投影直线方程为________.

8. 过点 $P_0(-2,3,0)$，且平行于平面 $\pi: x-2y-z+4=0$，又与直线 l_1: $\dfrac{x+1}{3}=\dfrac{y-3}{1}=\dfrac{z}{2}$ 相交的直线方程为________.

9. 三个平面 $\pi_1: x=y+az$，$\pi_2: y=z+bx$，$\pi_3: z=x+cy$ 过同一直线，则 a,b,c 满足的关系为________.

10. 设有三个平面 $\pi_1: x+y+z=1$，$\pi_2: x+y+z=3$，$\pi_3: 2x+3y+4z=1$，则三个平面 π_1,π_2,π_3 的位置关系为________.

11. 设有三个平面 $\pi_i: a_{i1}x+a_{i2}y+a_{i3}z=d_i\ (i=1,2,3)$，记

$$\boldsymbol{\alpha}_i=\begin{pmatrix} a_{i1} \\ a_{i2} \\ a_{i3} \end{pmatrix}(i=1,2,3),\boldsymbol{\beta}=\begin{pmatrix} d_1 \\ d_2 \\ d_3 \end{pmatrix},\boldsymbol{x}=\begin{pmatrix} x \\ y \\ z \end{pmatrix},\boldsymbol{A}=\begin{pmatrix} \boldsymbol{\alpha}_1^{\mathrm{T}} \\ \boldsymbol{\alpha}_2^{\mathrm{T}} \\ \boldsymbol{\alpha}_3^{\mathrm{T}} \end{pmatrix},$$

若 $\boldsymbol{\alpha}_1,\boldsymbol{\alpha}_2,\boldsymbol{\alpha}_3$ 线性相关且其中任意两个均线性无关，线性方程组 $\boldsymbol{Ax}=\boldsymbol{\beta}$ 无解，则三个平面的位置关系为________.

三、解答题

求直线 L: $\dfrac{x-1}{0}=\dfrac{y}{1}=\dfrac{z-1}{2}$ 绕 z 轴旋转一周而成的旋转曲面方程，并指出是什么二次曲面.

第 6 章 多元函数微分学及其应用

一、选择题

1. 设函数 $z=z(x,y)$ 由方程 $F\left(\frac{y}{x},\frac{z}{x}\right)=0$ 确定，其中 F 为可微函数，且 $F'_2\neq 0$，则 $x\frac{\partial z}{\partial x}+y\frac{\partial z}{\partial y}=$(　　).

(A)x　　(B)z　　(C)$-x$　　(D)$-z$

2. 设函数 $f(x,y)$ 连续，且 $\lim\limits_{\substack{x\to 0\\y\to 0}}\frac{f(x,y)+x^3-y^3}{\ln(1+x^2+y^2)}=-1$，则(　　).

(A) 点$(0,0)$ 是 $f(x,y)$ 的极大值点

(B) 点$(0,0)$ 是 $f(x,y)$ 的极小值点

(C) 点$(0,0)$ 不是 $f(x,y)$ 的极值点

(D) 题设条件不足以判断$(0,0)$ 是否是 $f(x,y)$ 的极值点

3. 设函数 $z=z(x,y)$ 是由方程 $z=f(x,y,z)$ 确定的可微函数，且 $1-f'_z\neq 0$，则在点(x,y,z) 处(　　).

(A)$\mathrm{d}z=f'_x\cdot\mathrm{d}x+f'_y\cdot\mathrm{d}y+f'_z\cdot\mathrm{d}z$　　(B)$\mathrm{d}z=f'_x\mathrm{d}x+f'_y\mathrm{d}y$

(C)$\Delta z=f'_x\Delta x+f'_y\Delta y+f'_z\Delta z$　　(D)$\Delta z=f'_x\Delta x+f'_y\Delta y$

4. 设函数 $f(x,y)=\begin{cases}\frac{xy}{\sqrt{x^2+y^2}}, & x^2+y^2\neq 0,\\ 0, & x^2+y^2=0,\end{cases}$ 则 $f(x,y)$ 在点$(0,0)$ 处(　　).

(A) 连续但偏导数不存在　　(B) 不连续但偏导数存在

(C) 偏导数存在但不可微　　(D) 偏导数存在且可微

5.(仅限数学一) 设函数 $u=u(x,y,z)$ 具有一阶连续偏导数，P_1,P_2 为空间不同的两点，则 u 沿$\overrightarrow{P_1P_2}$ 方向的方向导数为(　　).

(A)$\mathbf{grad}\,u\cdot\frac{\overrightarrow{P_1P_2}}{|\overrightarrow{P_1P_2}|}$　　(B) $\mathbf{grad}\,u\cdot\overrightarrow{P_1P_2}$

(C) $\frac{\mathbf{grad}\,u\cdot\overrightarrow{P_1P_2}}{|\mathbf{grad}\,u|\cdot|\overrightarrow{P_1P_2}|}$　　(D)$|\mathbf{grad}\,u|\frac{\overrightarrow{P_1P_2}}{|\overrightarrow{P_1P_2}|}$

6.(仅限数学一) 过点$(1,0,0)$,$(0,1,0)$ 且与曲面 $z=x^2+y^2$ 相切的平面为(　　).

强化篇练习题

(A)$z=0$ 与 $x+y-z=1$ (B)$z=0$ 与 $2x+2y-z=2$

(C)$y=x$ 与 $x+y-z=1$ (D)$y=x$ 与 $2x+2y-z=2$

二、填空题

1. 设函数 $z=f[2x-\cos y+g(x-2y)]$，其中 f,g 具有二阶连续导数，则$\dfrac{\partial^2 z}{\partial x\partial y}=$ ________.

2. 设$\dfrac{x}{z}=\varphi\left(\dfrac{y}{z}\right)$，其中 φ 为可导函数，且 $x-y\varphi'\left(\dfrac{y}{z}\right)\neq 0$，则 $x\dfrac{\partial z}{\partial x}+y\dfrac{\partial z}{\partial y}=$ ________.

3. 设 $\varphi(x,y)$ 为连续函数，若 $f(x,y)=|x-y|\varphi(x,y)$ 在点$(0,0)$的偏导数存在，则 $\varphi(0,0)=$ ________.

4. 设 $z=\int_0^{x^2y}f(t,e^t)dt+\varphi(z)$，其中 f 具有一阶连续偏导数，φ 可导且 $1-\varphi'\neq 0$，则 $dz=$ ________.

5.（仅限数学一）函数 $f(x,y,z)=\dfrac{x-z}{y+z}$ 在点$(-1,1,3)$处，其值减少最快的方向为________.

三、解答题

1. 设函数 $f(x,y)=\begin{cases}\dfrac{\sqrt{|xy|}}{x^2+y^2}\sin(x^2+y^2), & x^2+y^2\neq 0,\\ 0, & x^2+y^2=0,\end{cases}$ 试问：

(1) $f(x,y)$ 在点$(0,0)$处是否连续？为什么？

(2) $f(x,y)$ 在点$(0,0)$处是否可微？为什么？

2. 设函数 $z=f(xy,yg(x))$，其中函数 f 具有二阶连续偏导数，函数 $g(x)$ 可导且在 $x=1$ 处取得极值 $g(1)=1$，求$\left.\dfrac{\partial^2 z}{\partial x\partial y}\right|_{\substack{x=1\\y=1}}$.

3. 设函数 $f(x,y)=\begin{cases}\dfrac{x^3y-xy^3}{x^2+y^2}, & x^2+y^2\neq 0,\\ 0, & x^2+y^2=0,\end{cases}$ 求 $f''_{xy}(0,0)$ 及 $f''_{yx}(0,0)$.

4. 设函数 $u=f(x,y)$ 具有二阶连续偏导数，且满足等式 $6\dfrac{\partial^2 z}{\partial x^2}+\dfrac{\partial^2 z}{\partial x\partial y}-\dfrac{\partial^2 z}{\partial y^2}=0$，确定 a 的值，使等式在变换$\begin{cases}\xi=x-2y,\\ \eta=x+ay\end{cases}$下简化为$\dfrac{\partial^2 z}{\partial \xi\partial \eta}=0$.

5. 设函数 $u=f(x,y,z)$ 具有一阶连续偏导数，函数 $y=y(x)$ 及 $z=z(x)$ 分别由下列方程

$$e^{xy}-xy=2 \text{ 和 } e^x=\int_0^{x-z}\frac{\sin t}{t}dt$$

确定，求$\frac{du}{dx}$.

6.设函数 $f(x,y)$ 具有二阶连续偏导数，且满足 $f(tx,ty)=t^n f(x,y)$，证明：

(1)$x\frac{\partial f}{\partial x}+y\frac{\partial f}{\partial y}=nf(x,y)$；

(2)$x^2\frac{\partial^2 f}{\partial x^2}+2xy\frac{\partial^2 f}{\partial x\partial y}+y^2\frac{\partial^2 f}{\partial y^2}=n(n-1)f(x,y)$.

7.求函数 $f(x,y)=2\ln|x|+\frac{(x-1)^2+y^2}{2x^2}$ 的极值.

8.求由方程 $2x^3-6xy+3y^2+ze^{z-1}=0$ 所确定的函数 $z=f(x,y)$ 的极值.

9.求函数 $z=f(x,y)=2x^2+2xy+y^2$ 在区域 $D=\{(x,y)\mid 2x^2+y^2\leqslant 4\}$ 上的最大值及最小值.

10.(仅限数学一)旋转抛物面 $z=x^2+y^2$ 被平面 $x+y+z=1$ 截成一个椭圆，求此椭圆到坐标原点的最长距离与最短距离.

11.(仅限数学一)设有椭球面 Σ：$\frac{x^2}{a^2}+\frac{y^2}{b^2}+\frac{z^2}{c^2}=1(a,b,c>0)$.

(1)在该曲面的第一卦限部分求一点 $P_0(x_0,y_0,z_0)$，使在该点处的切平面与三个坐标面所围成的四面体的体积最小；

(2)对于上述点 $P_0(x_0,y_0,z_0)$，求函数 $\mu=ax^2+by^2+cz^2$ 在点(1,1,1)处沿向量 $\overrightarrow{OP_0}$ 的方向导数，并说明它是否是该函数在该点处的方向导数的最大值.

第 7 章 重积分

一、选择题

1. 设区域 D_1 为 $x^2+y^2\leqslant 1$ 在第一象限的部分，D_2 为 $|x|+|y|\leqslant 1$ 在第一象限的部分，

$$I_1=\iint\limits_{D_1}\cos(\pi xy)\mathrm{d}\sigma,I_2=\iint\limits_{D_2}\cos(\pi xy)\mathrm{d}\sigma,I_3=\iint\limits_{D_2}\sin(\pi xy)\mathrm{d}\sigma,$$

则(　　).

(A)$I_1<I_2<I_3$　(B)$I_3<I_2<I_1$　(C)$I_3<I_1<I_2$　(D)$I_2<I_3<I_1$

2. 设 $f(u)$ 为连续函数，区域 $D=\{(x,y)\mid |y|\leqslant|x|,|x|\leqslant 1\}$，则 $\iint\limits_{D}f(x^2+y^2)\mathrm{d}x\mathrm{d}y=$ (　　).

(A)$\int_{-1}^{1}\mathrm{d}x\int_{-x}^{x}f(x^2+y^2)\mathrm{d}y$　　(B)$2\int_{0}^{1}\mathrm{d}x\int_{0}^{x}f(x^2+y^2)\mathrm{d}y$

(C)$\int_{-\frac{\pi}{4}}^{\frac{\pi}{4}}\mathrm{d}\theta\int_{0}^{\sec\theta}rf(r^2)\mathrm{d}r$　　(D)$2\int_{0}^{\frac{\pi}{4}}\mathrm{d}\theta\int_{0}^{\sec^2\theta}f(r)\mathrm{d}r$

3. 将极坐标系下的二次积分 $I=\int_{\frac{\pi}{4}}^{\frac{\pi}{2}}\mathrm{d}\theta\int_{0}^{2\sin\theta}f(r\cos\theta,r\sin\theta)r\mathrm{d}r$ 化为直角坐标系下的二次积分，则 I 等于(　　).

(A)$\int_{0}^{1}\mathrm{d}x\int_{x}^{\sqrt{1-x^2}}f(x,y)\mathrm{d}y$

(B)$\int_{0}^{1}\mathrm{d}x\int_{1-\sqrt{1-x^2}}^{x}f(x,y)\mathrm{d}y$

(C)$\int_{0}^{1}\mathrm{d}y\int_{0}^{y}f(x,y)\mathrm{d}x+\int_{1}^{2}\mathrm{d}y\int_{0}^{\sqrt{2y-y^2}}f(x,y)\mathrm{d}x$

(D)$\int_{0}^{1}\mathrm{d}y\int_{y}^{\sqrt{2y-y^2}}f(x,y)\mathrm{d}x$

4. 设 $J_i=\iint\limits_{D_i}\sqrt[3]{x-y}\,\mathrm{d}x\mathrm{d}y(i=1,2,3)$，其中区域 $D_1=\{(x,y)\mid 0\leqslant x\leqslant 1,0\leqslant y\leqslant 1\}$，$D_2=\{(x,y)\mid 0\leqslant x\leqslant 1,0\leqslant y\leqslant\sqrt{x}\}$，$D_3=\{(x,y)\mid 0\leqslant x\leqslant 1,x^2\leqslant y\leqslant 1\}$，则(　　).

(A)$J_1<J_2<J_3$　　(B) $J_3<J_1<J_2$

(C) $J_2 < J_3 < J_1$　　　　(D) $J_2 < J_1 < J_3$

5. 设函数 $h(x)$ 有一阶连续导数，且 $h(0)=0, h'(0)=1$. $f(x,y)$ 在点 $(0,0)$ 的某邻域内连续，则 $\lim\limits_{r\to 0^+}\dfrac{\iint\limits_{x^2+y^2\leqslant r^2} f(x,y)\mathrm{d}\sigma}{h(r^2)}=$ (　　).

(A) $\dfrac{1}{2}f(0,0)$　　(B) $f(0,0)$　　(C) $\dfrac{\pi}{2}f(0,0)$　　(D) $\pi f(0,0)$

6. (仅限数学一) 设区域 Ω 是由 $|x|=a, |y|=a, |z|=a(a>0)$ 围成的正立方体，则 $\iiint\limits_{\Omega} f(|x|+|y|+|z|)\mathrm{d}v$ 等于(　　).

(A) $\iiint\limits_{\Omega} f(3|x|)\mathrm{d}v$　　(B) $3\iiint\limits_{\Omega} f(|x|)\mathrm{d}v$

(C) $24\int_0^a \mathrm{d}x\int_0^a \mathrm{d}y\int_0^a f(|x|)\mathrm{d}z$　　(D) $8\int_0^a \mathrm{d}x\int_0^a \mathrm{d}y\int_0^a f(x+y+z)\mathrm{d}z$

二、填空题

1. 交换积分次序 $\int_0^1 \mathrm{d}x\int_{-\sqrt{x}}^{\sqrt{x}} f(x,y)\mathrm{d}y+\int_1^4 \mathrm{d}x\int_{x-2}^{\sqrt{x}} f(x,y)\mathrm{d}y=$________.

2. (仅限数学一) 设区域 Ω 为 $x^2+y^2+z^2\leqslant 1(z\geqslant 0)$，则 $\iiint\limits_{\Omega} \mathrm{e}^{\sqrt{x^2+y^2+z^2}}\mathrm{d}v=$________.

3. (仅限数学一) 设区域 $\Omega=\{(x,y,z)\mid x^2+y^2\leqslant z\leqslant 1\}$，则 Ω 的形心的竖坐标 $\bar{z}=$________.

4. $\int_{-1}^1 \mathrm{d}x\int_{|x|}^1 \mathrm{e}^{y^2}\mathrm{d}y=$________.

5. 设区域 D 为 $x^2+y^2\leqslant 1$，D_1 为 D 在第一象限的部分，$f(u)$ 为连续函数，若 $\iint\limits_{D}[f(x^2)+f(y^2)]\mathrm{d}\sigma=k\iint\limits_{D_1} f(x^2)\mathrm{d}\sigma$，则 $k=$________.

6. (仅限数学一) 设区域 Ω 为 $x^2+y^2\leqslant R^2, 0\leqslant z\leqslant R$，$f(u)$ 为连续函数，则 $\iiint\limits_{\Omega} f(x^2+y^2+z^2)\mathrm{d}v$ 在球面坐标系下的三次积分为________.

三、解答题

1. 计算 $I=\iint\limits_{D} xy(x+\mathrm{e}^{x^2y^2})\mathrm{d}\sigma$，其中 D 是由 $x=-1, y=1$ 及 $y=x^3$ 所围区域.

2. 计算 $I=\iint\limits_{D}(x^2+y^2)\mathrm{d}x\mathrm{d}y$，其中 D 是由 $y=2, x=2, x+y=0$ 及 $x^2+y^2=1$ 所围区域.

3. 计算 $\iint\limits_{D}|x^2+y^2-x|\mathrm{d}x\mathrm{d}y$，其中区域 D 为 $x^2+y^2\leqslant 1, x\geqslant 0$.

4. 设函数 $f(x,y)=\begin{cases}1, & 0\leqslant x\leqslant 1,0\leqslant y\leqslant 1,\\ 0, & \text{其他},\end{cases}$ $D(t)$ 是由 $x=0,y=0$ 及 $x+y=t$ $(t>0)$ 围成的区域,求 $F(t)=\iint\limits_{D(t)} f(x,y)\mathrm{d}\sigma$.

5. 设函数 $f(x,y)$ 连续,且 $f(x,y)=x+y+\iint\limits_{D} f(u,v)\mathrm{d}u\mathrm{d}v$,设 D 为 $x^2+y^2\leqslant 2x$,求 $f(x,y)$.

6. 设函数 $f(t)$ 连续,且满足 $f(t)=t^2+\iint\limits_{x^2+y^2\leqslant t^2} f(\sqrt{x^2+y^2})\mathrm{d}\sigma$,求 $f(t)$.

7. 设 $f(t)$ 为连续奇函数,区域 D 为 $|x|\leqslant 1,|y|\leqslant 1$,计算 $\iint\limits_{D} f(x-y)\mathrm{d}x\mathrm{d}y$.

8. 设 $f(x)$ 为 $[0,1]$ 上正值、单调不增的连续函数,证明:

$$\frac{\int_0^1 xf^2(x)\mathrm{d}x}{\int_0^1 xf(x)\mathrm{d}x}\leqslant\frac{\int_0^1 f^2(x)\mathrm{d}x}{\int_0^1 f(x)\mathrm{d}x}.$$

9. (仅限数学一) 分别计算下列三重积分:

(1) $\iiint\limits_{\Omega}(x^2+y^2)\mathrm{d}v$,其中 Ω 是由 yOz 坐标面上曲线 $y^2=2z$ 绕 z 轴旋转一周形成的曲面与两平面 $z=2,z=8$ 所围成的区域;

(2) $\iiint\limits_{\Omega}(x+y+z)^2\mathrm{d}v$,其中 Ω 是由抛物面 $z=x^2+y^2$ 与球面 $x^2+y^2+z^2=2$ 所围成的公共区域.

10. (仅限数学一) 设区域 Ω 是球体 $x^2+y^2+z^2\leqslant R^2(R>0)$,$a,b$ 为常数,计算 $I=\iiint\limits_{\Omega}(x^2+ay^2+bz^2)\mathrm{d}v$.

11. (仅限数学一) 设区域 Ω 为 $x^2+y^2+z^2\leqslant 1$,函数

$$f(x,y,z)=\begin{cases}0, & z\geqslant\sqrt{x^2+y^2},\\ \sqrt{x^2+y^2}, & 0\leqslant z\leqslant\sqrt{x^2+y^2},\\ \sqrt{x^2+y^2+z^2}, & z\leqslant 0,\end{cases}$$

计算 $\iiint\limits_{\Omega} f(x,y,z)\mathrm{d}v$.

12. (仅限数学一) 设 Ω 是由锥面 $x^2+(y-z)^2=(1-z)^2(0\leqslant z\leqslant 1)$ 与 $z=0$ 坐标面围成的锥体,求 Ω 的形心坐标.

第 8 章 常微分方程

一、选择题

1. 下列函数中,可作为某二阶微分方程的通解的是(　　).

(A) $y=C_1x^2+C_2x+C_3$　　(B) $x^2+y^2=C$

(C) $y=\ln(C_1\cos x)+\ln(C_2\sin x)$　　(D) $y=C_1\sin^2x+C_2\cos^2x$

2. 具有特解 $y_1=\mathrm{e}^{-x}, y_2=2x\mathrm{e}^{-x}, y_3=3\mathrm{e}^x$ 的三阶常系数齐次线性微分方程是(　　).

(A) $y'''-y''-y'+y=0$　　(B) $y'''+y''-y'-y=0$

(C) $y'''-6y''+11y'-6y=0$　　(D) $y'''-2y''-y'+2y=0$

二、填空题

1. 微分方程 $xy'+2y=x\ln x$ 满足 $y(1)=-\dfrac{1}{9}$ 的解为________.

2. 若连续函数 $f(x)$ 满足关系 $f(x)=\int_0^{2x} f\left(\dfrac{t}{2}\right)\mathrm{d}t+\ln 2$,则 $f(x)=$________.

3. 微分方程 $y'=\dfrac{1}{2x-y^2}$ 的通解为________.

4. 以 $y=C_1x+\dfrac{C_2}{x}$ 为通解的微分方程为________.

5. 已知 $y=C_1+C_2\sin x+\mathrm{e}^x$(其中 C_1, C_2 为任意常数)是某二阶线性微分方程的通解,则该微分方程为________.

三、解答题

1. 设函数 $F(x)=f(x)g(x)$,其中 $f(x), g(x)$ 在 $(-\infty,+\infty)$ 内满足以下条件:$f'(x)=g(x), g'(x)=f(x)$,且 $f(0)=0, f(x)+g(x)=2\mathrm{e}^x$.

(1) 求 $F(x)$ 所满足的一阶微分方程;　　(2) 求出 $F(x)$ 的表达式.

2. 求微分方程 $\dfrac{\mathrm{d}y}{\mathrm{d}x}-y=|x|$ 的通解.

3. 求微分方程 $x^2y'+xy=y^2$ 满足初始条件 $y(1)=1$ 的特解.

4. 设函数 $f(x)$ 在 $(0,+\infty)$ 内具有连续导数,且满足

$$f(t)=2\iint\limits_{D(t)}(x^2+y^2)f(\sqrt{x^2+y^2})\,\mathrm{d}x\,\mathrm{d}y+t^4,$$

其中 $D(t)$ 是由 $x^2+y^2=t^2(t>0)$ 所围成的闭区域,求当 $x\in(0,+\infty)$ 时 $f(x)$ 的表达式.

5. 设函数 $f(x)$ 处处可微,且有 $f'(0)=1$,并对任何 x,y 恒有 $f(x+y)=e^x f(y)+e^y f(x)$,求 $f(x)$.

6. 求微分方程 $y''+4y'+4y=e^{ax}$ 的通解,其中 a 为实数.

7. 设二阶常系数线性微分方程 $y''+\alpha y'+\beta y=\gamma e^x$ 的一个特解为 $y=e^{2x}+(1+x)e^x$,试确定常数 α,β,γ,并求该微分方程的通解.

8. (仅限数学一) 求微分方程 $x^2y''+3xy'-3y=x^3$ 的通解.

9. (仅限数学一、数学二) 解微分方程 $\begin{cases} y''(x+y'^2)=y', \\ y(1)=y'(1)=1. \end{cases}$

10. (仅限数学一、数学二) 利用变量代换 $x=\cos t(0<t<\pi)$ 化简微分方程 $(1-x^2)y''-xy'+y=0$,并求满足 $y\Big|_{x=0}=1, y'\Big|_{x=0}=2$ 的特解.

11. (仅限数学一、数学二) 设函数 $f(t)$ 具有二阶导数,利用变换 $y=f(e^x)$ 求微分方程 $y''-(2e^x+1)y'+e^{2x}y=e^{3x}$ 的通解.

12. (仅限数学一、数学二) 已知 $y_1(x)=e^x, y_2(x)=u(x)e^x$ 是二阶微分方程 $(2x-1)y''-(2x+1)y'+2y=0$ 的解,若 $u(-1)=e, u'(0)=-1$,求 $u(x)$,并写出该微分方程的通解.

13. 设函数 $z=f(\ln\sqrt{x^2+y^2})$ 满足 $\dfrac{\partial^2 z}{\partial x^2}+\dfrac{\partial^2 z}{\partial y^2}=\sqrt{x^2+y^2}$,试求函数 f 的表达式.

14. 设 $L: y=y(x), x>0$ 是一条平面曲线,其上任意一点 $P(x,y)$ 到坐标原点的距离恒等于该点处的切线在 y 轴上的截距,且 L 经过点 $\left(\dfrac{1}{2},0\right)$,试求曲线 L 的方程.

15. 设 $f(x)$ 是可导函数,且 $f(x)>0$. 已知曲线 $y=f(x)$ 与直线 $y=0, x=1$ 及 $x=t(t>1)$ 所围成的曲边梯形绕 x 轴旋转一周所得的立体体积值是该曲边梯形面积值的 πt 倍,求该曲线的方程.

16. (仅限数学一、数学二) 从船上向海中沉放某种探测器,设仪器在重力作用下,从海平面由静止开始铅直下沉,在下沉的过程中还受到阻力和浮力的作用,设仪器的质量为 m,体积为 B,海水比重为 ρ,仪器所受的阻力与下沉速度成正比,比例系数为 $k(k>0)$,试求仪器下沉的深度 y(从海平面算起) 与下沉速度 v 的函数关系式 $y=y(v)$.

强化篇练习题

第 9 章 无穷级数（仅限数学一、数学三）

强化篇练习题

一、选择题

1. 若级数$\sum_{n=1}^{\infty}a_n$收敛，则下列级数收敛的是(　　).

(A) $\sum_{n=1}^{\infty}|a_n|$　　(B) $\sum_{n=1}^{\infty}(-1)^n a_n$　　(C) $\sum_{n=1}^{\infty}a_n a_{n+1}$　　(D) $\sum_{n=1}^{\infty}\frac{2a_n-a_{n+1}}{3}$

2. 设$a_n>0,n=1,2,\cdots$，若$\sum_{n=1}^{\infty}a_n$发散，$\sum_{n=1}^{\infty}(-1)^{n-1}a_n$收敛，则下列结论正确的是(　　).

(A) $\sum_{n=1}^{\infty}a_{2n-1}$收敛，$\sum_{n=1}^{\infty}a_{2n}$发散　　(B) $\sum_{n=1}^{\infty}a_{2n}$收敛，$\sum_{n=1}^{\infty}a_{2n-1}$发散

(C) $\sum_{n=1}^{\infty}(a_{2n-1}+a_{2n})$收敛　　(D) $\sum_{n=1}^{\infty}(a_{2n-1}-a_{2n})$收敛

3. 设有两个数列$\{a_n\},\{b_n\}$，若$\lim\limits_{n\to\infty}a_n=0$，则(　　).

(A) 当$\sum_{n=1}^{\infty}b_n$收敛时，$\sum_{n=1}^{\infty}a_n b_n$收敛　　(B) 当$\sum_{n=1}^{\infty}b_n$发散时，$\sum_{n=1}^{\infty}a_n b_n$发散

(C) 当$\sum_{n=1}^{\infty}|b_n|$收敛时，$\sum_{n=1}^{\infty}a_n^2 b_n^2$收敛　　(D) 当$\sum_{n=1}^{\infty}|b_n|$发散时，$\sum_{n=1}^{\infty}a_n^2 b_n^2$发散

4. 下列命题中正确的是(　　).

(A) 若$\sum_{n=1}^{\infty}u_n$，$\sum_{n=1}^{\infty}v_n$都收敛，则$\sum_{n=1}^{\infty}u_n v_n$收敛

(B) 若$\sum_{n=1}^{\infty}u_n v_n$收敛，则$\sum_{n=1}^{\infty}u_n$，$\sum_{n=1}^{\infty}v_n$都收敛

(C) 若$\sum_{n=1}^{\infty}u_n$发散$(u_n\neq 0)$，则$\sum_{n=1}^{\infty}\frac{1}{u_n}$收敛

(D) 若$\sum_{n=1}^{\infty}u_n$收敛$(u_n\neq 0)$，则$\sum_{n=1}^{\infty}\frac{1}{u_n}$发散

5. 若级数$\sum_{n=1}^{\infty}(-1)^n 2^n a_n$收敛，则$\sum_{n=1}^{\infty}a_n$(　　).

(A) 发散　　(B) 条件收敛　　(C) 绝对收敛　　(D) 收敛性不确定

6. 若级数$\sum_{n=1}^{\infty}a_n$条件收敛，则$x=\sqrt{3}$与$x=3$依次为幂级数$\sum_{n=1}^{\infty}na_n(x-1)^n$的(　　).

(A) 收敛点,收敛点　　(B) 收敛点,发散点

(C) 发散点,收敛点　　(D) 发散点,发散点

7. 设级数$\sum\limits_{n=1}^{\infty}a_nx^n$,$\sum\limits_{n=1}^{\infty}b_nx^n$的收敛半径都是$R$,级数$\sum\limits_{n=1}^{\infty}(a_n+b_n)x^n$的收敛半径是$R_1$,则(　　).

(A)$R_1=R$　　(B)$R_1<R$　　(C)$R_1\leqslant R$　　(D)$R_1\geqslant R$

8. (仅限数学一) 设函数$f(x)=\left|x-\dfrac{1}{2}\right|(0\leqslant x\leqslant 1)$,$b_n=2\int_0^1 f(x)\sin(n\pi x)\mathrm{d}x\ (n=1,2,\cdots)$,令$S(x)=\sum\limits_{n=1}^{\infty}b_n\sin(n\pi x)$,则$S\left(-\dfrac{9}{4}\right)=$(　　).

(A) $\dfrac{3}{4}$　　(B) $\dfrac{1}{4}$　　(C) $-\dfrac{1}{4}$　　(D) $-\dfrac{3}{4}$

二、填空题

1. $\sum\limits_{n=1}^{\infty}\dfrac{1}{n(n+1)(n+2)}=$________.

2. 幂级数$\sum\limits_{n=1}^{\infty}\left(\dfrac{1}{n}+\dfrac{1}{2^n}\right)x^n$的收敛域为________.

3. 幂函数$\sum\limits_{n=0}^{\infty}\dfrac{(-1)^n}{(2n)!}x^n$在$(0,+\infty)$内的和函数$S(x)=$________.

4. $\sum\limits_{n=1}^{\infty}\dfrac{n}{2^{n-1}}=$________.

5. $\sum\limits_{n=0}^{\infty}\dfrac{n+1}{n!}=$________.

6. 若$\dfrac{1}{3+x}=\sum\limits_{n=0}^{\infty}a_n(x-1)^n(|x-1|<4)$,则$a_n=$________.

7. (仅限数学一) 设$x^2=\sum\limits_{n=0}^{\infty}a_n\cos(nx)(-\pi\leqslant x\leqslant\pi)$,则$a_2=$________.

三、解答题

1. 讨论级数$\sum\limits_{n=1}^{\infty}\dfrac{a^n}{1+a^{2n}}$的敛散性,其中$a$为非零实数.

2. 讨论级数$\sum\limits_{n=2}^{\infty}\dfrac{\ln n}{n^p}$在常数$p\geqslant 1$时的敛散性.

3. 求幂级数$\sum\limits_{n=1}^{\infty}\dfrac{n^2+1}{n}x^n$的收敛域与和函数$S(x)$.

4. 求幂级数$\sum\limits_{n=1}^{\infty}\dfrac{(-1)^{n-1}}{n(2n-1)}x^{2n+1}$的收敛域及和函数$S(x)$.

5. 求幂级数$\sum_{n=1}^{\infty}\frac{(n-1)!+2n+1}{n!}x^{2n}$的收敛域与和函数$S(x)$.

6. 已知函数$f_n(x)$满足$f_n'(x)=f_n(x)+x^{n-1}e^x$，且$f_n(1)=\frac{e}{n}$，$n=1,2,\cdots$，求函数项级数$\sum_{n=1}^{\infty}f_n(x)$之和.

7. 求$\sum_{n=0}^{\infty}\frac{1}{(2n)!}x^{2n}$的和函数$S(x)$.

8. 设$I_n=\int_0^{\frac{\pi}{4}}\sin^n x\cos x\,dx$，$n=0,1,2,\cdots$，求$\sum_{n=0}^{\infty}I_n$.

9. 求级数$\sum_{n=2}^{\infty}\frac{1}{(n^2-1)2^n}$的和.

10. 设$a_n=\int_0^{\frac{1}{2}}\left(\frac{1}{2}-x\right)x^n(1-x)^n dx$，$n=1,2,\cdots$. 证明级数$\sum_{n=1}^{\infty}a_n$收敛，并求其和.

11. 设幂级数$\sum_{n=0}^{\infty}a_nx^n$在$(-\infty,+\infty)$内收敛，其和函数$y=y(x)$满足

$$y''-2xy'-4y=0,\ y(0)=0,\ y'(0)=1.$$

(1) 证明：$a_{n+2}=\frac{2}{n+1}a_n$，$n=1,2,\cdots$；　　(2) 求$y(x)$的表达式.

12. 将函数$f(x)=\frac{1}{x^2+3x+2}$展开成$x+4$的幂级数.

13. 设$f(x)=\begin{cases}\frac{1+x^2}{x}\arctan x, & x\neq 0,\\ 1, & x=0.\end{cases}$试将$f(x)$展开成$x$的幂级数，并求级数$\sum_{n=1}^{\infty}\frac{(-1)^n}{1-4n^2}$的和.

14. 已知$\cos 2x-\frac{1}{(1+x)^2}=\sum_{n=0}^{\infty}a_nx^n(-1<x<1)$，求$a_n$，$n=0,1,2,\cdots$.

15. (仅限数学一) 将函数$f(x)=x^2(0\leqslant x\leqslant\pi)$展开成余弦级数，并证明$\sum_{n=1}^{\infty}\frac{1}{n^2}=\frac{\pi^2}{6}$.

强化篇练习题

第10章 曲线积分与曲面积分(仅限数学一)

一、选择题

1. 设曲线 L 的方程为 $\sqrt{x}+\sqrt{y}=a$,其中常数 $a>0$,则 $\oint_L \sin(x-y)\mathrm{d}s$ 的值(　　).

(A) 等于 0　　(B) 大于 0

(C) 小于 0　　(D) 不确定,且与 a 有关

2. 设空间曲线 Γ:$\begin{cases} x^2+y^2+z^2=1, \\ x+y+z=0, \end{cases}$ 则以下结论不正确的是(　　).

(A) $\oint_\Gamma x\,\mathrm{d}s=0$　　(B) $\oint_\Gamma xy\,\mathrm{d}s=0$　　(C) $\oint_\Gamma x^2\mathrm{d}s=\frac{2}{3}\pi$　　(D) $\oint_\Gamma \mathrm{d}s=2\pi$

3. 设 L 为 $y=x^2-1$ 上从点 $A(-1,0)$ 到点 $B(2,3)$ 有向曲线段,则在计算 $\int_L \frac{x\mathrm{d}y-y\mathrm{d}x}{x^2+y^2}$ 时,可换取路径为(　　)可保证积分值不变.

(A) 从点 A 到点 $(2,0)$ 再到点 B 的有向折线

(B) 从点 A 到点 $(-1,3)$ 再到点 B 的有向折线

(C) 有向线段 $\overrightarrow{AB}$

(D) 从点 A 到点 $(-1,-1)$ 再到 $(2,-1)$ 最后到点 B 的有向折线

4. 设函数 $f(u)$ 连续,则 $\int_{(0,0)}^{(1,2)} yf(xy)\mathrm{d}x+xf(xy)\mathrm{d}y=$(　　).

(A) $\int_0^1 f(u)\mathrm{d}u$　　(B) $\int_0^2 f(u)\mathrm{d}u$　　(C) $f(1)-f(0)$　　(D) $f(2)-f(0)$

5. 设函数 $Q(x,y)=\frac{x}{y^2}$. 如果对上半平面 $(y>0)$ 内的任意有向封闭光滑曲线 C 都有 $\oint_C P(x,y)\mathrm{d}x+Q(x,y)\mathrm{d}y=0$,且 $P(x,1)=x-1$,则 $P(x,y)=$(　　).

(A) $x+\frac{1}{y}-2$　　(B) $x-\frac{1}{y}$　　(C) $x+\frac{1}{y^2}-2$　　(D) $x-\frac{1}{y^2}$

6. 设函数 $P=P(x,y)$,$Q=Q(x,y)$ 在单连通区域 D 上具有一阶连续的偏导数,$P\mathrm{d}x+Q\mathrm{d}y$ 为函数 $u(x,y)$ 的全微分,则下列各式中,仅为 x 的函数的是(　　).

(A) $Q-\frac{\partial}{\partial x}\int P\mathrm{d}y$　　(B) $Q-\frac{\partial}{\partial y}\int P\mathrm{d}x$　　(C) $P-\frac{\partial}{\partial x}\int Q\mathrm{d}y$　　(D) $P-\frac{\partial}{\partial y}\int Q\mathrm{d}x$

7. 设曲面 Σ 的方程为 $x^2+y^2+z^2=1$,$x\geqslant 0$,$y\geqslant 0$,Σ_1 为 Σ 在第一卦限的部分,并且

强化篇练习题

Σ 和 Σ_1 均取外侧,则下列结论不正确的是(　　).

(A) $\iint\limits_{\Sigma} z\,\mathrm{d}x\,\mathrm{d}y=0$　　(B) $\iint\limits_{\Sigma} z\,\mathrm{d}x\,\mathrm{d}y=2\iint\limits_{\Sigma_1} z\,\mathrm{d}x\,\mathrm{d}y$

(C) $\iint\limits_{\Sigma} z^2\,\mathrm{d}x\,\mathrm{d}y=0$　　(D) $\iint\limits_{\Sigma} xy\,\mathrm{d}x\,\mathrm{d}y=0$

二、填空题

1. 设曲线 $L:x^2+y^2=2(x+y)$,a,b 为常数,则 $\oint_L \dfrac{a\sin(\mathrm{e}^x)+b\sin(\mathrm{e}^y)}{\sin(\mathrm{e}^x)+\sin(\mathrm{e}^y)}\mathrm{d}s=$________.

2. 设曲线 L 为摆线 $x=t-\sin t,y=1-\cos t,0\leqslant t\leqslant 2\pi$,则 $\int_L y\,\mathrm{d}s=$________.

3. 设偶函数 $f(y)$ 具有一阶连续导数,$L:\dfrac{x^2}{4}+y^2=1$ 取逆时针方向,则 $\oint_L f(y)\mathrm{d}x+x\mathrm{d}y=$________.

4. 设 $\mathbf{grad}\,u(x,y)=\{xy^2,y\varphi(x)\}$,其中 $\varphi(x)$ 可导,且 $u(0,y)=1-y^2$,则 $u(x,y)=$________.

5. 设 $\Sigma:x+y+z=1(x\geqslant 0,y\geqslant 0,z\geqslant 0)$,则 $\iint\limits_{\Sigma}\dfrac{1}{(2-z)^2}\mathrm{d}S=$________.

6. 设函数 $f(x,y,z)$ 连续,且 $f(x,y,z)=(x+y)^2-z^2+1+\iint\limits_{\Sigma} f(x,y,z)\mathrm{d}S$,其中 Σ 是圆锥面 $z=\sqrt{x^2+y^2}$ 介于 $z=0$ 与 $z=1$ 之间的部分,则 $f(x,y,z)=$________.

7. 设 Σ 是椭球面 $\dfrac{x^2}{a^2}+\dfrac{y^2}{b^2}+\dfrac{z^2}{c^2}=1$ 在第一卦限内的部分,取上侧,则 $\iint\limits_{\Sigma} z\,\mathrm{d}x\,\mathrm{d}y=$________.

8. 设曲面 Σ 为 $z=\dfrac{x^2+y^2}{2}(0\leqslant z\leqslant 2)$,取下侧,则 $\iint\limits_{\Sigma} 4xz\mathrm{d}y\mathrm{d}z-2z\mathrm{d}z\mathrm{d}x+(1-z^2)\mathrm{d}x\mathrm{d}y=$________.

9. 设空间封闭有向曲线 Γ 为椭圆,其参数方程为 $x=\sin^2 t,y=\sin 2t,z=\cos^2 t,t:0\to\pi$,则 $\oint_\Gamma (y+z)\mathrm{d}x+(z+x)\mathrm{d}y+(x+y)\mathrm{d}z=$________.

三、解答题

1. 求 $F(t)=\iint\limits_{z=t} f(x,y,z)\mathrm{d}S$,其中 $f(x,y,z)=\begin{cases}1-x^2-y^2-z^2, & x^2+y^2+z^2\leqslant 1,\\ 0, & x^2+y^2+z^2>1.\end{cases}$

2. 设 $f(u)$ 具有连续的导函数,求证:曲线积分 $\int_L \dfrac{1}{y}[1+y^2f(xy)]\mathrm{d}x+\dfrac{x}{y^2}[y^2f(xy)-1]\mathrm{d}y$ 与路径无关,其中 L 为上半平面内的任意一条曲线,并计算

$$I=\int_{(3,\frac{2}{3})}^{(1,2)}\frac{1}{y}[1+y^2f(xy)]\mathrm{d}x+\frac{x}{y^2}[y^2f(xy)-1]\mathrm{d}y.$$

3. 已知曲线积分$\int_L [\mathrm{e}^x + f(x)]y\mathrm{d}x + f'(x)\mathrm{d}y$与路径无关，其中$f(x)$二阶可导，并且$f(0)=2, f'(0)=\frac{1}{2}$，计算$\int_L [\mathrm{e}^x + f(x)]y\mathrm{d}x + f'(x)\mathrm{d}y$，其中$L: 2y - \sin y = x^2, x: 0 \to \sqrt{2\pi}$.

4. 计算$I=\int_L \frac{x\mathrm{d}y - y\mathrm{d}x}{x^2+y^2}$，其中$L$为抛物线$y=2-2x^2$上从点$A(1,0)$到点$B(-1,0)$的有向曲线段.

5. 已知$[f'(x)+x]y\mathrm{d}x + f'(x)\mathrm{d}y$为函数$u(x,y)$的全微分，其中$f(x)$具有二阶连续导数，且$f(0)=0, f'(0)=1$，求$f(x)$及$[f'(x)+x]y\mathrm{d}x + f'(x)\mathrm{d}y$的所有原函数.

6. 计算$I=\iint_\Sigma \frac{xz^2\mathrm{d}y\mathrm{d}z + (x^2y - z^3)\mathrm{d}z\mathrm{d}x + (2xy + y^2z)\mathrm{d}x\mathrm{d}y}{x^2+y^2+z^2}$，其中$\Sigma$是上半球面$z=\sqrt{1-x^2-y^2}\ (z \geqslant 0)$的上侧.

7. 计算$I=\iint_\Sigma x^2\mathrm{d}y\mathrm{d}z + y\mathrm{d}z\mathrm{d}x + z^2\mathrm{d}x\mathrm{d}y$，其中$\Sigma: (x-1)^2+(y-1)^2+\frac{z^2}{4}=1\ (y \geqslant 1)$，取外侧.

8. 计算$I=\iint_\Sigma x^2z\mathrm{d}y\mathrm{d}z + y^2\mathrm{d}z\mathrm{d}x + (z^2-x)\mathrm{d}x\mathrm{d}y$，其中$\Sigma$是由$yOz$平面上的曲线$z=\mathrm{e}^y\ (0 \leqslant y \leqslant 1)$绕$z$轴旋转一周所形成的旋转曲面，取下侧.

9. 计算$I=\oiint_\Sigma \frac{x\mathrm{d}y\mathrm{d}z + y\mathrm{d}z\mathrm{d}x + z\mathrm{d}x\mathrm{d}y}{(x^2+y^2+z^2)^{3/2}}$，其中$\Sigma$是曲面$2x^2+2y^2+z^2=4$的外侧.

10. 计算$I=\iint_\Sigma \frac{x^2\mathrm{d}y\mathrm{d}z + y^2\mathrm{d}z\mathrm{d}x + (z^2+1)\mathrm{d}x\mathrm{d}y}{2x^2+2y^2+z^2}$，其中$\Sigma$是上半球面$x^2+y^2+z^2=1\ (z \geqslant 0)$，取上侧.

11. 计算$I=\iint_\Sigma (x^2\cos\alpha + y^2\cos\beta + z^2\cos\gamma)\mathrm{d}S$，其中$\Sigma$为锥面$\frac{x^2}{4}+\frac{y^2}{4}=\frac{z^2}{9}$介于$z=0$及$z=3$之间部分的下侧，$\{\cos\alpha, \cos\beta, \cos\gamma\}$为$\Sigma$在点$(x,y,z)$处指定侧的单位法向量.

12. 设空间区域Ω是由曲面$z=a^2-x^2-y^2$与平面$z=0$所围成，其中常数$a>0$. Σ是Ω的外侧边界曲面，Ω的体积为V，证明：$\oiint_\Sigma x^2yz^2\mathrm{d}y\mathrm{d}z - xy^2z^2\mathrm{d}z\mathrm{d}x + z(1+xyz)\mathrm{d}x\mathrm{d}y = V$.

13. 计算$I=\oint_\Gamma y\mathrm{d}x + z\mathrm{d}y + x\mathrm{d}z$，其中$\Gamma$为圆周$\begin{cases} x^2+y^2+z^2=2a(x+y), \\ x+y=2a \end{cases}\ (a \neq 0)$从$x$轴正向向原点看，$\Gamma$为逆时针方向.

强化篇练习题

第 11 章 微积分学的经济应用（仅限数学三）

一、填空题

1. 设某产品的需求量函数为 $Q=Q(p)$，其对价格 p 的弹性 $\xi_p=0.2$，则当需求量为10 000件时，价格增加1元会使产品收益增加________元.

2. 某公司每一年的工资总额是在上一年增加20%的基础上再追加2百万，若以 W_t 表示第 t 年的工资总额(单位：百万元)，则 W_t 满足的差分方程是________.

3. 差分方程 $y_{t+1}-2y_t=3^t$ 的通解为________.

4. 差分方程 $y_{t+1}-y_t=2^t-1$ 的通解为________.

5. 若某一阶常系数线性差分方程的通解为 $y_t=C+\frac{1}{2}\cdot 3^t-2t$，则该差分方程为________.

二、解答题

1. 设某产品的成本函数为 $C(x)=400+3x+\frac{1}{2}x^2$，而需求函数为 $p=\frac{100}{\sqrt{x}}$，其中 x 为产量(假定等于需求量)，p 为价格，试求：

(1) 边际成本； (2) 边际收益； (3) 边际利润； (4) 收益的价格弹性.

2. 某厂家生产的一种产品同时在两个市场销售，售价分别为 p_1 和 p_2，销售量分别为 q_1 和 q_2，需求函数分别为 $q_1=24-0.2p_1$ 和 $q_2=10-0.05p_2$，总成本函数为 $C=35+40(q_1+q_2)$，试问：厂家如何确定两个市场的售价，能使其获得的总利润最大？最大的总利润为多少？

3. 设生产某种产品必须投入两种要素，x_1 和 x_2 分别为两种要素的投入量，Q 为产出量. 若生产函数为 $Q=2x_1^{\alpha}x_2^{\beta}$，其中 α,β 为正常数，且 $\alpha+\beta=1$，假设两种要素的价格分别为 p_1 和 p_2，试问：当产出量为12时，两个要素各投入多少可以使得投入总费用最小？

4. 已知某商品的需求量 x 对价格 p 的弹性 $\eta=2p^2$，而市场对该产品的最大需求量为1万件. 求需求量函数.

5. 设某产品的价格函数为 $P(Q)=30-0.2\sqrt{Q}$，其中 P 为价格，Q 为需求量. 如果价格固定在每件 $P_0=10$ 元，求消费者剩余 U_C(消费者剩余也称为消费者的净收益，是指消费者在购买一定数量的某种商品时愿意支付的最高总价格和实际支付的总价格之间的差额，消费者剩余并不是实际收入的增加，而是一种心理感觉的体现. 消费者剩余的计算公式为：消费者剩余＝消费者的评价减去消费者的实际支付).

6. 设生产某产品的固定成本为50，边际成本为$MC=q^2-14q+111$，边际收益为$MR=100-2q(q>0)$，求厂商的最大利润L.

答案解析

基础篇

第 1 章 函数、极限与连续

一、选择题

1. 答案 (D).

解 由题设有 $f(x+2k)=\dfrac{1}{f(x+k)}=f(x)$,因此函数 $f(x)$ 是周期为 $2k$ 的周期函数,故选(D).

2. 答案 (C).

解 由 $\lim\limits_{n\to\infty}x_n>\lim\limits_{n\to\infty}y_n$,可得 $\lim\limits_{n\to\infty}(x_n-y_n)=a>0$. 取 $\varepsilon=\dfrac{a}{2}>0$,由极限定义知存在正整数 n_0,使得当 $n>n_0$ 时,有 $|x_n-y_n-a|<\dfrac{a}{2}$,可得 $x_n-y_n>\dfrac{a}{2}>0$,故选(C).

3. 答案 (C).

解 (A) 不正确. 反例:令 $f(x)=1+\dfrac{1}{x}$,$g(x)=1-\dfrac{1}{x}$,当 $x\to 0$ 时,$f(x)\to\infty$,$g(x)\to\infty$,但 $\lim\limits_{x\to 0}[f(x)+g(x)]=2$ 不是无穷大.

(B) 不正确. 反例:令 $f(x)=x$,$x\in[-1,1]$,$g(x)=\dfrac{1}{x}$,$0<|x|\leqslant 1$,则 $f(x)$ 是有界的,当 $x\to 0$ 时 $g(x)\to\infty$,但 $\lim\limits_{x\to 0}[f(x)\cdot g(x)]=1$ 不是无穷大.

(C) 正确. 这是因为若 $\lim\limits_{x\to x_0}f(x)=\infty$,那么对任意的 $M>0$,存在 $\delta_1>0$,当 $0<|x-x_0|<\delta_1$ 时,有 $|f(x)|>\sqrt{M}$,同理由 $\lim\limits_{x\to x_0}g(x)=\infty$ 知,存在 $\delta_2>0$,当 $0<|x-x_0|<\delta_2$ 时,有 $|g(x)|>\sqrt{M}$,令 $\delta=\min\{\delta_1,\delta_2\}$,当 $0<|x-x_0|<\delta$ 时,有 $|f(x)g(x)|>\sqrt{M}\cdot\sqrt{M}=M$,所以 $\lim\limits_{x\to x_0}f(x)g(x)=\infty$.

(D) 不正确. 反例:令 $f(x)=\dfrac{1}{x}\sin\dfrac{1}{x}$,当 $x\to 0$ 时,$f(x)$ 不是无穷大,但它在 $x=0$ 的任何去心邻域内都无界.

综合上述情况知应选(C).

4. 答案 (D).

解 (A) 不正确. 反例:令 $f(x)=2x$, $g(x)=x$, 则 $f(x)-g(x)=x$ 不是 x 的高阶无穷小.

(B) 不正确. 反例:令 $f(x)=x+x^2$, $g(x)=x$, 则 $f(x)-g(x)=x^2$ 不是 x 的同阶无穷小.

由 $\lim\limits_{x\to 0}\dfrac{f(x)}{x}=k$, $0<|k|<+\infty$, $\lim\limits_{x\to 0}\dfrac{g(x)}{x}=l$, $0<|l|<+\infty$, 得

$$\lim_{x\to 0}\frac{f[g(x)]}{x}=\lim_{x\to 0}\frac{f[g(x)]}{g(x)}\cdot\frac{g(x)}{x}=kl,\ 0<|kl|<+\infty,$$

因此当 $x\to 0$ 时, $f[g(x)]$ 与 x 是同阶无穷小, 所以 (C) 不正确, (D) 正确.

故选 (D).

二、填空题

1. 答案 $\pi-\arcsin x$.

解 由题设 $y=\sin x=-\sin(x-\pi)$, 当 $x\in\left[\dfrac{\pi}{2},\dfrac{3\pi}{2}\right]$ 时, $x-\pi\in\left[-\dfrac{\pi}{2},\dfrac{\pi}{2}\right]$, 故

$$x-\pi=\arcsin(-y)=-\arcsin y,\ x=\pi-\arcsin y,$$

所以 $y=f^{-1}(x)=\pi-\arcsin x$.

2. 答案 $\begin{cases}\sqrt[4]{8x}, & x\geqslant 0,\\ 0, & x<0.\end{cases}$

解 由于 $f(x)=\begin{cases}\sqrt{2x}, & x\geqslant 0,\\ 0, & x<0,\end{cases}$ 则 $f(x)\geqslant 0$, 因此

$$f[f(x)]=\sqrt{2f(x)}=\begin{cases}\sqrt{2\sqrt{2x}}, & x\geqslant 0,\\ 0, & x<0.\end{cases}=\begin{cases}\sqrt[4]{8x}, & x\geqslant 0,\\ 0, & x<0.\end{cases}$$

3. 答案 (1) 必要,充分;(2) 必要,充分;(3) 充分必要.

解 根据有关极限的概念及性质可得上述结论.

4. 答案 $\dfrac{1}{4}$.

解 $$\lim_{n\to\infty}\frac{(-3)^n+4^n}{(-3)^{n+1}+4^{n+1}}=\lim_{n\to\infty}\frac{\left(-\frac{3}{4}\right)^n+1}{-3\cdot\left(-\frac{3}{4}\right)^n+4}=\frac{1}{4}.$$

5. 答案 1.

解 当 $x\to 0$ 时, $\tan x^2\sim x^2$, $\sin[\sin(\sin^2 x)]\sim\sin(\sin^2 x)\sim\sin^2 x\sim x^2$, 所以

$$\lim_{x\to 0}\frac{\sin[\sin(\sin^2 x)]}{\tan x^2}=\lim_{x\to 0}\frac{x^2}{x^2}=1.$$

6. 答案 $\dfrac{1}{1-x}$.

解 原式 $=\lim\limits_{n\to\infty}\dfrac{(1-x)(1+x)(1+x^2)\cdots(1+x^{2^n})}{1-x}=\lim\limits_{n\to\infty}\dfrac{1-x^{2^{n+1}}}{1-x}=\dfrac{1}{1-x}$.

7. 答案 $1-\sec^2 x$.

解 当 $x\to 0$ 时，$1-e^{\tan x}\sim -x$，$\ln\dfrac{1+x}{1-x}=\ln\left(1+\dfrac{2x}{1-x}\right)\sim 2x$，$1-\sec^2 x=\dfrac{\cos^2 x-1}{\cos^2 x}=$
$\dfrac{(\cos x-1)(\cos x+1)}{\cos^2 x}\sim -x^2$.

三、解答题

1. 证明 设 $0<x_1<x_2<a$，则 $-a<-x_2<-x_1<0$，$f(x)$ 在 $(-a,0)$ 内单调减少，因而有 $f(-x_2)>f(-x_1)$，又因为 $f(x)$ 为奇函数，所以有 $-f(x_2)>-f(x_1)$，由此可得 $f(x_1)>f(x_2)$，即 $f(x)$ 在 $(0,a)$ 内也单调减少.

2. 证明 当 $n=1$ 时，$f_1(x)=f(x)=\dfrac{x}{\sqrt{1+x^2}}$，设当 $n=k$ 时，有 $f_k(x)=\dfrac{x}{\sqrt{1+kx^2}}$，则当 $n=k+1$ 时，$f_{k+1}(x)=\dfrac{f_k(x)}{\sqrt{1+f_k^2(x)}}=\dfrac{\dfrac{x}{\sqrt{1+kx^2}}}{\sqrt{1+\dfrac{x^2}{1+kx^2}}}=\dfrac{x}{\sqrt{1+(k+1)x^2}}$，由数学归纳法可得 $f_n(x)=\dfrac{x}{\sqrt{1+nx^2}}$.

3. 解 (1) 原式 $=\lim\limits_{x\to\infty}\dfrac{1}{\left(2+\dfrac{1}{x}\right)\left(1-\dfrac{1}{x}\right)\left(3+\dfrac{2}{x}\right)}=\dfrac{1}{6}$.

(2) 原式 $=\lim\limits_{n\to\infty}\dfrac{4\sqrt{n}}{\sqrt{n+3\sqrt{n}}+\sqrt{n-\sqrt{n}}}=4\lim\limits_{n\to\infty}\dfrac{1}{\sqrt{1+\dfrac{3}{\sqrt{n}}}+\sqrt{1-\dfrac{1}{\sqrt{n}}}}=2$.

(3) 原式 $=\lim\limits_{x\to 0}\left(\dfrac{1}{1-\cos x}-\dfrac{2}{1-\cos^2 x}\right)=\lim\limits_{x\to 0}\dfrac{1+\cos x-2}{(1-\cos x)(1+\cos x)}$

$=\lim\limits_{x\to 0}\dfrac{-1}{1+\cos x}=-\dfrac{1}{2}$.

(4) 原式 $=\lim\limits_{x\to 1}\dfrac{(x-1)+(x^2-1)+\cdots+(x^n-1)}{x-1}$

$=\lim\limits_{x\to 1}[1+(x+1)+\cdots+(x^{n-1}+x^{n-2}+\cdots+x+1)]$

$=1+2+\cdots+n=\dfrac{n(n+1)}{2}$.

基础篇答案解析

4. 解 原式 $=\lim\limits_{x\to 0}\left\{[1+(\cos x-1)]^{\frac{1}{\cos x-1}}\right\}^{\frac{\cos x-1}{x^2}}=\mathrm{e}^{-\frac{1}{2}}$.

5. 解 由 $\lim\limits_{x\to\infty}\left(\dfrac{x+2a}{x-a}\right)^x=\lim\limits_{x\to\infty}\left[\left(1+\dfrac{3a}{x-a}\right)^{\frac{x-a}{3a}}\right]^{\frac{3ax}{x-a}}=\mathrm{e}^{3a}=8$,可得 $a=\ln 2$.

6. 解 令 $x_n=\dfrac{1}{\sqrt{n^4+3\times n^3+n}}+\dfrac{2}{\sqrt{n^4+3\times n^3+n}}+\cdots+\dfrac{n}{\sqrt{n^4+3\times n^3+n}}$, $y_n=\dfrac{1}{\sqrt{n^4+3\times 1^3+1}}+\dfrac{2}{\sqrt{n^4+3\times 1^3+1}}+\cdots+\dfrac{n}{\sqrt{n^4+3\times 1^3+1}}$,则有 $x_n\leqslant\dfrac{1}{\sqrt{n^4+3\times 1^3+1}}+\dfrac{2}{\sqrt{n^4+3\times 2^3+2}}+\cdots+\dfrac{n}{\sqrt{n^4+3\times n^3+n}}\leqslant y_n$,而

$$\lim_{n\to\infty}x_n=\lim_{n\to\infty}\frac{\frac{1}{2}n(n+1)}{\sqrt{n^4+3\times n^3+n}}=\frac{1}{2},\lim_{n\to\infty}y_n=\lim_{n\to\infty}\frac{\frac{1}{2}n(n+1)}{\sqrt{n^4+3\times 1^3+1}}=\frac{1}{2},$$

由夹逼准则可得

$$\lim_{n\to\infty}\left(\frac{1}{\sqrt{n^4+3\times 1^3+1}}+\frac{2}{\sqrt{n^4+3\times 2^3+2}}+\cdots+\frac{n}{\sqrt{n^4+3\times n^3+n}}\right)=\frac{1}{2}.$$

7. 证明 由题设可知 $x_n\geqslant\sqrt{x_{n-1}\dfrac{a}{x_{n-1}}}=\sqrt{a}$,而 $\dfrac{x_{n+1}}{x_n}=\dfrac{1}{2}\left(1+\dfrac{a}{x_n^2}\right)\leqslant 1$,所以数列 $\{x_n\}$ 单调递减且有下界,由单调有界收敛原理知 $\lim\limits_{n\to\infty}x_n$ 存在.

设 $\lim\limits_{n\to\infty}x_n=b$,由题设应有 $b=\dfrac{1}{2}\left(b+\dfrac{a}{b}\right)$,可解得 $b=\sqrt{a}$ 或者 $b=-\sqrt{a}$. 由于 $x_n\geqslant\sqrt{a}$,故 $b\geqslant\sqrt{a}$,所以 $b=\sqrt{a}$,有 $\lim\limits_{n\to\infty}x_n=\sqrt{a}$.

8. 证明 **证法一** 令 $F(x)=pf(a)+qf(b)-(p+q)f(x)$,则

$$F(a)=q[f(b)-f(a)],F(b)=p[f(a)-f(b)],$$

若 $f(a)=f(b)$,则取 $\xi=a$ 或者 $\xi=b$ 即可,若 $f(a)\neq f(b)$,那么 $F(a)F(b)<0$,由连续函数的零点定理知,$\exists\xi\in(a,b)$ 使得 $F(\xi)=pf(a)+qf(b)-(p+q)f(\xi)=0$,即 $pf(a)+qf(b)=(p+q)f(\xi)$.

证法二 若 $f(a)=f(b)$,则取 $\xi=a$ 或者 $\xi=b$ 即可.

若 $f(a)\neq f(b)$,不妨设 $f(a)<f(b)$,那么有 $f(a)<\dfrac{pf(a)+qf(b)}{p+q}<f(b)$,由连续函数的介值定理知 $\exists\xi\in(a,b)$ 使得 $f(\xi)=\dfrac{pf(a)+qf(b)}{p+q}$,即

$$pf(a)+qf(b)=(p+q)f(\xi).$$

第 2 章 导数与微分

一、选择题

1. 答案 (D).

解 (A) 不正确. 因为 $\lim\limits_{h\to+\infty}h\left[f\left(a+\frac{1}{h}\right)-f(a)\right]=\lim\limits_{\Delta x\to0^+}\frac{f(a+\Delta x)-f(a)}{\Delta x}=f'_+(a)$,因此(A) 只是 $f'_+(a)$ 存在的充分必要条件.

(B) 不正确. 若 $f'(a)$ 存在, 则有 $\lim\limits_{h\to0}\frac{f(a+2h)-f(a+h)}{h}=f'(a)$, 但 $\lim\limits_{h\to0}\frac{f(a+2h)-f(a+h)}{h}$ 存在不能推出 $f'(a)$ 存在,例如令 $f(x)=\begin{cases}x, & x\neq0,\\1, & x=0,\end{cases}$ 则 $f(x)$ 在点 $x=0$ 处不连续,因而不可导,但 $\lim\limits_{h\to0}\frac{f(0+2h)-f(0+h)}{h}=1$ 存在. 因此(B) 只是 $f'(a)$ 存在的必要条件,而非充分条件.

(C) 不正确. 理由同(B).

(D) 正确. 这是因为 $\lim\limits_{h\to0}\frac{f(a)-f(a-h)}{h}\xlongequal{\Delta x=-h}\lim\limits_{\Delta x\to0}\frac{f(a)-f(a+\Delta x)}{-\Delta x}=f'(a)$.

综上,故选(D).

2. 答案 (D).

解 显然 $f(x)$ 在点 $x=0$ 处左连续,由于 $\lim\limits_{x\to0^+}f(x)=\lim\limits_{x\to0^+}\frac{\sqrt{1+x^2}-1}{\sqrt{x}}=0=f(0)$,所以 $f(x)$ 在点 $x=0$ 处右连续,即 $f(x)$ 在点 $x=0$ 处连续. 又 $f'_-(0)=\lim\limits_{x\to0^-}x\varphi(x)=0$, $f'_+(0)=\lim\limits_{x\to0^+}\frac{\sqrt{1+x^2}-1}{x\sqrt{x}}=0$,所以 $f'(0)=0$,即 $f(x)$ 在点 $x=0$ 处可导. 故选(D).

3. 答案 (C).

解 因为 $f(x)$ 在点 $x=0$ 处连续,$\lim\limits_{h\to0}\frac{f(h^2)}{h^2}=1$,所以有 $0=\lim\limits_{h\to0}f(h^2)=f(0)$,从而 $\lim\limits_{h\to0}\frac{f(h^2)-f(0)}{h^2}\xlongequal{u=h^2}\lim\limits_{u\to0^+}\frac{f(u)-f(0)}{u}=f'_+(0)=1$. 故选(C).

4. 答案 (D).

基础篇答案解析

解 首先,令 $f(x)=x$,则 $f(x)$ 在点 $x=0$ 处可导,但 $|f(x)|=|x|$ 在点 $x=0$ 处不可导,所以 $f(x)$ 在点 x_0 处可导不是 $|f(x)|$ 在点 x_0 处可导的充分条件.

其次,令 $f(x)=\begin{cases}-1, & x\leqslant 0,\\ 1, & x>0,\end{cases}$ 那么 $|f(x)|=1$ 在点 $x=0$ 处可导,但 $f(x)$ 在点 $x=0$ 处不可导,所以 $f(x)$ 在点 x_0 处可导不是 $|f(x)|$ 在点 x_0 处可导的必要条件. 故选(D).

5. **答案** (C).

解 $f(x)=\begin{cases}1, & |x|\leqslant 1,\\ |x|^3, & |x|>1,\end{cases}$ $f(x)$ 在点 $x\neq\pm1$ 时均为可导的,而 $f'_-(-1)=-3$, $f'_+(-1)=0$, $f'_-(1)=0$, $f'_+(1)=3$,所以函数在点 $x=\pm1$ 处均为不可导的. 故选(C).

6. **答案** (C).

解 将 $x=0$ 代入到 $|f(x)|\leqslant x^2$,可得 $f(0)=0$. 由题设有 $-x^2\leqslant f(x)\leqslant x^2$,因 $\lim\limits_{x\to0}(-x^2)=\lim\limits_{x\to0}x^2=0$,根据夹逼准则知 $\lim\limits_{x\to0}f(x)=0=f(0)$,所以 $f(x)$ 在 $x=0$ 处连续. 又当 $x\neq0$ 时,有 $\left|\dfrac{f(x)}{x}\right|\leqslant|x|$,由夹逼准则可得 $f'(0)=\lim\limits_{x\to0}\dfrac{f(x)-f(0)}{x}=0$. 故选(C).

7. **答案** (D).

解 Δy 的线性主部即为 y 的微分,由题设有 $0.1=\mathrm{d}y\Big|_{\substack{x=-1\\ \Delta x=-0.1}}=2xf'(x^2)\Delta x\Big|_{\substack{x=-1\\ \Delta x=-0.1}}=0.2f'(1)$,因而有 $f'(1)=\dfrac{0.1}{0.2}=0.5$. 故选(D).

二、填空题

1. **答案** $2x+y-2-\dfrac{\pi}{4}=0$.

解 法线的斜率为 $k=-(1+x^2)\Big|_{x=1}=-2$,因此所求法线方程为 $\dfrac{y-\dfrac{\pi}{4}}{x-1}=-2$,即为 $2x+y-2-\dfrac{\pi}{4}=0$.

2. **答案** $\sqrt{2}$.

解 由题设知 $f(0)=1$, $f'(0)=(\mathrm{e}^x)'\Big|_{x=0}=1$,所以

$$\lim_{n\to\infty}\sqrt{n\left[f\left(\frac{2}{n}\right)-1\right]}=\lim_{n\to\infty}\sqrt{\frac{2\left[f\left(\frac{2}{n}\right)-f(0)\right]}{\frac{2}{n}}}=\sqrt{2f'(0)}=\sqrt{2}.$$

3. **答案** -1.

解 $\lim\limits_{x\to 0}\dfrac{f(\cos x)}{\ln(1+x^2)}=\lim\limits_{x\to 0}\dfrac{f(1+\cos x-1)-f(1)}{\cos x-1}\cdot\dfrac{\cos x-1}{\ln(1+x^2)}=-\dfrac{1}{2}f'(1)=-1.$

4. **答案** 5.

解 $x=\pm\pi,\pm 2\pi,3\pi$ 均为 $f(x)$ 的不可导点. 例如,当 $x=\pi$ 时,

$$f'_-(\pi)=\lim_{x\to\pi^-}\frac{x|\sin x|}{x-\pi}=\lim_{x\to\pi^-}\frac{x\sin x}{x-\pi}\xlongequal{x-\pi=t}\lim_{t\to 0^-}\frac{(\pi+t)\sin(\pi+t)}{t}$$

$$=-\lim_{t\to 0^+}\frac{(\pi+t)\sin t}{t}=-\pi,$$

$$f'_+(\pi)=\lim_{x\to\pi^+}\frac{x|\sin x|}{x-\pi}=-\lim_{x\to\pi^+}\frac{x\sin x}{x-\pi}\xlongequal{x-\pi=t}-\lim_{t\to 0^+}\frac{(\pi+t)\sin(\pi+t)}{t}$$

$$=\lim_{t\to 0^+}\frac{(\pi+t)\sin t}{t}=\pi,$$

所以 $x=\pi$ 为不可导点. 其他点同理.

5. **答案** $\dfrac{1\,011\pi}{2}$.

解 由导数定义可得

$$f'(1)=\lim_{x\to 1}\frac{f(x)-f(1)}{x-1}=\lim_{x\to 1}\frac{(x^{2\,022}-1)\arctan\dfrac{x^2+x+1}{x^2-x+3}-0}{x-1}$$

$$=\lim_{x\to 1}(x^{2\,021}+x^{2\,020}+\cdots+x+1)\arctan\frac{x^2+x+1}{x^2-x+3}$$

$$=2\,022\cdot\frac{\pi}{4}=\frac{1\,011\pi}{2}.$$

6. **答案** $\dfrac{1}{3}$.

解 由于 $g'(0)=\lim\limits_{x\to 0}\dfrac{x^2\cos\dfrac{1}{x}}{x}=0$,所以

$$\frac{\mathrm{d}}{\mathrm{d}x}\ln\{1+\mathrm{e}^x+f[g(x)]\}\bigg|_{x=0}=\frac{\mathrm{e}^x+f'[g(x)]g'(x)}{1+\mathrm{e}^x+f[g(x)]}\bigg|_{x=0}=\frac{\mathrm{e}^0+f'(0)g'(0)}{1+\mathrm{e}^0+f(0)}=\frac{1}{3}.$$

7. **答案** $2^{n-1}\cos\left(2x+\dfrac{n\pi}{2}\right)$.

解 $y=\dfrac{1}{2}(1+\cos 2x),y'=-\sin 2x=\cos\left(2x+\dfrac{\pi}{2}\right),y''=2\cos(2x+\pi),\cdots$

由数学归纳法可得 $y^{(n)}=2^{n-1}\cos\left(2x+\dfrac{n\pi}{2}\right)$.

8. **答案** $(\ln 2-1)\,\mathrm{d}x$.

解 由题设知 $x=0$ 时,$y=1$. 等式 $2^{xy}=x+y$ 两边同时求微分,可得

$$(y\mathrm{d}x+x\mathrm{d}y)2^{xy}\ln 2=\mathrm{d}x+\mathrm{d}y,$$

将 $x=0,y=1$ 代入可得 $\mathrm{d}y\Big|_{x=0}=(\ln 2-1)\mathrm{d}x$.

三、解答题

1. 解 (1) 正确,反证法,若 $u(x)\pm v(x)$ 在点 x 处可导,则 $v(x)=\pm[u(x)\pm v(x)]\mp u(x)$ 必在点 x 处可导,矛盾.

(2) 不正确,例如令 $u(x)=x,v(x)=|x|$,则 $u(x)$ 在点 $x=0$ 处可导,$v(x)$ 在点 $x=0$ 处不可导,但 $u(x)v(x)$ 在点 $x=0$ 处可导.

(3) 不正确,例如令 $\varphi(x)=x^2,f(u)=|u|$,则 $\varphi(x)$ 在点 $x=0$ 处可导,$f(u)$ 在点 $u=0$ 处不可导,但 $f[\varphi(x)]$ 在点 $x=0$ 处可导.

(4) 不正确,例如令 $\varphi(x)=|x|,f(u)=u^2$,则 $\varphi(x)$ 在点 $x=0$ 处不可导,$f(u)$ 在点 $u=0$ 处可导,但 $f[\varphi(x)]$ 在点 $x=0$ 处可导.

2. 解 曲线 $y=x^n$ 在(1,1)处的切线方程为 $y=nx-n+1$,它与 x 轴的交点为 $x_n=1-\dfrac{1}{n}$,所以 $\lim\limits_{n\to\infty}f(x_n)=\lim\limits_{n\to\infty}\left(1-\dfrac{1}{n}\right)^n=\dfrac{1}{\mathrm{e}}$.

3. 证明 (1) 设函数 $f(x)$ 为奇函数,即有 $f(-x)=-f(x)$,对等式 $f(-x)=-f(x)$ 两边同时求导可得 $-f'(-x)=-f'(x)$,即 $f'(-x)=f'(x)$,所以 $f'(x)$ 为偶函数.

(2) 设函数 $f(x)$ 为偶函数,即有 $f(-x)=f(x)$,对等式 $f(-x)=f(x)$ 两边同时求导可得 $-f'(-x)=f'(x)$,即 $f'(-x)=-f'(x)$,所以 $f'(x)$ 为奇函数.

(3) 设函数 $f(x)$ 是周期为 T 的周期函数,即有 $f(x+T)=f(x)$,对等式 $f(x+T)=f(x)$ 两边同时求导可得 $f'(x+T)=f'(x)$,所以 $f'(x)$ 是周期为 T 的周期函数.

4. 解 将 $x=h=0$ 代入到等式 $f(x+h)=f(x)+f(h)+2hx$ 中可得 $f(0)=0$,所以

$$f'(x)=\lim_{h\to 0}\frac{f(x+h)-f(x)}{h}=\lim_{h\to 0}\frac{f(x)+f(h)+2hx-f(x)}{h}$$

$$=2x+\lim_{h\to 0}\frac{f(h)-f(0)}{h}=2x+1.$$

5. 解 (1) $y'=\left[2\ln(\sqrt{1+\mathrm{e}^x}-1)-x\right]'=\dfrac{\mathrm{e}^x}{1+\mathrm{e}^x-\sqrt{1+\mathrm{e}^x}}-1=\dfrac{\sqrt{1+\mathrm{e}^x}-1}{1+\mathrm{e}^x-\sqrt{1+\mathrm{e}^x}}$.

(2) $y'=\sin\ln x+\cos\ln x+x(\sin\ln x+\cos\ln x)'=2\cos\ln x$.

(3) $$y'=\frac{1}{2\sqrt{x+\sqrt{x+\sqrt{x}}}}\left(x+\sqrt{x+\sqrt{x}}\right)'$$

$$=\frac{1}{2\sqrt{x+\sqrt{x+\sqrt{x}}}}\left[1+\frac{1}{2\sqrt{x+\sqrt{x}}}\left(1+\frac{1}{2\sqrt{x}}\right)\right]$$

$$=\frac{1+2\sqrt{x}+4\sqrt{x^2+x\sqrt{x}}}{8\sqrt{x^2+x\sqrt{x}}\cdot\sqrt{x+\sqrt{x+\sqrt{x}}}}.$$

6. 解 $y'=\frac{1}{2\sqrt{f^2(x)+g^2(x)}}[f^2(x)+g^2(x)]'=\frac{f(x)f'(x)+g(x)g'(x)}{\sqrt{f^2(x)+g^2(x)}}.$

7. 解

$$f(x)=\begin{cases}-x^3, & x\leqslant 0,\\ x^3, & x>0,\end{cases}$$

$$f'(x)=\begin{cases}-3x^2, & x\leqslant 0,\\ 3x^2, & x>0,\end{cases}$$

$$f''(x)=\begin{cases}-6x, & x\leqslant 0,\\ 6x, & x>0,\end{cases}$$

所以 $f'''(0)$ 不存在，故 $n=2$.

8. 解 $\frac{\mathrm{d}y}{\mathrm{d}x}=\frac{1-\frac{1}{1+t^2}}{\frac{2t}{1+t^2}}=\frac{t}{2},\frac{\mathrm{d}^2y}{\mathrm{d}x^2}=\frac{\frac{1}{2}}{\frac{2t}{1+t^2}}=\frac{1+t^2}{4t}.$

9. 证明 由题设有

$$f''(x)=2f(x)f'(x)=2[f(x)]^3=2!\ [f(x)]^3,$$

设对正整数 k，有 $f^{(k)}(x)=k!\ [f(x)]^{k+1}$，那么有

$$f^{(k+1)}(x)=\{k!\ [f(x)]^{k+1}\}'=(k+1)!\ [f(x)]^k f'(x)=(k+1)!\ [f(x)]^{k+2},$$

由数学归纳法可知对所有的正整数 n 均有 $f^{(n)}(x)=n!\ [f(x)]^{n+1}$.

第 3 章 微分中值定理与导数应用

一、选择题

1. 答案 (C).

解 由函数可导与连续的关系知 $f(x)$ 在点 x_0 处左右导数存在,则必然在该点处左右连续,从而在该点处连续,(A) 正确.

由拉格朗日中值定理知 $x>0$ 且不为整数时,存在 $\xi_x \in ([x],x)$(此处$[x]$为取整函数),使得 $f(x)=f([x])+f'(\xi_x)(x-[x])$,若 $x=[x]$ 为整数,取 $\xi_x=x$ 时,则该等式同样也成立.由此可得 $\lim\limits_{x\to+\infty}f(x)=\lim\limits_{x\to+\infty}[f([x])+f'(\xi_x)(x-[x])]=\lim\limits_{n\to+\infty}f(n)=A$,故(B) 正确.

由函数极限的加法运算法则知(D) 正确,(C) 不正确.反例:令 $f(x)=x$,$g(x)=\sin\dfrac{1}{x}$,$x_0=0$,$\lim\limits_{x\to0}f(x)=0$,$\lim\limits_{x\to0}g(x)$ 不存在,但$\lim\limits_{x\to0}f(x)g(x)=0$ 存在.

综合上述讨论可知,应选(C).

2. 答案 (D).

解 由题设知函数 $f(x)$ 在点 $x=a$ 处连续,且 $f(a)$ 是 $f(x)$ 的极小值,则存在 $\delta>0$,当 $x\in(a-\delta,a)\cup(a,a+\delta)$ 时,有 $f(x)-f(a)\geqslant0$,因此有$\lim\limits_{t\to a}\dfrac{f(t)-f(x)}{(t-x)^2}=\dfrac{f(a)-f(x)}{(a-x)^2}\leqslant0$.故答案为(D).

3. 答案 (B).

解 当 $x\to0$ 时,$\ln\left(\dfrac{2+x}{2+\sin x}\right)=\ln\left(1+\dfrac{x-\sin x}{2+\sin x}\right)\sim\dfrac{x-\sin x}{2+\sin x}\sim\dfrac{1}{2}(x-\sin x)$,而$\sin x=x-\dfrac{1}{6}x^3+o(x^3)$,所以$\dfrac{1}{2}(x-\sin x)\sim\dfrac{1}{12}x^3$,因此有 $k=\dfrac{1}{12}$,$n=3$.故选(B).

4. 答案 (D).

解 (A) 不正确.反例:设 $f(x)=x^3$,$x\in(-1,1)$,则 $f(x)$ 在$(-1,1)$ 内单调递增,但 $f'(x)=3x^2$ 在$(-1,1)$ 内不是单调的;

(B) 不正确.反例:设 $f(x)=x^2$,$x\in(-1,1)$,则 $f'(x)=2x$ 在$(-1,1)$ 内单调递增,但 $f(x)=x^2$ 在$(-1,1)$ 内不是单调的;

基础篇答案解析

(C) 不正确. 反例:设 $f(x)=\sqrt{x}$,$x\in(0,1)$,则 $f(x)$ 在(0,1)内有界,但 $f'(x)=\frac{1}{2\sqrt{x}}$ 在(0,1)内无界;

(D) 正确. 若 $f'(x)$ 有界,则存在 $M>0$,当 $x\in(a,b)$ 时,有 $|f'(x)|\leqslant M$. 设 x_0 为 (a,b) 内取定的一点,对于任意的 $x\in(a,b)$,且 $x\neq x_0$ 时,由拉格朗日中值定理知,存在 ξ 为介于 x_0 与 x 之间的某个点,使得 $f(x)=f(x_0)+f'(\xi)(x-x_0)$,从而有

$$|f(x)|\leqslant|f(x_0)|+|f'(\xi)||x-x_0|\leqslant|f(x_0)|+M(b-a),$$

上述不等式对于 $x=x_0$ 显然也成立. 故 $f(x)$ 在 (a,b) 内也是有界的,选(D).

5. **答案** (C).

解 记 $\varphi(x)=f(x)g(x)$,由题设有 $\varphi'(x_0)=f'(x_0)g(x_0)+f(x_0)g'(x_0)=0$,$\varphi''(x_0)=f''(x_0)g(x_0)+2f'(x_0)g'(x_0)+f(x_0)g''(x_0)<0$,由此可得点 x_0 是 $f(x)g(x)$ 的驻点,且是它的极大值点. 故选(C).

6. **答案** (A).

解 由题设知 $f(1)=\lim\limits_{x\to1}f(x)=0$. 由于 $\lim\limits_{x\to1}\frac{f(x)}{\ln(x^2-2x+2)}=1>0$,由极限的保号性知,存在 $\delta>0$,在 x_0 的去心 δ 邻域内,有 $\frac{f(x)}{\ln(x^2-2x+2)}>0$,由于 $x\neq1$ 时,$\ln(x^2-2x+2)>0$,可得 $f(x)>f(1)$,所以在 $x=1$ 处 $f(x)$ 取得极小值. 故选(A).

7. **答案** (C).

解 $y'=x\cos x-\sin x$,$y''=-x\sin x$,令 $y''=0$,解得 $x=0$ 或 π,由于 $y''=-x\sin x$ 在 $x=0$ 的两侧邻近点处取值均为负,因此(0,2)不是拐点,又 $y''=-x\sin x$ 在 $x=\pi$ 的两侧邻近点处取值异号,因此点 $(\pi,-2)$ 是拐点. 故选(C).

8. **答案** (A).

解

$$\lim_{x\to-\infty}\frac{y}{x}=\lim_{x\to-\infty}\arctan x=-\frac{\pi}{2},$$

$$\lim_{x\to-\infty}\left(y+\frac{\pi}{2}x\right)=\lim_{x\to-\infty}x\left(\arctan x+\frac{\pi}{2}\right)=\lim_{x\to-\infty}\frac{\arctan x+\frac{\pi}{2}}{\frac{1}{x}}=\lim_{x\to-\infty}\frac{\frac{1}{1+x^2}}{-\frac{1}{x^2}}=-1,$$

所以 $y=-\frac{\pi}{2}x-1$ 是该曲线的斜渐近线.

又

$$\lim_{x\to+\infty}\frac{y}{x}=\lim_{x\to+\infty}\arctan x=\frac{\pi}{2},$$

$$\lim_{x\to+\infty}\left(y-\frac{\pi}{2}x\right)=\lim_{x\to+\infty}x\left(\arctan x-\frac{\pi}{2}\right)$$

$$=\lim_{x\to+\infty}\frac{\arctan x-\frac{\pi}{2}}{\frac{1}{x}}=\lim_{x\to+\infty}\frac{\frac{1}{1+x^2}}{-\frac{1}{x^2}}=-1,$$

所以 $y=\frac{\pi}{2}x-1$ 也是该曲线的斜渐近线,即该曲线的斜渐近线为 $y=\frac{\pi}{2}x-1$ 和 $y=-\frac{\pi}{2}x-1$,故选(A).

二、填空题

1. 答案 1.

解 **解法一**(利用洛必达法则)

$$\text{原式}=\lim_{x\to+\infty}\frac{\arctan(x+1)-\arctan x}{x^{-2}}=\lim_{x\to+\infty}\frac{\frac{1}{1+(x+1)^2}-\frac{1}{1+x^2}}{-2x^{-3}}$$

$$=\lim_{x\to+\infty}\frac{x^3(2x+1)}{2[1+(x+1)^2]\cdot[1+x^2]}=1.$$

解法二(利用拉格朗日中值定理) 对函数 $f(u)=\arctan u$ 在区间 $[x,x+1]$ 上应用拉格朗日中值定理,知存在 $\xi_x\in(x,x+1)$,使得 $\arctan(x+1)-\arctan x=\frac{1}{1+\xi_x^2}$,因此有

$$\frac{x^2}{1+(x+1)^2}\leqslant x^2[\arctan(x+1)-\arctan x]=\frac{x^2}{1+\xi_x^2}\leqslant\frac{x^2}{1+x^2}.$$

因 $\lim\limits_{x\to+\infty}\frac{x^2}{1+(x+1)^2}=\lim\limits_{x\to+\infty}\frac{x^2}{1+x^2}=1$,由夹逼准则可得,原式 $=1$.

2. 答案 $\sqrt[3]{3}$.

解 令 $f(x)=x^{\frac{1}{x}}$, $x\in(0,+\infty)$, $f'(x)=x^{\frac{1}{x}}\cdot\frac{1-\ln x}{x^2}$,令 $f'(x)=0$,可得 $x=\mathrm{e}$.
当 $x\in(0,\mathrm{e})$ 时,$f'(x)>0$,当 $x\in(\mathrm{e},+\infty)$ 时,$f'(x)<0$,因此 $f(x)$ 在 $(0,\mathrm{e}]$ 内单调递增,在 $[\mathrm{e},+\infty)$ 上单调递减,由此可得该数列的最大值只能在 $\sqrt{2}$ 与 $\sqrt[3]{3}$ 之间产生,由于 $(\sqrt{2})^6=8<9=(\sqrt[3]{3})^6$,因而有 $\sqrt{2}<\sqrt[3]{3}$. 即数列 $1,\sqrt{2},\sqrt[3]{3},\sqrt[4]{4},\cdots,\sqrt[n]{n},\cdots$ 中最大的一个是 $\sqrt[3]{3}$.

3. 答案 $\frac{1}{\mathrm{e}}$.

解 $f'(x)=n(1-x)^{n-1}[1-(n+1)x]$,令 $f'(x)=0$,得 $x=\frac{1}{n+1}$ 或 $x=1$. 因为 $f(0)=f(1)=0$, $f\left(\frac{1}{n+1}\right)=\left(\frac{n}{n+1}\right)^{n+1}$,所以

$$\max_{0\leqslant x\leqslant1}f(x)=\left(\frac{n}{n+1}\right)^{n+1},\lim_{n\to\infty}x_n=\lim_{n\to\infty}\left(\frac{n}{n+1}\right)^{n+1}=\lim_{n\to\infty}\left(\frac{1}{1+\frac{1}{n}}\right)^{n+1}=\frac{1}{\mathrm{e}}.$$

4. 答案 $(-2,-2e^{-2})$.

解 $y'=(x+1)e^x, y''=(x+2)e^x$，当 $x<-2$ 时，$y''<0$；当 $x>-2$ 时，$y''>0$，因此 $(-2,-2e^{-2})$ 是曲线的拐点.

5. 答案 $y=x+\frac{1}{e}$.

解
$$\lim_{x\to\infty}\frac{y}{x}=\lim_{x\to\infty}\ln\left(e+\frac{1}{x}\right)=1,$$
$$\lim_{x\to\infty}(y-x)=\lim_{x\to\infty}\left[x\ln\left(e+\frac{1}{x}\right)-x\right]=\lim_{x\to\infty}\frac{\ln\left(1+\frac{1}{ex}\right)}{\frac{1}{x}}=\frac{1}{e},$$
所以所求曲线的斜渐近线是 $y=x+\frac{1}{e}$.

6. 答案 $\left(\frac{3}{2},-\frac{5}{4}\right)$.

解
$$y'=2x-3, y''=2,$$
$$\text{曲率 } K=\frac{2}{\sqrt{[1+(2x-3)^2]^3}},$$
由于 $x=\frac{3}{2}$ 时，$\sqrt{[1+(2x-3)^2]^3}=1$ 取得最小值，因而在 $x=\frac{3}{2}$ 时，曲率 $K=2$ 取得最大值. 故 $(x_0,y_0)=\left(\frac{3}{2},-\frac{5}{4}\right)$.

三、解答题

1. 解 因为 $f(0)=f(1)=f(2)=f(3)=0$，由罗尔定理可知方程 $f'(x)=0$ 分别在区间 $(0,1),(1,2),(2,3)$ 内至少有一个根，由于方程 $f'(x)=0$ 最多只有 3 个不同的根，故方程 $f'(x)=0$ 有三个不同的根分别位于区间 $(0,1),(1,2),(2,3)$ 内.

2. 证明 令 $f(x)=a_0x+\frac{a_1}{2}x^2+\cdots+\frac{a_n}{n+1}x^{n+1}$，则 $f(0)=f(1)=0$，因此函数 $f(x)$ 在区间 $[0,1]$ 上满足罗尔定理，因而 $\exists\xi\in(0,1)$ 使得 $f'(\xi)=a_0+a_1\xi+\cdots+a_n\xi^n=0$，即方程 $a_0+a_1x+\cdots+a_nx^n=0$ 在 $(0,1)$ 内至少有一个实根.

3. 解 当 $x\neq0$ 时，$f'(x)=\frac{xg'(x)-g(x)}{x^2}$ 为连续函数. $f'(0)=\lim_{x\to0}\frac{g(x)}{x^2}=\frac{g''(0)}{2}$，$\lim_{x\to0}f'(x)=\lim_{x\to0}\frac{xg'(x)-g(x)}{x^2}=\lim_{x\to0}\frac{xg''(x)}{2x}=\frac{g''(0)}{2}=f'(0)$，所以 $f'(x)$ 在点 $x=0$ 处也连续. 由此可得 $f'(x)$ 在 $(-\infty,+\infty)$ 内处处连续.

4. 解 (1) 令 $y=\left(\frac{2}{\pi}\arctan x\right)^x$，则有

基础篇答案解析

$$\lim_{x\to+\infty}\ln y=\lim_{x\to+\infty}x\left(\ln\frac{2}{\pi}+\ln\arctan x\right)=\lim_{x\to+\infty}\frac{\ln\frac{2}{\pi}+\ln\arctan x}{x^{-1}}$$

$$=\lim_{x\to+\infty}\frac{\frac{1}{\arctan x}\cdot\frac{1}{1+x^2}}{-x^{-2}}=-\frac{2}{\pi},$$

所以原式$=e^{-\frac{2}{\pi}}$.

(2) 原式$=\lim\limits_{x\to0}\dfrac{\sin x-\sin(\sin x)}{x^3}=\lim\limits_{x\to0}\dfrac{\cos x[1-\cos(\sin x)]}{3x^2}=\lim\limits_{x\to0}\dfrac{\frac{1}{2}\sin^2 x}{3x^2}=\dfrac{1}{6}$.

5. **证明** 记$\varphi(x)=\dfrac{f(x)}{x}$,那么$\varphi'(x)=\dfrac{xf'(x)-f(x)}{x^2}$,令$g(x)=xf'(x)-f(x)$,$g(0)=-f(0)>0$,$g'(x)=xf''(x)$. 当$x\in(0,+\infty)$时,$g'(x)>0$,$g(x)$在$[0,+\infty)$上单调递增,因此$x\in(0,+\infty)$时,$g(x)>g(0)>0$,由此可得$\varphi'(x)>0$,即$\varphi(x)$在$(0,+\infty)$内单调递增.

当$x\in(-\infty,0)$时,$g'(x)<0$,$g(x)$在$(-\infty,0]$上单调递减,因此$x\in(-\infty,0)$时,$g(x)>g(0)>0$,由此可得$x\in(-\infty,0)$,$\varphi'(x)>0$,即$\varphi(x)$在$(-\infty,0)$内单调递增.

6. **证明** (1) 原不等式等价于$(1+x)\ln^2(1+x)-x^2<0$,令

$$f(x)=(1+x)\ln^2(1+x)-x^2,$$

那么,

$$f'(x)=\ln^2(1+x)+2\ln(1+x)-2x,$$

$$f''(x)=2\,\frac{\ln(1+x)-(1+x)+1}{1+x}<0,$$

所以$x\in[0,1]$时,$f'(x)$单调递减. 又$f'(0)=0$,从而$x\in(0,1)$时,$f'(x)<0$,即$f(x)$在$[0,1]$上单调递减. 又$f(0)=0$,从而$x\in(0,1)$时$f(x)<0$,即$(1+x)\ln^2(1+x)-x^2<0$.

(2) 令$\varphi(x)=\dfrac{1}{\ln(1+x)}-\dfrac{1}{x}$,则$\varphi'(x)=\dfrac{(1+x)\ln^2(1+x)-x^2}{x^2(1+x)\ln^2(1+x)}$,由(1)知,当$x\in(0,1)$时,$\varphi'(x)<0$,又$\lim\limits_{x\to0}\left[\dfrac{1}{\ln(1+x)}-\dfrac{1}{x}\right]=\dfrac{1}{2}$,令$\varphi(0)=\dfrac{1}{2}$,则$\varphi(x)$在$[0,1]$上连续,在$(0,1)$内可导,因而$\varphi(x)$在$[0,1]$上单调递减,即当$x\in(0,1)$时,有$\varphi(1)=\dfrac{1}{\ln 2}-1<\dfrac{1}{\ln(1+x)}-\dfrac{1}{x}<\varphi(0)=\dfrac{1}{2}$.

7. **解** $f'(x)=a\cos x+\cos 3x$,由$f'\left(\dfrac{\pi}{3}\right)=0$,解得$a=2$,又$f''\left(\dfrac{\pi}{3}\right)=-\sqrt{3}<0$,因此点$x=\dfrac{\pi}{3}$是函数$f(x)$的极大值点,且取极大值为$f\left(\dfrac{\pi}{3}\right)=\sqrt{3}$.

8. 解 设 $P(x_0,y_0)$，则相应的切线方程为 $\frac{x_0}{a^2}x+\frac{y_0}{b^2}y=1$，直线 $\frac{x_0}{a^2}x+\frac{y_0}{b^2}y=1$ 与两个坐标轴交点分别为 $\left(\frac{a^2}{x_0},0\right)$ 和 $\left(0,\frac{b^2}{y_0}\right)$，相应的三角形面积为 $A=\frac{a^2b^2}{2x_0y_0}$，将 $y_0=\frac{b}{a}\sqrt{a^2-x_0^2}$ 代入，可得 $A=\frac{a^3b}{2x_0\sqrt{a^2-x_0^2}}$. 记 $f(x_0)=x_0\sqrt{a^2-x_0^2}$，则 $f'(x_0)=\frac{a^2-2x_0^2}{\sqrt{a^2-x_0^2}}$，令 $f'(x_0)=0$，可得 $x_0=\frac{a}{\sqrt{2}}$ 或 $x_0=-\frac{a}{\sqrt{2}}$（舍去），由于实际问题有解，驻点唯一，故 $x_0=\frac{a}{\sqrt{2}}$，$y_0=\frac{b}{\sqrt{2}}$ 时，相应的三角形面积最小，且面积最小值为 $A_{\min}=ab$.

9. 证明 由题设知 $y=\sqrt{f(x)}$ 或者 $y=-\sqrt{f(x)}$，不妨设 $y=\sqrt{f(x)}$，则 $y'=\frac{f'(x)}{2\sqrt{f(x)}}$，$y''=\frac{2f''(x)f(x)-[f'(x)]^2}{4\sqrt{f^3(x)}}$，因此函数 y 的二阶导数存在，在拐点处应有 $y''(x_0)=\frac{2f''(x_0)f(x_0)-[f'(x_0)]^2}{4\sqrt{f^3(x_0)}}=0$，即 $[f'(x_0)]^2=2f(x_0)f''(x_0)$.

10. 解 $y'=\sec^2x$，$y''=2\sec^2x\tan x$，故 $y'\Big|_{x=\frac{\pi}{4}}=2$，$y''\Big|_{x=\frac{\pi}{4}}=4$，曲线 $y=\tan x$ 在点 $\left(\frac{\pi}{4},1\right)$ 处的曲率为 $K=\frac{4}{5\sqrt{5}}$，曲率半径为 $R=\frac{5\sqrt{5}}{4}$. 设所求曲率圆的曲率中心坐标为 (x_0,y_0)，由曲率圆的概念可得 $\left(\frac{\pi}{4}-x_0\right)^2+(1-y_0)^2=\frac{125}{16}$，$\frac{1-y_0}{\frac{\pi}{4}-x_0}=-\frac{1}{2}$，上述两个方程联立可解得 $y_0=1+\frac{5}{4}=\frac{9}{4}$ 或 $y_0=1-\frac{5}{4}=-\frac{1}{4}$，由于 $y''\Big|_{x=\frac{\pi}{4}}=4>0$，因此曲线 $y=\tan x$ 在点 $\left(\frac{\pi}{4},1\right)$ 附近是向上凹的，应取 $y_0=\frac{9}{4}$，相应的有 $x_0=\frac{\pi}{4}+2(1-y_0)=\frac{\pi-10}{4}$，由此可得所求曲率圆的方程为 $\left(x-\frac{\pi-10}{4}\right)^2+\left(y-\frac{9}{4}\right)^2=\frac{125}{16}$.

第 4 章 一元函数积分学

一、选择题

1. 答案 (D).

解 由于 $\ln(\sqrt{1+x^2}+x)=-\ln(\sqrt{1+x^2}-x)$，$\ln[2(\sqrt{1+x^2}+x)]=\ln 2+\ln(\sqrt{1+x^2}+x)$ 且 $[\ln(\sqrt{1+x^2}+x)]'=\dfrac{1}{\sqrt{1+x^2}}$，所以(A)，(B)，(C) 均为原函数. 而 $\dfrac{1}{\sqrt{1+x^2}}$ 是 $-\dfrac{x}{(1+x^2)^{\frac{3}{2}}}$ 的原函数. 故选(D).

2. 答案 (C).

解 由于 $\int_0^{\frac{\pi}{2}}\sin^6 x\,dx=\dfrac{5!!}{6!!}\cdot\dfrac{\pi}{2}=\dfrac{5}{32}\pi$，所以(C) 不正确.

由于 $\ln(\sqrt{1+x^2}+x)$ 为奇函数，所以 $\int_{-1}^{1}\ln(\sqrt{1+x^2}+x)dx=0$.

由于 $x-[x]$ 是周期为 1 的周期函数，所以 $\int_0^{100}(x-[x])dx=100\int_0^1(x-[x])dx=100\int_0^1 x\,dx=50$.

$$\int_0^2 x\sqrt{2x-x^2}\,dx\xlongequal{t=1-x}\int_{-1}^{1}(1-t)\sqrt{1-t^2}\,dt=\int_{-1}^{1}\sqrt{1-t^2}\,dt\xlongequal{\text{几何意义}}\frac{\pi}{2}.$$

或者利用形心坐标得 $\bar{x}=\dfrac{\int_0^2 x\sqrt{2x-x^2}\,dx}{\int_0^2\sqrt{2x-x^2}\,dx}=1$，所以 $\int_0^2 x\sqrt{2x-x^2}\,dx=\int_0^2\sqrt{2x-x^2}\,dx=\dfrac{\pi}{2}$.

3. 答案 (D).

解 (A)，(B) 的反例：取 $f(x)=-2,g(x)=-1$. (C) 的反例：取 $[a,b]=[0,1]$，$f(x)=1,g(x)=\dfrac{3}{2}x$.

现用反证法证明(D) 正确. 假设对任意的 $x\in[a,b]$，均有 $|f(x)|\leqslant|g(x)|$，则有 $\int_a^b|f(x)|dx\leqslant\int_a^b|g(x)|dx$，矛盾，所以存在 $x_0\in[a,b]$，使得 $|f(x_0)|>|g(x_0)|$.

基础篇答案解析

4. 答案 (A).

解 $\lim\limits_{x\to0^+}\dfrac{\int_0^{x^2}\ln(1+\sin t)\mathrm{d}t}{x^3}=\lim\limits_{x\to0^+}\dfrac{2x\ln(1+\sin x^2)}{3x^2}=\lim\limits_{x\to0^+}\dfrac{2\sin x^2}{3x}=\lim\limits_{x\to0^+}\dfrac{2x^2}{3x}=0.$

5. 答案 (B).

解 由于$\lim\limits_{x\to0^+}x^x=1$,所以$\int_0^1 x^{x-1}\mathrm{d}x$ 与$\int_0^1 x^{-1}\mathrm{d}x=\int_0^1\dfrac{1}{x}\mathrm{d}x$ 具有相同的敛散性,故发散.

当$x\to0^+$时,$\sqrt{\sin x}\sim\sqrt{x}$,所以$\int_0^1\dfrac{1}{\sqrt{\sin x}}\mathrm{d}x$ 与$\int_0^1\dfrac{1}{\sqrt{x}}\mathrm{d}x$ 具有相同的敛散性,故收敛.

由于$\left|\dfrac{\sin x}{x^2+1}\right|\leqslant\dfrac{1}{x^2+1}$,且$\int_0^{+\infty}\dfrac{1}{x^2+1}\mathrm{d}x$ 收敛,所以$\int_0^{+\infty}\dfrac{\sin x}{x^2+1}\mathrm{d}x$ 绝对收敛.

$$\int_1^{+\infty}\frac{\sin x}{x}\mathrm{d}x=\lim_{x\to+\infty}\int_1^x\frac{\sin t}{t}\mathrm{d}t=-\lim_{x\to+\infty}\int_1^x\frac{1}{t}\mathrm{d}(\cos t)=-\lim_{x\to+\infty}\left(\frac{1}{t}\cos t\Big|_1^x+\int_1^x\frac{\cos t}{t^2}\mathrm{d}t\right)$$
$$=\cos 1-\lim_{x\to+\infty}\int_1^x\frac{\cos t}{t^2}\mathrm{d}t.$$

由于$\left|\dfrac{\cos x}{x^2}\right|\leqslant\dfrac{1}{x^2}$,且$\int_1^{+\infty}\dfrac{1}{x^2}\mathrm{d}x$ 收敛,所以$\int_1^{+\infty}\dfrac{\cos x}{x^2}\mathrm{d}x$ 绝对收敛,由此$\lim\limits_{x\to+\infty}\int_1^x\dfrac{\cos t}{t^2}\mathrm{d}t$ 存在,故$\lim\limits_{x\to+\infty}\int_1^x\dfrac{\sin t}{t}\mathrm{d}t$ 存在,$\int_1^{+\infty}\dfrac{\sin x}{x}\mathrm{d}x$ 收敛.

二、填空题

1. 答案 $x^2(\ln x+1)+C$.

解 $$\int xf'(x)\mathrm{d}x=\int x\mathrm{d}f(x)=xf(x)-\int f(x)\mathrm{d}x=x(x^2\ln x)'-x^2\ln x+C$$
$$=x^2(\ln x+1)+C.$$

2. 答案 $-\dfrac{1}{\tan x}(\ln\tan x+1)+C$.

解 $$\int\frac{\ln\tan x}{\sin^2x}\mathrm{d}x=\int\frac{\ln\tan x}{\tan^2x}\mathrm{d}(\tan x)=-\int\ln\tan x\,\mathrm{d}\left(\frac{1}{\tan x}\right)\xlongequal{t=\frac{1}{\tan x}}\int\ln t\,\mathrm{d}t$$
$$=t\ln t-\int\mathrm{d}t=t(\ln t-1)+C=-\frac{1}{\tan x}(\ln\tan x+1)+C.$$

3. 答案 $2\ln\dfrac{\mathrm{e}+\mathrm{e}^{-1}}{2}$.

解 $$\int_{-1}^1\left(x^2\tan x+\left|\frac{\mathrm{e}^x-\mathrm{e}^{-x}}{\mathrm{e}^x+\mathrm{e}^{-x}}\right|\right)\mathrm{d}x=2\int_0^1\frac{\mathrm{e}^x-\mathrm{e}^{-x}}{\mathrm{e}^x+\mathrm{e}^{-x}}\mathrm{d}x=2\int_0^1\frac{\mathrm{d}(\mathrm{e}^x+\mathrm{e}^{-x})}{\mathrm{e}^x+\mathrm{e}^{-x}}$$
$$=2\ln(\mathrm{e}^x+\mathrm{e}^{-x})\Big|_0^1=2\ln\frac{\mathrm{e}+\mathrm{e}^{-1}}{2}.$$

基础篇答案解析

4. 答案 $x+\frac{2}{3}$.

解 令 $a=\int_0^1 tf(t)\mathrm{d}t=\int_0^1 xf(x)\mathrm{d}x$，则由 $xf(x)=x^2+x\int_0^1 tf(t)\mathrm{d}t=x^2+ax$ 两边积分得 $a=\int_0^1 xf(x)\mathrm{d}x=\int_0^1 x^2\mathrm{d}x+a\int_0^1 x\mathrm{d}x=\frac{1}{3}+\frac{1}{2}a$，解得 $a=\frac{2}{3}$，所以 $f(x)=x+\frac{2}{3}$.

5. 答案 8.

解 由对称性，$s=2\int_0^{\pi}\sqrt{(1+\cos\theta)^2+(-\sin\theta)^2}\,\mathrm{d}\theta=4\int_0^{\pi}\cos\frac{\theta}{2}\mathrm{d}\theta=8\sin\frac{\theta}{2}\Big|_0^{\pi}=8$.

三、解答题

1. 解 (1) $\int\frac{\ln\sin x}{\sin^2 x}\mathrm{d}x=\int\ln\sin x\,\mathrm{d}(-\cot x)=-\cot x\ln\sin x+\int\cot^2 x\,\mathrm{d}x$

$$=-\cot x\ln\sin x+\int(\csc^2 x-1)\mathrm{d}x$$

$$=-\cot x\ln\sin x-\cot x-x+C.$$

(2) $\int\frac{\ln x}{\sqrt{x+1}}\mathrm{d}x\xlongequal{t=\sqrt{x+1}}\int\frac{\ln(t^2-1)}{t}\cdot 2t\,\mathrm{d}t=2\int\ln(t^2-1)\mathrm{d}t$

$$=2t\ln(t^2-1)-2\int t\cdot\frac{2t}{t^2-1}\mathrm{d}t=2t\ln(t^2-1)-4\int\left(1+\frac{1}{t^2-1}\right)\mathrm{d}t$$

$$=2t\ln(t^2-1)-4t-2\ln\frac{t-1}{t+1}+C$$

$$=2\sqrt{x+1}\ln x-4\sqrt{x+1}-2\ln\frac{\sqrt{x+1}-1}{\sqrt{x+1}+1}+C.$$

(3) $\int\frac{1}{x^4(1+x^2)}\mathrm{d}x=\int\left(\frac{1}{x^4}-\frac{1}{x^2}+\frac{1}{1+x^2}\right)\mathrm{d}x=-\frac{1}{3x^3}+\frac{1}{x}+\arctan x+C.$

(4) $\int\frac{1}{2+\tan^2 x}\mathrm{d}x=\int\frac{\cos^2 x}{1+\cos^2 x}\mathrm{d}x=\int\left(1-\frac{1}{1+\cos^2 x}\right)\mathrm{d}x=x-\int\frac{1}{2+\tan^2 x}\cdot\frac{\mathrm{d}x}{\cos^2 x}$

$$=x-\int\frac{1}{2+\tan^2 x}\mathrm{d}(\tan x)=x-\frac{1}{\sqrt{2}}\arctan\frac{\tan x}{\sqrt{2}}+C.$$

(5) $\int\arcsin\frac{2\sqrt{x}}{x+1}\mathrm{d}x=\int\arcsin\frac{2\sqrt{x}}{x+1}\mathrm{d}(x+1)$

$$=(x+1)\arcsin\frac{2\sqrt{x}}{x+1}+\int(x+1)\cdot\frac{1}{\sqrt{x}(x+1)}\mathrm{d}x$$

$$=(x+1)\arcsin\frac{2\sqrt{x}}{x+1}+\int\frac{1}{\sqrt{x}}\mathrm{d}x$$

$$=(x+1)\arcsin\frac{2\sqrt{x}}{x+1}+2\sqrt{x}+C.$$

$$(6)\int e^{2x}(\tan x+1)^2dx=\int e^{2x}(\tan^2x+2\tan x+1)dx=\int e^{2x}(\sec^2x+2\tan x)dx$$

$$=\int e^{2x}\sec^2x\,dx+2\int e^{2x}\tan x\,dx=\int e^{2x}d(\tan x)+2\int e^{2x}\tan x\,dx$$

$$=e^{2x}\tan x-2\int e^{2x}\tan x\,dx+2\int e^{2x}\tan x\,dx=e^{2x}\tan x+C.$$

2. **解** $(1)\int_{-1}^{1}\frac{2x^2(1+x)}{1+\sqrt{1-x^2}}dx=\int_{-1}^{1}\frac{2x^2}{1+\sqrt{1-x^2}}dx+\int_{-1}^{1}\frac{2x^3}{1+\sqrt{1-x^2}}dx$

$$=4\int_0^1\frac{x^2}{1+\sqrt{1-x^2}}dx+0=4\int_0^1(1-\sqrt{1-x^2})dx$$

$$=4\left(1-\frac{\pi}{4}\right)=4-\pi.$$

$$(2)\int_0^{\pi}\cos(\cos x+x)dx\xlongequal{t=x-\frac{\pi}{2}}\int_{-\frac{\pi}{2}}^{\frac{\pi}{2}}\cos\left(-\sin t+t+\frac{\pi}{2}\right)dt$$

$$=\int_{-\frac{\pi}{2}}^{\frac{\pi}{2}}\sin(\sin t-t)dt\xlongequal{\text{奇偶性}}0.$$

(3) 令 $t=\arctan\sqrt{\frac{1-x}{1+x}}$，则 $x=\cos 2t$，所以

$$\int_0^1\arctan\sqrt{\frac{1-x}{1+x}}dx=\int_{\frac{\pi}{4}}^{0}t\,d(\cos 2t)=t\cos 2t\Big|_{\frac{\pi}{4}}^{0}-\int_{\frac{\pi}{4}}^{0}\cos 2t\,dt=-\frac{1}{2}\sin 2t\Big|_{\frac{\pi}{4}}^{0}=\frac{1}{2}.$$

$$(4)\int_0^1\left[\frac{\pi}{2}\sqrt{\sin\left(\frac{\pi}{2}x\right)}+\arcsin(x^2)\right]dx=\int_0^1\frac{\pi}{2}\sqrt{\sin\left(\frac{\pi}{2}x\right)}\,dx+\int_0^1\arcsin(x^2)dx.$$

令 $t=\sqrt{\sin\left(\frac{\pi}{2}x\right)}$，则 $x=\frac{2}{\pi}\arcsin(t^2)$，则

$$\int_0^1\frac{\pi}{2}\sqrt{\sin\left(\frac{\pi}{2}x\right)}\,dx=\int_0^1 t\,d[\arcsin(t^2)]=t\arcsin(t^2)\Big|_0^1-\int_0^1\arcsin(t^2)dt$$

$$=\frac{\pi}{2}-\int_0^1\arcsin(x^2)dx,$$

所以 $\int_0^1\left[\frac{\pi}{2}\sqrt{\sin\left(\frac{\pi}{2}x\right)}+\arcsin(x^2)\right]dx=\frac{\pi}{2}.$

3. **解** $\lim\limits_{n\to\infty}\frac{1}{n}\sqrt[n]{\frac{(2n)!}{n!}}=\lim\limits_{n\to\infty}\frac{1}{n}\sqrt[n]{(n+1)(n+2)\cdots(2n)}=\lim\limits_{n\to\infty}e^{\ln\left[\frac{1}{n}\sqrt[n]{(n+1)(n+2)\cdots(2n)}\right]}$

$$=\lim_{n\to\infty}e^{\ln\sqrt[n]{\frac{n+1}{n}\frac{n+2}{n}\cdots\frac{2n}{n}}}=\lim_{n\to\infty}e^{\frac{1}{n}\sum\limits_{i=1}^{n}\ln\frac{n+i}{n}}=\lim_{n\to\infty}e^{\sum\limits_{i=1}^{n}\ln\left(1+\frac{i}{n}\right)\cdot\frac{1}{n}}$$

$$=e^{\int_0^1\ln(1+x)dx}=e^{\int_0^1\ln(1+x)d(1+x)}$$

$$=e^{(1+x)\ln(1+x)\Big|_0^1-\int_0^1dx}=e^{2\ln 2-1}=\frac{4}{e}.$$

4. 证明 $\int_a^b f(x)\mathrm{d}x=\int_a^{\frac{a+b}{2}} f(x)\mathrm{d}x+\int_{\frac{a+b}{2}}^b f(x)\mathrm{d}x$. 令 $t=a+b-x$,则

$$\int_{\frac{a+b}{2}}^b f(x)\mathrm{d}x=-\int_{\frac{a+b}{2}}^a f(a+b-t)\mathrm{d}t=\int_a^{\frac{a+b}{2}} f(a+b-t)\mathrm{d}t=\int_a^{\frac{a+b}{2}} f(a+b-x)\mathrm{d}x,$$

所以

$$\int_a^b f(x)\mathrm{d}x=\int_a^{\frac{a+b}{2}} f(x)\mathrm{d}x+\int_a^{\frac{a+b}{2}} f(a+b-x)\mathrm{d}x=\int_a^{\frac{a+b}{2}}[f(x)+f(a+b-x)]\mathrm{d}x.$$

令 $a=\frac{\pi}{6},b=\frac{\pi}{3},f(x)=\frac{\cos^2 x}{x(\pi-2x)}$,则 $a+b=\frac{\pi}{2},f(a+b-x)=\frac{\sin^2 x}{x(\pi-2x)}$,所以

$$\int_{\frac{\pi}{6}}^{\frac{\pi}{3}}\frac{\cos^2 x}{x(\pi-2x)}\mathrm{d}x=\int_{\frac{\pi}{6}}^{\frac{\pi}{4}}\left[\frac{\cos^2 x}{x(\pi-2x)}+\frac{\sin^2 x}{x(\pi-2x)}\right]\mathrm{d}x=\int_{\frac{\pi}{6}}^{\frac{\pi}{4}}\frac{1}{x(\pi-2x)}\mathrm{d}x$$

$$=\frac{1}{2}\int_{\frac{\pi}{6}}^{\frac{\pi}{4}}\frac{1}{\left(\frac{\pi}{4}\right)^2-\left(x-\frac{\pi}{4}\right)^2}\mathrm{d}\left(x-\frac{\pi}{4}\right)=\frac{1}{4\cdot\frac{\pi}{4}}\ln\frac{x}{\frac{\pi}{2}-x}\Bigg|_{\frac{\pi}{6}}^{\frac{\pi}{4}}$$

$$=\frac{1}{\pi}\ln 2.$$

5. 解 $\lim\limits_{x\to0}\frac{\int_0^x\left[\int_0^{u^2}\mathrm{e}^{-t^2}\arctan(1+t)\mathrm{d}t\right]\mathrm{d}u}{x(\mathrm{e}^{x^2}-1)}=\lim\limits_{x\to0}\frac{\int_0^x\left[\int_0^{u^2}\mathrm{e}^{-t^2}\arctan(1+t)\mathrm{d}t\right]\mathrm{d}u}{x^3}$

$$=\lim_{x\to0}\frac{\int_0^{x^2}\mathrm{e}^{-t^2}\arctan(1+t)\mathrm{d}t}{3x^2}$$

$$=\lim_{x\to0}\frac{\mathrm{e}^{-x^4}\arctan(1+x^2)\cdot 2x}{6x}=\frac{\pi}{12}.$$

6. 解 $\int_0^{\frac{\pi}{2}}\frac{f'(x)}{1+f^2(x)}\mathrm{d}x=\int_0^{\frac{\pi}{2}}\frac{1}{1+f^2(x)}\mathrm{d}f(x)=\arctan f(x)\Big|_0^{\frac{\pi}{2}}=\arctan f\left(\frac{\pi}{2}\right)$.

又 $f\left(\frac{\pi}{2}\right)=\int_0^{\frac{\pi}{2}}\frac{\cos t}{1+\sin^2 t}\mathrm{d}t=\int_0^{\frac{\pi}{2}}\frac{\mathrm{d}(\sin t)}{1+\sin^2 t}=\arctan(\sin t)\Big|_0^{\frac{\pi}{2}}=\frac{\pi}{4}$,所以

$$\int_0^{\frac{\pi}{2}}\frac{f'(x)}{1+f^2(x)}\mathrm{d}x=\arctan\frac{\pi}{4}.$$

7. 解 $I=2\int_0^1 f(x)\mathrm{d}(\sqrt{x})=2\sqrt{x}f(x)\Big|_0^1-2\int_0^1\sqrt{x}\,\mathrm{d}f(x)=0-2\int_0^1\sqrt{x}\,\mathrm{e}^{-x}\frac{1}{2\sqrt{x}}\mathrm{d}x$

$$=-\int_0^1\mathrm{e}^{-x}\mathrm{d}x=\mathrm{e}^{-1}-1.$$

8. 证明 $\varphi(x+T)=\int_0^{x+T}f(t)\mathrm{d}t-\frac{x+T}{T}\int_0^T f(t)\mathrm{d}t$

$$=\left[\int_0^x f(t)\mathrm{d}t+\int_x^{x+T}f(t)\mathrm{d}t\right]-\left[\frac{x}{T}\int_0^T f(t)\mathrm{d}t+\int_0^T f(t)\mathrm{d}t\right]$$

$$=\left[\int_0^x f(t)\mathrm{d}t+\int_0^T f(t)\mathrm{d}t\right]-\left[\frac{x}{T}\int_0^T f(t)\mathrm{d}t+\int_0^T f(t)\mathrm{d}t\right]$$

$$=\int_0^x f(t)\mathrm{d}t-\frac{x}{T}\int_0^T f(t)\mathrm{d}t=\varphi(x),$$

所以 $\varphi(x)$ 为以 T 为周期的周期函数. 因此, $f(x)$ 的任一原函数

$$F(x)=\int_0^x f(t)\mathrm{d}t+C=\varphi(x)+\frac{x}{T}\int_0^T f(t)\mathrm{d}t+C,$$

即 $f(x)$ 的任一原函数 $F(x)$ 均可表示为以 T 为周期的周期函数 $\varphi(x)$ 与线性函数 $\frac{x}{T}\int_0^T f(t)\mathrm{d}t+C$ 之和.

9. **解** 当 $x>0$ 时, $f'(x)=\left[\int_0^{\sqrt{x}}\sin(t^2)\mathrm{d}t\right]'=\frac{\sin x}{2\sqrt{x}}$;

当 $x<0$ 时, $f'(x)=\left(\int_0^{x^2}\sqrt{|\sin t|}\,\mathrm{d}t\right)'=2x\sqrt{|\sin(x^2)|}$;

当 $x=0$ 时, $f'_+(0)=\lim\limits_{x\to0^+}\frac{\int_0^{\sqrt{x}}\sin(t^2)\mathrm{d}t-0}{x-0}=\lim\limits_{x\to0^+}\frac{\frac{\sin x}{2\sqrt{x}}}{1}=0,$

$$f'_-(0)=\lim_{x\to0^-}\frac{\int_0^{x^2}\sqrt{|\sin t|}\,\mathrm{d}t-0}{x-0}=\lim_{x\to0^-}\frac{2x\sqrt{|\sin(x^2)|}}{1}=0,$$

所以 $f'(0)=0$, 进而 $f'(x)=\begin{cases}\frac{\sin x}{2\sqrt{x}}, & x>0,\\ 2x\sqrt{|\sin(x^2)|}, & x\leqslant0.\end{cases}$

10. **解** $I=\int_0^1\frac{\ln x}{1+x^2}\mathrm{d}x+\int_1^{+\infty}\frac{\ln x}{1+x^2}\mathrm{d}x.$

令 $x=\frac{1}{t}$, 则 $\int_1^{+\infty}\frac{\ln x}{1+x^2}\mathrm{d}x=\int_1^0\frac{\ln\frac{1}{t}}{1+\frac{1}{t^2}}\cdot\left(-\frac{1}{t^2}\right)\mathrm{d}t=-\int_0^1\frac{\ln t}{1+t^2}\mathrm{d}t=-\int_0^1\frac{\ln x}{1+x^2}\mathrm{d}x,$

所以

$$I=\int_0^1\frac{\ln x}{1+x^2}\mathrm{d}x-\int_0^1\frac{\ln x}{1+x^2}\mathrm{d}x=0.$$

11. **证明** 椭圆 $\frac{x^2}{a^2}+\frac{y^2}{b^2}=1$ 的参数方程为 $x=a\cos t, y=b\sin t, 0\leqslant t\leqslant 2\pi$, 所以其周长为

$$s_1=\int_0^{2\pi}\sqrt{(-a\sin t)^2+(b\cos t)^2}\,\mathrm{d}t=\int_0^{2\pi}\sqrt{a^2\sin^2 t+b^2\cos^2 t}\,\mathrm{d}t.$$

余弦曲线 $y=\sqrt{b^2-a^2}\cos\frac{x}{a}$ 的周期为 $2\pi a$, 故其在一个周期内的弧长为

$$s_2=\int_0^{2\pi a}\sqrt{1+\left(-\frac{\sqrt{b^2-a^2}}{a}\sin\frac{x}{a}\right)^2}\,\mathrm{d}x\xlongequal{u=\frac{x}{a}}\int_0^{2\pi}\sqrt{1+\left(-\frac{\sqrt{b^2-a^2}}{a}\sin u\right)^2}\cdot a\,\mathrm{d}u$$

基础篇答案解析

$$=\int_0^{2\pi}\sqrt{a^2+(b^2-a^2)\sin^2 u}\,\mathrm{d}u=\int_0^{2\pi}\sqrt{a^2\cos^2 u+b^2\sin^2 u}\,\mathrm{d}u.$$

下面证明 $s_1=s_2$.

$$s_2\xlongequal{t=u+\frac{\pi}{2}}\int_{\frac{\pi}{2}}^{\frac{5\pi}{2}}\sqrt{a^2\sin^2 t+b^2\cos^2 t}\,\mathrm{d}t=\int_0^{2\pi}\sqrt{a^2\sin^2 t+b^2\cos^2 t}\,\mathrm{d}t=s_1,$$

或者取椭圆$\frac{x^2}{a^2}+\frac{y^2}{b^2}=1$的参数方程为 $x=a\sin t, y=b\cos t, 0\leqslant t\leqslant 2\pi$,则

$$s_1=\int_0^{2\pi}\sqrt{(a\cos t)^2+(-b\sin t)^2}\,\mathrm{d}t=\int_0^{2\pi}\sqrt{a^2\cos^2 t+b^2\sin^2 t}\,\mathrm{d}t=s_2.$$

12. **解** (1) 平面图形 D 如右图所示. 设$(t,1-t^2)$为抛物线在第一象限任一点$(0<t<1)$,该点处的切线方程为

$$y-(1-t^2)=-2t(x-t),\text{即 } y=-2tx+t^2+1.$$

当 $x=0$ 时,$y=t^2+1$;当 $y=0$ 时,$x=\frac{t^2+1}{2t}$,所以

$$A=\frac{1}{2}\frac{t^2+1}{2t}(t^2+1)-\int_0^1(1-x^2)\mathrm{d}x=\frac{(t^2+1)^2}{4t}-\frac{2}{3}.$$

$$A'=\frac{2(t^2+1)\cdot 2t\cdot 4t-(t^2+1)^2\cdot 4}{16t^2}$$

$$=\frac{4t^2(t^2+1)-(t^2+1)^2}{4t^2}=\frac{(t^2+1)(3t^2-1)}{4t^2}.$$

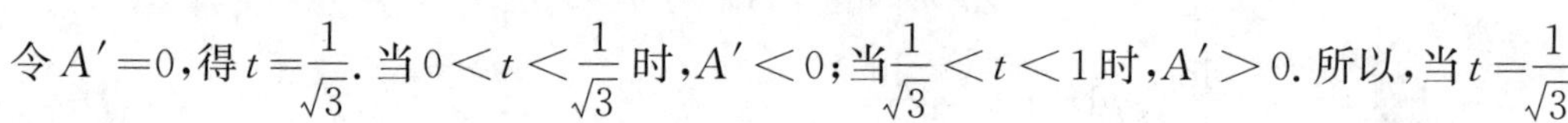

令 $A'=0$,得 $t=\frac{1}{\sqrt{3}}$. 当 $0<t<\frac{1}{\sqrt{3}}$ 时,$A'<0$;当$\frac{1}{\sqrt{3}}<t<1$时,$A'>0$. 所以,当 $t=\frac{1}{\sqrt{3}}$ 时,A 最小,此时的切点坐标为$\left(\frac{1}{\sqrt{3}},\frac{2}{3}\right)$.

(2) 当 $t=\frac{1}{\sqrt{3}}$ 时,$t^2+1=\frac{4}{3}$,$\frac{t^2+1}{2t}=\frac{2\sqrt{3}}{3}$,且抛物线方程为 $x^2=1-y(0\leqslant y\leqslant 1)$,所以

$$V=\frac{1}{3}\cdot\pi\left(\frac{2\sqrt{3}}{3}\right)^2\cdot\frac{4}{3}-\pi\int_0^1(1-y)\mathrm{d}y=\frac{16\pi}{27}-\frac{\pi}{2}=\frac{5\pi}{54}.$$

13. **解** (1) 由方程组$\begin{cases}y=x^2,\\y=ax\end{cases}$解得直线 $y=ax$ 与抛物线 $y=x^2$ 的交点为$(0,0)$,(a,a^2),其图形如右图所示.

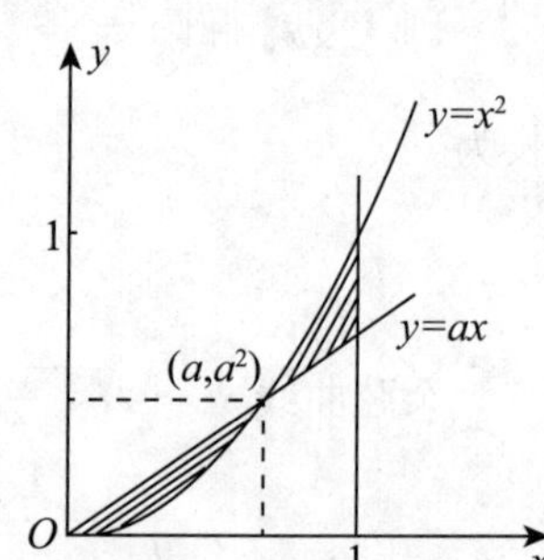

$$S_1=\int_0^a(ax-x^2)\mathrm{d}x=\left(\frac{ax^2}{2}-\frac{x^3}{3}\right)\Big|_0^a=\frac{a^3}{6},$$

$$S_2=\int_a^1(x^2-ax)\mathrm{d}x=\left(\frac{x^3}{3}-\frac{ax^2}{2}\right)\Big|_a^1=\frac{a^3}{6}-\frac{a}{2}+\frac{1}{3}.$$

基础篇答案解析

由 $S_1=S_2$ 得 $\frac{a^3}{6}=\frac{a^3}{6}-\frac{a}{2}+\frac{1}{3}$，所以 $a=\frac{2}{3}$.

(2) 上述两部分平面图形绕 x 轴旋转一周所得旋转体的体积为

$$\begin{aligned}V&=\pi\int_0^a(a^2x^2-x^4)\mathrm{d}x+\pi\int_a^1(x^4-a^2x^2)\mathrm{d}x\\&=\pi\left(\frac{a^2x^3}{3}-\frac{x^5}{5}\right)\Big|_0^a+\pi\left(\frac{x^5}{5}-\frac{a^2x^3}{3}\right)\Big|_a^1\\&=\pi\left(\frac{4}{15}a^5-\frac{1}{3}a^2+\frac{1}{5}\right).\end{aligned}$$

令 $V'=\pi\left(\frac{4}{3}a^4-\frac{2}{3}a\right)=0$，得唯一驻点 $a=\frac{1}{\sqrt[3]{2}}$.

又 $V''\Big|_{a=\frac{1}{\sqrt[3]{2}}}=\pi\left(\frac{16}{3}a^3-\frac{2}{3}\right)\Big|_{a=\frac{1}{\sqrt[3]{2}}}=2\pi>0$，所以 $a=\frac{1}{\sqrt[3]{2}}$ 为极小值点，也为最小值点，故旋转体的体积最小值为 $V\Big|_{a=\frac{1}{\sqrt[3]{2}}}=\pi\left(\frac{4}{15}a^5-\frac{1}{3}a^2+\frac{1}{5}\right)\Big|_{a=\frac{1}{\sqrt[3]{2}}}=\frac{1}{5}(1-2^{-\frac{2}{3}})\pi$.

14. **解** (1) 由对称性，只需计算 $y=\frac{1}{3}\sqrt{x}(3-x)$ 与 x 轴所围图形的面积乘 2 即可，所以

$$A=2\int_0^3\frac{1}{3}\sqrt{x}(3-x)\mathrm{d}x=\left(\frac{4}{3}x\sqrt{x}-\frac{4}{15}x^2\sqrt{x}\right)\Big|_0^3=\frac{8}{5}\sqrt{3}.$$

(2) $y'=\frac{1-x}{2\sqrt{x}}$，$1+y'^2=\frac{(1+x)^2}{4x}$，所以 $s=2\int_0^3\sqrt{1+y'^2}\mathrm{d}x=2\int_0^3\frac{1+x}{2\sqrt{x}}\mathrm{d}x=\left(2\sqrt{x}+\frac{2}{3}x\sqrt{x}\right)\Big|_0^3=4\sqrt{3}$.

(3) $V=\pi\int_0^3y^2\mathrm{d}x=\pi\int_0^3\frac{1}{9}x(3-x)^2\mathrm{d}x=\pi\left(\frac{1}{2}x^2-\frac{2}{9}x^3+\frac{1}{36}x^4\right)\Big|_0^3=\frac{3}{4}\pi$.

(4) $S=2\pi\int_0^3y\sqrt{1+y'^2}\mathrm{d}x=2\pi\int_0^3\frac{1}{3}\sqrt{x}(3-x)\cdot\frac{1+x}{2\sqrt{x}}\mathrm{d}x=\frac{1}{3}\pi\int_0^3(3-x)(1+x)\mathrm{d}x$.

$$=\frac{1}{3}\pi\left(3x+x^2-\frac{1}{3}x^3\right)\Big|_0^3=3\pi.$$

15. **解** (1) $M=\int_0^1x^2\mathrm{d}x=\frac{1}{3}$.

(2) $\overline{x}=\frac{1}{\frac{1}{3}}\int_0^1x\cdot x^2\mathrm{d}x=3\int_0^1x^3\mathrm{d}x=\frac{3}{4}$.

(3) 在 x 轴的 $[0,1]$ 区间中任取一个小区间 $[x,x+\mathrm{d}x]$，对应的小段直线状物体的质量为 $x^2\mathrm{d}x$，因此引力微元为 $\mathrm{d}F=-k\frac{1\cdot x^2\mathrm{d}x}{(1+x)^2}=-k\frac{x^2}{(1+x)^2}\mathrm{d}x$，其中 k 为引力常数. 因此质点对直线状物体的引力为

$$F=\int_0^1 \mathrm{d}F=-k\int_0^1 \frac{x^2}{(1+x)^2}\mathrm{d}x=-k\int_0^1\left[1-\frac{2}{1+x}+\frac{1}{(1+x)^2}\right]\mathrm{d}x$$

$$=-k\left(1-2\ln 2+\frac{1}{2}\right)=k\left(2\ln 2-\frac{3}{2}\right),$$

其中 F 的方向指向 x 轴的负半轴方向.

16. **解** 以球心为原点,x 轴位于水面上,建立如右图坐标系.

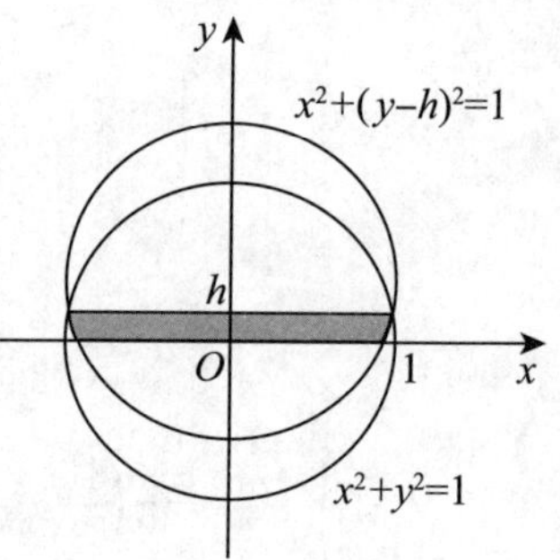

由于水的密度和球的密度均为1,球受的重力$=g\cdot$球的体积,球受的浮力$=g\cdot$浸入水中部分球的体积,因此球在提起过程中受的重力与浮力的合力$=g\cdot$露出水面部分球的体积.

当球上提$h(0<h<1)$高度时,露出水面部分球的体积为$\frac{2}{3}\pi+\pi\int_0^h[1-(y-h)^2]\mathrm{d}y=\pi\left(\frac{2}{3}+h-\frac{h^3}{3}\right)$,因此球在上提$h$高度时所受的合力$F(h)=\pi g\left(\frac{2}{3}+h-\frac{h^3}{3}\right)$,故所求的功为

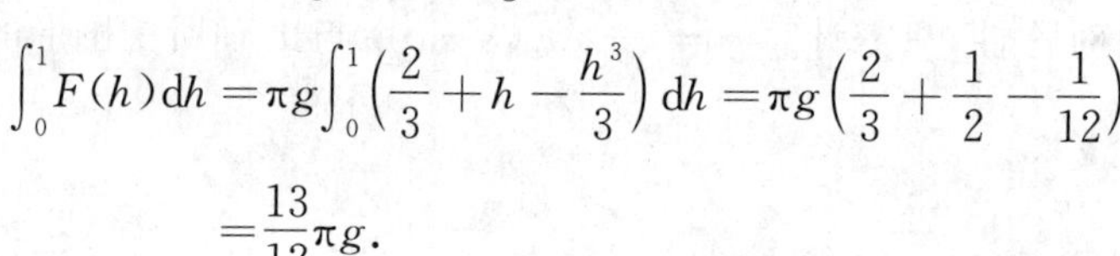

$$\int_0^1 F(h)\mathrm{d}h=\pi g\int_0^1\left(\frac{2}{3}+h-\frac{h^3}{3}\right)\mathrm{d}h=\pi g\left(\frac{2}{3}+\frac{1}{2}-\frac{1}{12}\right)$$

$$=\frac{13}{12}\pi g.$$

第 5 章 向量代数与空间解析几何（仅限数学一）

一、选择题

1. 答案 (C).

解 $z+3x^2+4y^2=0$ 即 $z=-3x^2-4y^2$，该方程表示椭圆抛物面，(A) 正确；

$x^2+y^2-z^2=0$ 即 $z=\pm\sqrt{x^2+y^2}$，该方程表示锥面，(B) 正确；

$x^2-2y^2=1+3z^2$ 即 $x^2-2y^2-3z^2=1$，该方程表示双叶双曲面，(C) 不正确；

$z=x^2$ 中只有两个变量，表示抛物柱面，(D) 正确.

2. 答案 (D).

解 直线 $L:\begin{cases}x+y+z=1,\\ x-y-2z=1\end{cases}$ 的方向向量可取为 $\{1,1,1\}\times\{1,-1,-2\}=\{-1,3,-2\}$，又点 $(1,2,0)\notin L$，故直线 $\frac{x-1}{1}=\frac{y-2}{-3}=\frac{z}{2}$ 与 L 平行. 应选(D).

3. 答案 (B).

解 由题设，当 $x=z=0$ 时，方程有解 $y=-\frac{D_1}{B_1}$，所以该直线过点 $\left(0,-\frac{D_1}{B_1},0\right)$，即该直线一定与 y 轴相交. 故选(B).

4. 答案 (C).

解 可取直线 L 的方向向量 $\boldsymbol{s}=\boldsymbol{n}_1\times\boldsymbol{n}_2=\{-28,14,-7\}=-7\{4,-2,1\}$，因为平面 π 的法向量 $\boldsymbol{n}=\{4,-2,1\}$，所以 $\boldsymbol{s}\parallel\boldsymbol{n}$，因而有 $L\perp\pi$. 故选(C).

5. 答案 (A).

解 设 $\boldsymbol{A}=\begin{pmatrix}a_1&b_1&c_1\\a_2&b_2&c_2\\a_3&b_3&c_3\end{pmatrix}$，因为 $\boldsymbol{A}$ 为满秩矩阵，所以 $r(\boldsymbol{A})=3$. 又 L_1 的方向向量 $\boldsymbol{s}_1=\{a_1-a_2,b_1-b_2,c_1-c_2\}$，$L_1$ 过点 $P_1(a_3,b_3,c_3)$，L_2 的方向向量 $\boldsymbol{s}_2=\{a_2-a_3,b_2-b_3,c_2-c_3\}$，$L_2$ 过点 $P_2(a_1,b_1,c_1)$，$|\boldsymbol{A}|=\begin{vmatrix}a_1-a_2&b_1-b_2&c_1-c_2\\a_2-a_3&b_2-b_3&c_2-c_3\\a_3&b_3&c_3\end{vmatrix}\neq0$，所以 $\boldsymbol{s}_1,\boldsymbol{s}_2$ 不平行（否则 $|\boldsymbol{A}|=0$），从而排除(B)，(C). 考虑

基础篇答案解析

$$(\boldsymbol{s}_1\times\boldsymbol{s}_2)\cdot\overrightarrow{P_2P_1}=\begin{vmatrix}a_1-a_2 & b_1-b_2 & c_1-c_2\\ a_2-a_3 & b_2-b_3 & c_2-c_3\\ a_3-a_1 & b_3-b_1 & c_3-c_1\end{vmatrix}$$

$$\xlongequal{r_1+r_2+r_3}\begin{vmatrix}0 & 0 & 0\\ a_2-a_3 & b_2-b_3 & c_2-c_3\\ a_3-a_1 & b_3-b_1 & c_3-c_1\end{vmatrix}=0,$$

所以 L_1 与 L_2 交于一点. 故选(A).

6. 答案 (C).

解 将 $z=y-x$ 代入 $3x^2+2y^2-z^2=1$ 中,可得 Γ 在 xOy 面的投影柱面为 $2x^2+2xy+y^2=1$,故所求的投影曲线为 $\begin{cases}2x^2+2xy+y^2=1,\\ z=0.\end{cases}$ 故答案为(C).

7. 答案 (B).

解 曲线 $\begin{cases}z=2xy,\\ x=y\end{cases}$ 的参数方程为 $\begin{cases}x=t,\\ y=t,\\ z=2t^2,\end{cases}$ 在方程组 $\begin{cases}x^2+y^2=2t^2,\\ z=2t^2\end{cases}$ 中消去参数 t,得到方程 $z=x^2+y^2$,即为曲线 $\begin{cases}z=2xy,\\ x=y\end{cases}$ 绕 z 轴旋转而形成的旋转曲面的方程,因此排除选项(A). 同理,可得曲线 $\begin{cases}z=xy,\\ x=y\end{cases}$ 绕 z 轴旋转而形成的旋转曲面的方程为 $z=\frac{1}{2}(x^2+y^2)$. 故选(B).

8. 答案 (C).

解 圆周 $\begin{cases}x^2+y^2+z^2=4,\\ z=1\end{cases}$ 位于与 z 轴垂直的平面上,且圆心为 $P_1(0,0,1)$,由此可确定该球面的球心位于 z 轴上,可设球心坐标为 $P_2(0,0,z_0)$,又点 $P_3(0,\sqrt{3},1)\in C$,因此有 $|\overrightarrow{P_2P_3}|=|\overrightarrow{P_2P_0}|$,即 $3+(z_0-1)^2=4+(z_0-2)^2$,解得 $z_0=2$,所以所求的球面方程为 $x^2+y^2+(z-2)^2=4$. 所以应选(C).

二、填空题

1. 答案 1.

解 原式 $=\lim\limits_{x\to0}\dfrac{|\boldsymbol{a}+x\boldsymbol{b}|^2-|\boldsymbol{a}|^2}{x(|\boldsymbol{a}+x\boldsymbol{b}|+|\boldsymbol{a}|)}=\lim\limits_{x\to0}\dfrac{|\boldsymbol{a}|^2+2x\boldsymbol{a}\cdot\boldsymbol{b}+x^2|\boldsymbol{b}|^2-|\boldsymbol{a}|^2}{x(|\boldsymbol{a}+x\boldsymbol{b}|+|\boldsymbol{a}|)}$

$=|\boldsymbol{b}|\cos(\widehat{\boldsymbol{a},\boldsymbol{b}})=1.$

2. 答案 $\frac{5}{4}$.

解 直线 L_1 过点 $P_1(1,-1,1)$，方向向量为 $\boldsymbol{s}_1=\{1,2,\lambda\}$，直线 L_2 过点 $P_2(-1,1,0)$，方向向量为 $\boldsymbol{s}_2=\{1,1,1\}$. L_1 与 L_2 相交于一点，则有 $(\boldsymbol{s}_1\times\boldsymbol{s}_2)\cdot\overrightarrow{P_1P_2}=\begin{vmatrix}1&2&\lambda\\1&1&1\\-2&2&-1\end{vmatrix}=$ $4\lambda-5=0$，所以 $\lambda=\dfrac{5}{4}$.

3. **答案** $\dfrac{\pi}{3}$.

解 $\boldsymbol{s}_1=\{1,-2,1\}$，$\boldsymbol{s}_2=\{1,-1,0\}\times\{0,2,1\}=\{-1,-1,2\}$，$\cos\theta=\dfrac{\boldsymbol{s}_1\cdot\boldsymbol{s}_2}{|\boldsymbol{s}_1||\boldsymbol{s}_2|}=\dfrac{1}{2}$，故

$$\theta=\frac{\pi}{3}.$$

4. **答案** $\dfrac{\sqrt{6}}{2}$.

解 **解法一** 直线的方向向量 $\boldsymbol{s}=\{1,1,-1\}\times\{2,0,1\}=\{1,-3,-2\}$，过点 $P_0(1,2,3)$ 与直线 L 垂直的平面方程为 $(x-1)-3(y-2)-2(z-3)=0$，即 $x-3y-2z+11=0$. 联立直线与平面方程得交点 $P_1\left(\dfrac{1}{2},\dfrac{5}{2},2\right)$，则 $d=|P_0P_1|=\dfrac{\sqrt{6}}{2}$.

解法二 直线 L 过点 $P_1(1,1,1)$，且 L 的方向向量 $\boldsymbol{s}=\{1,1,-1\}\times\{2,0,1\}=\{1,-3,-2\}$，由此可得点 P_0 到直线 L 的距离为 $d=\dfrac{|\boldsymbol{s}\times\overrightarrow{P_0P_1}|}{|\boldsymbol{s}|}=\dfrac{|\{1,-3,-2\}\times\{0,-1,-2\}|}{\sqrt{14}}=$ $\dfrac{\sqrt{16+4+1}}{\sqrt{14}}=\dfrac{\sqrt{6}}{2}$.

5. **答案** $\arccos\dfrac{2}{3}$.

解 曲面 $x^2+y^2-z^2=4$ 与曲面 $x^2-y^2-2z=1$ 在点 $(2,1,1)$ 的切平面的法向量分别为 $\boldsymbol{n}_1=\{2x,2y,-2z\}\Big|_{(2,1,1)}=2\{2,1,-1\}$，$\boldsymbol{n}_2=\{2x,-2y,-2\}\Big|_{(2,1,1)}=2\{2,-1,-1\}$，设两切平面的夹角为 θ，则

$$\cos\theta=\frac{|\boldsymbol{n}_1\cdot\boldsymbol{n}_2|}{|\boldsymbol{n}_1|\cdot|\boldsymbol{n}_2|}=\frac{2}{3}\Rightarrow\theta=\arccos\frac{2}{3}.$$

三、解答题

1. **解** A,B,C 所在平面的法向量可取为 $\overrightarrow{AB}\times\overrightarrow{AC}=\{0,1,1\}\times\{0,-2,-3\}=\{-1,0,0\}$. 由题设知所求直线与向量 $\{1,0,0\}$ 及 $\overrightarrow{AD}=\{2,1,-1\}$ 均垂直，因此它的方向向量可取为 $\boldsymbol{s}=\{1,0,0\}\times\{2,1,-1\}=\{0,1,1\}$，由此可得所求直线方程为

基础篇答案解析

$$\frac{x-3}{0}=\frac{y-1}{1}=\frac{z-2}{1}.$$

2. 解 **解法一**(利用直线的一般式方程) 过 $L_1:\begin{cases}x-2y-z+4=0,\\x-z=2\end{cases}$ 的平面束方程为

$\pi_{(\lambda,\mu)}:(\lambda+\mu)x-2\lambda y-(\lambda+\mu)z+4\lambda-2\mu=0$,其中过点 $P_0(-1,0,1)$ 的参数满足 $2\lambda-4\mu=0$,取 $\lambda=2,\mu=1$,因而过 $P_0(-1,0,1)$ 及直线 $L_1:\begin{cases}x-2y-z+4=0,\\x-z=2\end{cases}$ 的平面方程为 $\pi_1:3x-4y-3z+6=0$;直线 L_2 过点 $P_2(0,1,-2)$,方向向量为 $\boldsymbol{s}=\{2,-1,0\}$,$\overrightarrow{P_0P_2}=\{1,1,-3\}$,因此过点 $P_0(-1,0,1)$ 和直线 L_2 的平面方程为 $\pi_2:\begin{vmatrix}x+1&y&z-1\\2&-1&0\\1&1&-3\end{vmatrix}=0$,

即为 $x+2y+z=0$,所求直线可看作是平面 π_1 与平面 π_2 的交线,故所求直线方程为 $L:\begin{cases}3x-4y-3z+6=0,\\x+2y+z=0.\end{cases}$

解法二(利用直线的对称式方程) 直线 L_1 的方向向量为 $\boldsymbol{s}_1=\{1,0,1\}$,且它过点 $P_1(2,3,0)$,设所求直线的方向向量为 $\boldsymbol{s}=\{m,n,p\}$,所求直线与 L_1 共面,那么向量 $\boldsymbol{s},\boldsymbol{s}_1$,$\overrightarrow{P_0P_1}$ 共面,从而有 $\begin{vmatrix}m&n&p\\1&0&1\\3&3&-1\end{vmatrix}=0$,即 $3m-4n-3p=0$;L_2 的方向向量为 $\boldsymbol{s}_2=\{2,-1,0\}$ 且过点 $P_2(0,1,-2)$,所求直线与 L_2 共面,因而向量 $\boldsymbol{s},\boldsymbol{s}_2$,$\overrightarrow{P_0P_2}$ 共面,从而有 $\begin{vmatrix}m&n&p\\2&-1&0\\1&1&-3\end{vmatrix}=0$,即有 $m+2n+p=0$,由此可取 $\boldsymbol{s}=\{1,-3,5\}$,因而所求直线方程为 $L:\frac{x+1}{1}=\frac{y}{-3}=\frac{z-1}{5}$.

3. 解 过直线的平面束方程为 $\pi_\lambda:(1+2\lambda)x+(1+\lambda)y+(1+\lambda)z+1=0$,原点到平面 π_λ 的距离为 $d(\lambda)=\frac{1}{\sqrt{(1+2\lambda)^2+(1+\lambda)^2+(1+\lambda)^2}}$. 要使 $d(\lambda)$ 取值最大,只要 $f(\lambda)=(1+2\lambda)^2+(1+\lambda)^2+(1+\lambda)^2=6\left(\lambda+\frac{2}{3}\right)^2+\frac{1}{3}$ 取值最小即可. 因此可取 $\lambda=-\frac{2}{3}$,所求平面为 $x-y-z-3=0$.

4. 解 设 $\pi:Ax+By+Cz+D=0$,由题设有 $D=0,A+2B+C=0$,π 与平面 $y=0$ 的交线为 $L_1:\begin{cases}Ax+By+Cz=0,\\y=0.\end{cases}$ π 与平面 $x+y=0$ 的交线为 $L_2:\begin{cases}Ax+By+Cz=0,\\x+y=0.\end{cases}$ L_1 的方向向量为 $\boldsymbol{s}_1=\{A,B,C\}\times\{0,1,0\}=\{-C,0,A\}$,$L_2$ 的方向向量为 $\boldsymbol{s}_2=\{A,B,C\}\times$

$\{1,1,0\}=\{-C,C,A-B\}$，由题设有$\dfrac{|A-C|}{\sqrt{A^2+C^2}\sqrt{6}}=\dfrac{|C+A-B|}{\sqrt{2C^2+(A-B)^2}\sqrt{6}}$，由$C=-(A+2B)$可得

$$4(A+B)^2[2(A+2B)^2+(A-B)^2]=9B^2[A^2+(A+2B)^2],$$

令$t=\dfrac{A}{B}$，则上式可变化为$4(t+1)^2(3t^2+6t+9)=9(2t^2+4t+4)$，整理后可得$t(t+2)(2t^2+4t+5)=0$，解得$t=0$或者$t=-2$，相应的有$A=0,B=1,C=-2$或者$A=2,B=-1,C=0$，所求平面的方程为

$$2x-y=0 \text{ 或者 } y-2z=0.$$

5. **解** 设平面和球面的切点为(x_0,y_0,z_0)，那么该平面的方程为$x_0x+y_0y+z_0z=6$，由题设有$\begin{cases}x_0^2+y_0^2+z_0^2=6,\\2x_0+2y_0=6,\\3x_0+y_0+z_0=6,\end{cases}$ 由后两式可解出$y_0=3-x_0,z_0=3-2x_0$，代入方程组的第一个式子中可得$x_0^2-3x_0+2=0$，由此可解得$x_0=1$或者$x_0=2$. 当$x_0=1$时，$y_0=2,z_0=1$，相应的所求平面方程为$x+2y+z=6$；当$x_0=2$时，$y_0=1,z_0=-1$，相应的所求平面方程为$2x+y-z=6$.

6. **解** 直线L的参数方程为$\begin{cases}x=1+t,\\y=t,\\z=-t.\end{cases}$ $M(x,y,z)\in\Sigma$的充分必要条件是存在点$(1+t,t,-t)\in L$，使得$\begin{cases}x^2+y^2=(1+t)^2+t^2,\\z=-t.\end{cases}$ 消去参数t后可得所求旋转曲面Σ的方程为

$x^2+y^2=(1-z)^2+z^2$，即$\dfrac{x^2}{\left(\dfrac{1}{\sqrt{2}}\right)^2}+\dfrac{y^2}{\left(\dfrac{1}{\sqrt{2}}\right)^2}-\dfrac{\left(z-\dfrac{1}{2}\right)^2}{\left(\dfrac{1}{2}\right)^2}=1$，它是单叶双曲面.

7. **解** 两曲面的交线对xOy坐标面的投影柱面为$(x-1)^2+y^2=1$，则在xOy坐标面上的投影区域为

$$D_{xy}=\{(x,y)\mid(x-1)^2+y^2\leqslant 1\}.$$

两曲面的交线对yOz坐标面的投影柱面为$\left(\dfrac{z^2}{2}-1\right)^2+y^2=1$，则在$yOz$坐标面上的投影区域为

$$D_{yz}=\left\{(y,z)\,\middle|\,\left(\frac{z^2}{2}-1\right)^2+y^2\leqslant 1\right\}.$$

两曲面的交线对zOx坐标面的投影柱面为$z=\sqrt{2x}\ (0\leqslant x\leqslant 2)$，则在$zOx$坐标面上的投影区域为

$$D_{zx}=\{(x,z)\mid 0\leqslant x\leqslant 2,x\leqslant z\leqslant\sqrt{2x}\}.$$

第 6 章 多元函数微分学及其应用

一、选择题

1. 答案 (C).

解 $f'_x(0,0)=\lim\limits_{\Delta x\to 0}\dfrac{f(0+\Delta x,0)-f(0,0)}{\Delta x}=0$,同理,$f'_y(0,0)=0$,即偏导数存在,又当$(x,y)$沿 $y=kx$ 趋向$(0,0)$时

$$\lim_{\substack{x\to 0\\ y=kx}}f(x,y)=\lim_{x\to 0}\frac{kx^2}{x^2+(kx)^2}=\frac{k}{1+k^2},$$

随着 k 的不同,该极限值也不同,所以$\lim\limits_{\substack{x\to 0\\ y\to 0}}f(x,y)$不存在,$f(x,y)$在$(0,0)$不连续.

2. 答案 (C).

解 函数 $f(x,y)$ 虽然在$(0,0)$处两个偏导数存在,但不一定可微,故(A)不对. 取 x 为参数,则曲线 $x=x,y=0,z=f(x,0)$ 在点$(0,0,f(0,0))$的切向量为$\{1,0,-3\}$.

3. 答案 (D).

解 $dz=x\,dx+y\,dy=d\left[\dfrac{1}{2}(x^2+y^2)\right]$,则 $z=\dfrac{1}{2}(x^2+y^2)+C\geqslant C$,其中 C 为常数,故 $z=f(x,y)$ 在点$(0,0)$处取极小值.

4. 答案 (B).

解 对应于 t_0 处曲线切线的方向向量可取为 $\boldsymbol{\tau}=\{1,2t_0,3t_0^2\}$,平面 $x+2y+z=4$ 的法向量为 $\boldsymbol{n}=\{1,2,1\}$,由题设知 $\boldsymbol{\tau}\cdot\boldsymbol{n}=0$,即 $1-4t_0+3t_0^2=0$,解得 $t_0=1$ 或 $t_0=\dfrac{1}{3}$,故选(B).

5. 答案 (D).

解 $\boldsymbol{n}=\{1,2,2\}$,$\boldsymbol{n}^0=\{\cos\alpha,\cos\beta,\cos\gamma\}=\left\{\dfrac{1}{3},\dfrac{2}{3},\dfrac{2}{3}\right\}$.

又$\dfrac{\partial f}{\partial x}\Big|_{(1,2,0)}=2xy\Big|_{(1,2,0)}=4,\dfrac{\partial f}{\partial y}\Big|_{(1,2,0)}=1,\dfrac{\partial f}{\partial z}\Big|_{(1,2,0)}=0$,所以沿向量 $\boldsymbol{n}=\{1,2,2\}$ 的方向导数为

$$\frac{\partial f}{\partial \boldsymbol{n}}\Big|_{(1,2,0)}=\left(\frac{\partial f}{\partial x}\cos\alpha+\frac{\partial f}{\partial y}\cos\beta+\frac{\partial f}{\partial z}\cos\gamma\right)\Big|_{(1,2,0)}=4\times\frac{1}{3}+1\times\frac{2}{3}+0\times\frac{2}{3}=2.$$

二、填空题

1. 答案 $\frac{\sqrt{2}}{2}(\ln 2-1)$.

解 $$\frac{\partial z}{\partial x}=\mathrm{e}^{\frac{x}{y}\ln\frac{y}{x}}\left[\frac{1}{y}\ln\frac{y}{x}-\frac{x}{y}\cdot\frac{x}{y}\cdot\left(\frac{y}{x^2}\right)\right]=\left(\frac{y}{x}\right)^{\frac{x}{y}}\left(\frac{1}{y}\ln\frac{y}{x}-\frac{1}{y}\right),$$

$$\left.\frac{\partial z}{\partial x}\right|_{(1,2)}=2^{\frac{1}{2}}\left(\frac{1}{2}\ln 2-\frac{1}{2}\right)=\frac{\sqrt{2}}{2}(\ln 2-1).$$

2. 答案 $\mathrm{d}x-\sqrt{2}\,\mathrm{d}y$.

解 在方程两边求微分,得

$$yz\,\mathrm{d}x+xz\,\mathrm{d}y+xy\,\mathrm{d}z+\frac{1}{\sqrt{x^2+y^2+z^2}}(x\,\mathrm{d}x+y\,\mathrm{d}y+z\,\mathrm{d}z)=0.$$

当 $x=1,y=0$ 时,$z=-1$,代入上式得 $\left.\mathrm{d}z\right|_{(1,0)}=\mathrm{d}x-\sqrt{2}\,\mathrm{d}y$.

3. 答案 $\frac{1}{\sqrt{5}}\{0,\sqrt{2},\sqrt{3}\}$.

解 旋转曲面方程为 $3x^2+2y^2+3z^2-12=0$,则在点 $(0,\sqrt{3},\sqrt{2})$ 处的指向外侧的法向量可取为

$$\boldsymbol{n}=\{6x,4y,6z\}_{(0,\sqrt{3},\sqrt{2})}=\{0,4\sqrt{3},6\sqrt{2}\},$$

单位法向量为 $\boldsymbol{n}^0=\frac{1}{\sqrt{5}}\{0,\sqrt{2},\sqrt{3}\}$.

4. 答案 4.

解 $$\frac{\partial F}{\partial x}=\frac{y\sin(xy)}{1+(xy)^2},\frac{\partial^2 F}{\partial x^2}=y\frac{y\cos(xy)(1+x^2y^2)-2xy^2\sin(xy)}{(1+x^2y^2)^2},$$

故 $\left.\frac{\partial^2 F}{\partial x^2}\right|_{(0,2)}=4$.

5. 答案 $\left\{\frac{1}{3},-\frac{2}{3},\frac{2}{3}\right\}$ 或者 $\frac{1}{3}\boldsymbol{i}-\frac{2}{3}\boldsymbol{j}+\frac{2}{3}\boldsymbol{k}$.

解 由梯度的定义知

$$\left.\mathbf{grad}\,r\right|_{(1,-2,2)}=\left.\frac{x}{r}\boldsymbol{i}+\frac{y}{r}\boldsymbol{j}+\frac{z}{r}\boldsymbol{k}\right|_{(1,-2,2)}=\frac{1}{3}\boldsymbol{i}-\frac{2}{3}\boldsymbol{j}+\frac{2}{3}\boldsymbol{k}.$$

三、解答题

1. 解 (1) 由连续性知,原式 $=\frac{\ln(\mathrm{e}^0+1)}{2\times 0+1^2}=\ln 2$.

基础篇答案解析

(2) 由等价无穷小代换得,原式 $=\lim\limits_{\substack{x\to 0\\y\to 0}}\dfrac{x^2+y^2}{-\dfrac{1}{2}(x^2+y^2)}=-2$.

(3) 原式 $=\lim\limits_{\substack{x\to 0\\y\to 0}}\{[1-\sin(xy)]^{\frac{1}{-\sin(xy)}}\}^{\frac{-\sin(xy)}{xy}}=\mathrm{e}^{-1}$.

(4) 原式 $=\lim\limits_{\substack{x\to+\infty\\y\to+\infty}}\left[\dfrac{(x+y)^2}{\mathrm{e}^{x+y}}-2\dfrac{x}{\mathrm{e}^x}\cdot\dfrac{y}{\mathrm{e}^y}\right]$,因为 $\lim\limits_{\substack{x\to+\infty\\y\to+\infty}}\dfrac{(x+y)^2}{\mathrm{e}^{x+y}}\xlongequal{u=x+y}\lim\limits_{u\to+\infty}\dfrac{u^2}{\mathrm{e}^u}=0$,

$\lim\limits_{x\to+\infty}\dfrac{x}{\mathrm{e}^x}=\lim\limits_{y\to+\infty}\dfrac{y}{\mathrm{e}^y}=0$,所以 $\lim\limits_{\substack{x\to+\infty\\y\to+\infty}}(x^2+y^2)\mathrm{e}^{-(x+y)}=0$.

也可以由 $0\leqslant(x^2+y^2)\mathrm{e}^{-(x+y)}\leqslant\dfrac{(x+y)^2}{\mathrm{e}^{x+y}}$,知 $\lim\limits_{\substack{x\to+\infty\\y\to+\infty}}(x^2+y^2)\mathrm{e}^{-(x+y)}=0$.

2. **证明** (1) 当取点 $P(x,y)$ 沿曲线 $C:y^2=kx$ 趋于点 $O(0,0)$ 时,有

$$\lim_{\substack{y^2=kx\\x\to 0}}\frac{xy^2}{x^2+y^4}=\lim_{x\to 0}\frac{kx^2}{x^2+k^2x^2}=\frac{k}{1+k^2},$$

k 取值不同,则该极限值不同,因此该极限不存在.

(2) 当取点 $P(x,y)$ 沿直线 $y=x$ 趋于点 $O(0,0)$ 时,有

$$\lim_{\substack{y=x\\x\to 0}}\frac{x^2y^2}{x^2y^2+(x-y)^2}=1.$$

当取点 $P(x,y)$ 沿直线 $y=0$ 趋于点 $O(0,0)$ 时,有

$$\lim_{\substack{y=0\\x\to 0}}\frac{x^2y^2}{x^2y^2+(x-y)^2}=0.$$

因为沿不同方向取极限,该极限值不同,故该极限不存在.

3. **解** (1) 因为 $0\leqslant\left|\dfrac{xy^2}{x^2+y^2}\right|\leqslant\dfrac{1}{2}|y|$,$\lim\limits_{\substack{x\to 0\\y\to 0}}\dfrac{1}{2}|y|=0$,所以 $\lim\limits_{\substack{x\to 0\\y\to 0}}\dfrac{xy^2}{x^2+y^2}=0$,因此该函数在点 $(0,0)$ 处连续,又 $f(x,0)=f(0,y)=0$,所以

$$f'_x(0,0)=[f(x,0)]'\Big|_{x=0}=0,\ f'_y(0,0)=[f(0,y)]'\Big|_{y=0}=0,$$

因而该函数在点 $(0,0)$ 处存在偏导数.

(2) 因为 $\lim\limits_{\substack{x\to 0\\y\to 0}}\sqrt{x^2+y^2}=0=f(0,0)$,所以该函数在点 $(0,0)$ 处连续,又 $f'_x(0,0)=\lim\limits_{x\to 0}\dfrac{|x|}{x}$ 不存在,同理,$f'_y(0,0)$ 也不存在,因而该函数在点 $(0,0)$ 处不存在偏导数.

(3) 当取点 $P(x,y)$ 沿直线 $y=kx$ 趋于点 $O(0,0)$ 时,有 $\lim\limits_{\substack{y=kx\\x\to 0}}\dfrac{x^2-y^2}{x^2+y^2}=\dfrac{1-k^2}{1+k^2}$,由于 k 取不同值时,该极限值不同,故 $\lim\limits_{\substack{x\to 0\\y\to 0}}\dfrac{x^2-y^2}{x^2+y^2}$ 不存在,因而该函数在点 $(0,0)$ 处不连续.

$$f'_x(0,0)=\lim_{x\to 0}\frac{f(x,0)-f(0,0)}{x}=\lim_{x\to 0}0=0,$$

$$f'_y(0,0)=\lim_{y\to 0}\frac{f(0,y)-f(0,0)}{y}=\lim_{y\to 0}\frac{-2}{y}=\infty,$$

故在点(0,0)处偏导数 $f'_x(0,0)$ 存在,偏导数 $f'_y(0,0)$ 不存在.

4. **证明** (1) $f'_x(0,0)=\lim_{x\to 0}\frac{f(x,0)-f(0,0)}{x}=0, f'_y(0,0)=\lim_{y\to 0}\frac{f(0,y)-f(0,0)}{y}=0$,因此 $f'_x(0,0), f'_y(0,0)$ 存在.

(2) 当 $(x,y)\neq(0,0)$ 时,

$$f'_x(x,y)=y\sin\frac{1}{x^2+y^2}-\frac{2x^2y}{(x^2+y^2)^2}\cos\frac{1}{x^2+y^2},$$

取路径 $y=x$,则有 $\lim\limits_{\substack{y=x\\x\to 0}}f'_x(x,y)=\lim\limits_{x\to 0}\left(x\sin\frac{1}{2x^2}-\frac{1}{2x}\cos\frac{1}{2x^2}\right)$ 不存在,所以 $\lim\limits_{\substack{x\to 0\\y\to 0}}f'_x(x,y)$ 不存在,因而 $f'_x(x,y)$ 在点(0,0)处不连续,同理,

$$\lim_{\substack{x\to 0\\y\to 0}}f'_y(x,y)=\lim_{\substack{x\to 0\\y\to 0}}\left[x\sin\frac{1}{x^2+y^2}-\frac{2xy^2}{(x^2+y^2)^2}\cos\frac{1}{x^2+y^2}\right]$$

也不存在,因此 $f'_y(x,y)$ 在点(0,0)处也不连续.

(3) 由于 $\lim\limits_{\substack{x\to 0\\y\to 0}}\frac{f(x,y)-f(0,0)-f'_x(0,0)x-f'_y(0,0)y}{\sqrt{x^2+y^2}}=\lim\limits_{\substack{x\to 0\\y\to 0}}\frac{xy\sin\frac{1}{x^2+y^2}}{\sqrt{x^2+y^2}}=0$,因而函数 $f(x,y)$ 在点(0,0)处可微.

5. **解** (1) $\frac{\partial z}{\partial x}=\frac{\partial z}{\partial u}\cdot\frac{\partial u}{\partial x}+\frac{\partial z}{\partial v}\cdot\frac{\partial v}{\partial x}=2u\ln v\cdot\frac{1}{y}+\frac{u^2}{v}\cdot 3=\frac{2u}{y}\ln v+\frac{3u^2}{v}$

$$=\frac{2x}{y^2}\ln(3x-2y)+\frac{3x^2}{(3x-2y)y^2},$$

$$\frac{\partial z}{\partial y}=\frac{\partial z}{\partial u}\cdot\frac{\partial u}{\partial y}+\frac{\partial z}{\partial v}\cdot\frac{\partial v}{\partial y}=2u\ln v\cdot\left(-\frac{x}{y^2}\right)+\frac{u^2}{v}\cdot(-2)=-\frac{2xu}{y^2}\ln v-\frac{2u^2}{v}$$

$$=-\frac{2x^2}{y^3}\ln(3x-2y)-\frac{2x^2}{y^2(3x-2y)}.$$

(2) 记 $f(x,y,z)=(x+y)^z, z=x^2-y^2$,则

$$\frac{\partial u}{\partial x}=\frac{\partial f}{\partial x}+\frac{\partial f}{\partial z}\frac{\partial z}{\partial x}=z(x+y)^{z-1}+2x\cdot(x+y)^z\ln(x+y)$$

$$=(x-y)(x+y)^{x^2-y^2}+2x\cdot(x+y)^{x^2-y^2}\ln(x+y),$$

$$\frac{\partial u}{\partial y}=\frac{\partial f}{\partial y}+\frac{\partial f}{\partial z}\frac{\partial z}{\partial y}=z(x+y)^{z-1}-2y(x+y)^z\ln(x+y)$$

$$=(x-y)(x+y)^{x^2-y^2}-2y(x+y)^{x^2-y^2}\ln(x+y).$$

基础篇答案解析

6. 解 $$\frac{\partial z}{\partial x}=f'_1+\frac{1}{y}f'_2,$$

$$\frac{\partial^2 z}{\partial x^2}=\left(f''_{11}+\frac{1}{y}f''_{12}\right)+\frac{1}{y}\left(f''_{21}+\frac{1}{y}f''_{22}\right)=f''_{11}+\frac{2}{y}f''_{12}+\frac{1}{y^2}f''_{22},$$

$$\frac{\partial^2 z}{\partial x\partial y}=f''_{11}+f''_{12}\cdot\left(-\frac{x}{y^2}\right)+\left(-\frac{1}{y^2}\right)f'_2+\frac{1}{y}\left[f''_{21}+f''_{22}\cdot\left(-\frac{x}{y^2}\right)\right]$$

$$=f''_{11}+\left(\frac{1}{y}-\frac{x}{y^2}\right)f''_{12}-\frac{x}{y^3}f''_{22}-\frac{1}{y^2}f'_2.$$

7. 解 $$\frac{\partial z}{\partial x}=2xf+x^2(f'_1+f'_2\cdot e^{x+y}),\frac{\partial z}{\partial y}=x^2(-f'_1+f'_2\cdot e^{x+y}),$$

$$\frac{\partial^2 z}{\partial x\partial y}=2x(-f'_1+f'_2\cdot e^{x+y})+x^2(-f''_{11}+f''_{12}\cdot e^{x+y})+x^2(-f''_{21}+f''_{22}\cdot e^{x+y})e^{x+y}+x^2e^{x+y}f'_2$$

$$=-2xf'_1+(x^2+2x)e^{x+y}f'_2-x^2f''_{11}+x^2e^{2(x+y)}f''_{22},$$

$$\frac{\partial^2 z}{\partial y^2}=x^2[(f''_{11}-f''_{12}\cdot e^{x+y})+(-f''_{21}+f''_{22}\cdot e^{x+y})e^{x+y}+f'_2\cdot e^{x+y}]$$

$$=x^2[f''_{11}-2e^{x+y}f''_{12}+e^{2(x+y)}f''_{22}+e^{x+y}f'_2].$$

8. 解 方程两边求微分,得

$$2(z\mathrm{d}x+x\mathrm{d}z)-2(yz\mathrm{d}x+xz\mathrm{d}y+xy\mathrm{d}z)+\frac{1}{x}\mathrm{d}x+\frac{1}{y}\mathrm{d}y+\frac{1}{z}\mathrm{d}z=0,$$

所以 $$\mathrm{d}z=-\frac{2z-2yz+\frac{1}{x}}{2x-2xy+\frac{1}{z}}\mathrm{d}x-\frac{-2xz+\frac{1}{y}}{2x-2xy+\frac{1}{z}}\mathrm{d}y,$$

进而

$$\frac{\partial z}{\partial x}=-\frac{2z-2yz+\frac{1}{x}}{2x-2xy+\frac{1}{z}}=-\frac{z}{x},\frac{\partial z}{\partial y}=-\frac{-2xz+\frac{1}{y}}{2x-2xy+\frac{1}{z}}=\frac{z(2xyz-1)}{y(2xz-2xyz+1)}.$$

9. 证明 方程两边求微分,得

$$F'_1\cdot\frac{x\mathrm{d}y-y\mathrm{d}x}{x^2}+F'_2\cdot\frac{x\mathrm{d}z-z\mathrm{d}x}{x^2}=0,$$

解得 $$\mathrm{d}z=\frac{yF'_1+zF'_2}{xF'_2}\mathrm{d}x-\frac{F'_1}{F'_2}\mathrm{d}y.$$

故 $$\frac{\partial z}{\partial x}=\frac{yF'_1+zF'_2}{xF'_2},\frac{\partial z}{\partial y}=-\frac{F'_1}{F'_2}.$$

于是

$$x\frac{\partial z}{\partial x}+y\frac{\partial z}{\partial y}=\frac{yF'_1+zF'_2}{F'_2}-y\frac{F'_1}{F'_2}=z.$$

基础篇答案解析

10. 解 (1) 将方程组两边对 x 求导，得

$$\begin{cases}\dfrac{\mathrm{d}z}{\mathrm{d}x}=2x+2y\dfrac{\mathrm{d}y}{\mathrm{d}x},\\ 2x+2y\dfrac{\mathrm{d}y}{\mathrm{d}x}+2z\dfrac{\mathrm{d}z}{\mathrm{d}x}=0,\end{cases}$$

当 $y(1+2z)\neq 0$ 时，解得

$$\frac{\mathrm{d}y}{\mathrm{d}x}=-\frac{x}{y},\frac{\mathrm{d}z}{\mathrm{d}x}=0.$$

(2) 将方程组两边对 x 求偏导，得

$$\begin{cases}u+x\dfrac{\partial u}{\partial x}-y\dfrac{\partial v}{\partial x}=0,\\ y\dfrac{\partial u}{\partial x}+v+x\dfrac{\partial v}{\partial x}=0,\end{cases}\text{即}\begin{cases}x\dfrac{\partial u}{\partial x}-y\dfrac{\partial v}{\partial x}=-u,\\ y\dfrac{\partial u}{\partial x}+x\dfrac{\partial v}{\partial x}=-v,\end{cases}$$

当 $x^2+y^2\neq 0$ 时，解得 $\dfrac{\partial u}{\partial x}=-\dfrac{xu+yv}{x^2+y^2},\dfrac{\partial v}{\partial x}=\dfrac{yu-xv}{x^2+y^2}$.

同理，可得 $\dfrac{\partial u}{\partial y}=\dfrac{xv-yu}{x^2+y^2},\dfrac{\partial v}{\partial y}=-\dfrac{xu+yv}{x^2+y^2}$.

11. 解 (1) 由 $\begin{cases}f'_x(x,y)=\mathrm{e}^{2x}\cdot 2(x+y^2+2y)+\mathrm{e}^{2x}=0,\\ f'_y(x,y)=\mathrm{e}^{2x}(2y+2)=0,\end{cases}$ 解得驻点 $\left(\dfrac{1}{2},-1\right)$，且

$f''_{xx}(x,y)=4\mathrm{e}^{2x}(x+y^2+2y+1)$，$f''_{xy}(x,y)=\mathrm{e}^{2x}(4y+4)$，$f''_{yy}(x,y)=2\mathrm{e}^{2x}$.

在点 $\left(\dfrac{1}{2},-1\right)$ 处，$A=f''_{xx}\left(\dfrac{1}{2},-1\right)=2\mathrm{e}>0$，$B=f''_{xy}\left(\dfrac{1}{2},-1\right)=0$，$C=f''_{yy}\left(\dfrac{1}{2},-1\right)=2\mathrm{e}$，由于 $AC-B^2=4\mathrm{e}^2>0$，所以 $f(x,y)$ 在点 $\left(\dfrac{1}{2},-1\right)$ 处取极小值 $f\left(\dfrac{1}{2},-1\right)=-\dfrac{\mathrm{e}}{2}$.

(2) 由于 $f'_x(x,y)=-\dfrac{x}{\sqrt{x^2+y^2}}$，$f'_y(x,y)=-\dfrac{y}{\sqrt{x^2+y^2}}$，所以在点 $(0,0)$ 处不可偏导，且对任意 $(x,y)\neq(0,0)$，有 $f(x,y)<f(0,0)=1$，所以 $f(x,y)$ 在点 $(0,0)$ 处取极大值 $f(0,0)=1$.

12. 解 设 $M(x,y)$ 为抛物线上任一点，M 到直线距离为

$$d=\frac{|x-y-2|}{\sqrt{2}},$$

所求距离即是 d 在条件 $y=x^2$ 下的最小值，构造拉格朗日函数

$$L(x,y,\lambda)=\frac{(x-y-2)^2}{2}+\lambda(y-x^2),$$

令

$$\begin{cases}L'_x(x,y,\lambda)=x-y-2-2\lambda x=0, & ①\\ L'_y(x,y,\lambda)=-(x-y-2)+\lambda=0, & ②\\ L'_\lambda(x,y,\lambda)=y-x^2=0.\end{cases}$$

将①,②相加,得$\lambda(1-2x)=0$,解得$x=\frac{1}{2}$或$\lambda=0$.

当$\lambda=0$时,x,y无实数解. 当$x=\frac{1}{2}$时,$y=\frac{1}{4}$,根据题意,最小值存在,所以点$\left(\frac{1}{2},\frac{1}{4}\right)$到直线$x-y-2=0$的距离最短,最短距离为

$$d_{\min}=d\left(\frac{1}{2},\frac{1}{4}\right)=\frac{\left|\frac{1}{2}-\frac{1}{4}-2\right|}{\sqrt{2}}=\frac{7\sqrt{2}}{8}.$$

13. 解 由于各二元函数$f(x,y)$在闭区域D上连续且可微,故所求最大值和最小值存在.

(1)$\begin{cases}f'_x(x,y)=2x-2xy^2=0,\\ f'_y(x,y)=4y-2x^2y=0.\end{cases}$

① 在D内有驻点$(\pm\sqrt{2},1)$,且$f(\pm\sqrt{2},1)=2$.

② 在边界$y=0(-2\leqslant x\leqslant 2)$上,$f(x,0)=x^2$,可能最值点为$x=0,\pm 2$,且

$$f(0,0)=0,f(\pm 2,0)=4.$$

③ 在边界$x^2+y^2=4(y\geqslant 0)$上,记

$$g(x)=f(x,\sqrt{4-x^2})=x^4-5x^2+8(-2\leqslant x\leqslant 2).$$

由$g'(x)=4x^3-10x=0$,得驻点$x_1=0,x_2=-\sqrt{\frac{5}{2}},x_3=\sqrt{\frac{5}{2}}$,且

$$g(0)=f(0,2)=8,g\left(\pm\sqrt{\frac{5}{2}}\right)=f\left(\pm\sqrt{\frac{5}{2}},\sqrt{\frac{3}{2}}\right)=\frac{7}{4}.$$

比较上述函数值,可知$f(x,y)$在D上的最大值$f_{\max}(0,2)=8$,最小值$f_{\min}(0,0)=0$.

(2)① 在D内,令

$$\begin{cases}f'_x(x,y)=y\sqrt{1-x^2-y^2}+xy\dfrac{-x}{\sqrt{1-x^2-y^2}}=0,\\ f'_y(x,y)=x\sqrt{1-x^2-y^2}+xy\dfrac{-y}{\sqrt{1-x^2-y^2}}=0,\end{cases}$$

得驻点$\left(\frac{1}{\sqrt{3}},\frac{1}{\sqrt{3}}\right)$,且$f\left(\frac{1}{\sqrt{3}},\frac{1}{\sqrt{3}}\right)=\frac{\sqrt{3}}{9}$.

② 在边界$x=0$及$y=0$上,$f(x,y)=0$.

③ 在边界$x^2+y^2=1$上,$f(x,y)=0$.

比较上述函数值,可知$f(x,y)$在D上的最大值为$\frac{\sqrt{3}}{9}$,最小值为0.

14. 解 设所求切平面的切点为(x_0,y_0,z_0),$F(x,y,z)=x^2+2y^2+3z^2-21$,则曲面在$(x_0,y_0,z_0)$处的法向量为$\boldsymbol{n}=\{F'_x,F'_y,F'_z\}\Big|_{(x_0,y_0,z_0)}=\{2x_0,4y_0,6z_0\}$.

又题设平面的法向量 $\boldsymbol{n}_1=\{1,4,6\}$，由 $\boldsymbol{n}\parallel\boldsymbol{n}_1$，有

$$\frac{2x_0}{1}=\frac{4y_0}{4}=\frac{6z_0}{6}\triangleq t,$$

得

$$y_0=t,x_0=\frac{1}{2}t,z_0=t.$$

又点 (x_0,y_0,z_0) 在曲面上，所以 $\left(\frac{1}{2}t\right)^2+2t^2+3t^2=21$，解得 $t=2$ 或者 $t=-2$，故两切点的坐标为 $(1,2,2)$ 和 $(-1,-2,-2)$，于是所求切平面方程为

$$(x+1)+4(y+2)+6(z+2)=0 \text{ 和 } (x-1)+4(y-2)+6(z-2)=0,$$

即

$$x+4y+6z+21=0 \text{ 和 } x+4y+6z-21=0.$$

第 7 章 重积分

一、选择题

1. 答案 (C).

解 显然在 D 上 $0<x+y\leqslant 1$,则

$$\ln(x+y)^3<0,0<\sin(x+y)^3<(x+y)^3,$$

从而有 $$\iint_D \ln(x+y)^3\mathrm{d}x\,\mathrm{d}y<\iint_D \sin(x+y)^3\mathrm{d}x\,\mathrm{d}y<\iint_D (x+y)^3\mathrm{d}x\,\mathrm{d}y,$$

故应选(C).

2. 答案 (D).

解 作曲线 $y=-\sin x$,则 $y=-\sin x,x=0,y=0$ 将区域 D 分成四块:

$$D_1:0\leqslant x\leqslant 1,\sin x\leqslant y\leqslant 1;D_2:-1\leqslant x\leqslant 0,-\sin x\leqslant y\leqslant 1;$$

$$D_3:-1\leqslant x\leqslant 0,0\leqslant y\leqslant -\sin x;D_4:-1\leqslant x\leqslant 0,\sin x\leqslant y\leqslant 0.$$

其中 D_1,D_2 关于 y 轴对称,D_3,D_4 关于 x 轴对称. 由于 xy^5 关于 x 为奇函数而关于 y 也为奇函数,所以

$$\iint_D xy^5\mathrm{d}x\,\mathrm{d}y=\iint_{D_1\cup D_2} xy^5\mathrm{d}x\,\mathrm{d}y+\iint_{D_3\cup D_4} xy^5\mathrm{d}x\,\mathrm{d}y=0,$$

从而 $$\iint_D (xy^5-1)\,\mathrm{d}x\,\mathrm{d}y=-\iint_D \mathrm{d}x\,\mathrm{d}y=-\int_{-\frac{\pi}{2}}^{\frac{\pi}{2}}\mathrm{d}x\int_{\sin x}^{1}\mathrm{d}y$$

$$=-\int_{-\frac{\pi}{2}}^{\frac{\pi}{2}}(1-\sin x)\,\mathrm{d}x=-\pi.$$

3. 答案 (C).

解 由于积分区域 Ω_1 关于 yOz 坐标面、zOx 坐标面对称,被积函数 z 关于 x、y 为偶函数,故

$$\iiint_{\Omega_1} z\,\mathrm{d}v=4\iiint_{\Omega_2} z\,\mathrm{d}v.$$

4. 答案 (C).

解 由题设可知积分区域 D 是由圆周 $x^2+y^2=1$ 及直线 $y=x,y=0$ 围成,故该积分化为平面直角坐标系为选项(C).

5. 答案 (D).

解 利用三重积分几何意义及柱面坐标计算法即得结论.

6. 答案 (B).

解 交换积分次序

$$F(t)=\int_1^t dy\int_y^t f(x)\,dx=\int_1^t dx\int_1^x f(x)\,dy=\int_1^t (x-1)f(x)\,dx,$$

则有 $F'(t)=(t-1)f(t)$,故 $F'(2)=f(2)$.

7. 答案 (B).

解 利用球面坐标可得

$$\iiint_\Omega f(\sqrt{x^2+y^2+z^2})\,dv=\int_0^{2\pi}d\theta\int_0^{\pi}d\varphi\int_0^t f(\rho)\cdot\rho^2\sin\varphi\,d\rho$$

$$=4\pi\int_0^t f(\rho)\rho^2\,d\rho,$$

故 $$\lim_{t\to0^+}\frac{1}{\pi t^4}\iiint_\Omega f(\sqrt{x^2+y^2+z^2})\,dv=\lim_{t\to0^+}\frac{4\pi\int_0^t f(\rho)\rho^2\,d\rho}{\pi t^4}=\lim_{t\to0^+}\frac{4t^2f(t)}{4t^3}$$

$$=\lim_{t\to0^+}\frac{f(t)}{t}=\lim_{t\to0^+}\frac{f(t)-f(0)}{t-0}=f'(0).$$

二、填空题

1. 答案 $\frac{1}{2}(1-e^{-4})$.

解 事实上,交换积分次序可得

$$\int_0^2 dx\int_x^2 e^{-y^2}dy=\int_0^2 dy\int_0^y e^{-y^2}dx=\int_0^2 ye^{-y^2}dy$$

$$=-\frac{1}{2}e^{-y^2}\Big|_0^2=\frac{1}{2}(1-e^{-4}).$$

2. 答案 $\int_1^2 dx\int_0^{1-x}f(x,y)\,dy$.

解 $$\int_{-1}^0 dy\int_2^{1-y}f(x,y)\,dx=-\int_{-1}^0 dy\int_{1-y}^2 f(x,y)\,dx,$$

其中 $D=\{(x,y)\mid -1\leqslant y\leqslant 0,1-y\leqslant x\leqslant 2\}=\{(x,y)\mid 1\leqslant x\leqslant 2,1-x\leqslant y\leqslant 0\}$,故

$$原式=-\int_1^2 dx\int_{1-x}^0 f(x,y)\,dy=\int_1^2 dx\int_0^{1-x}f(x,y)\,dy.$$

3. 答案 $4xy+1$.

解 设$\iint_D f(x,y)\,d\sigma=A$,由已知等式可得$A^2\iint_D xy\,dx\,dy=A-\iint_D dx\,dy$,即$\frac{A^2}{4}=A-1$,解得 $A=2$,即得 $f(x,y)=4xy+1$.

基础篇答案解析

4. 答案 $\frac{19}{4}+\ln 2$.

解 曲线 $xy=1$ 将区域 D 分成 D_1、D_2 两个区域,如右图所示.

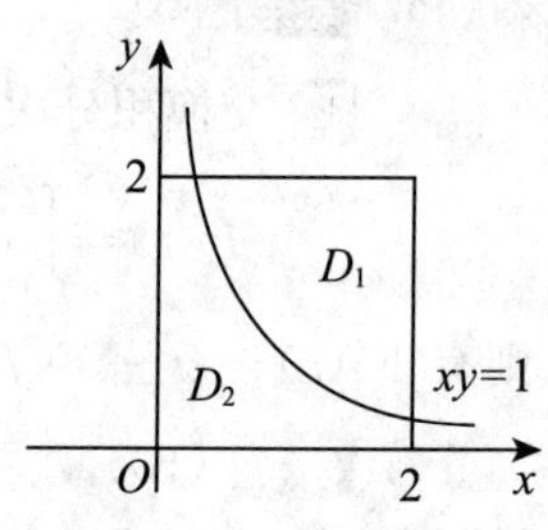

$$\iint_D \max\{xy,1\}\,\mathrm{d}x\,\mathrm{d}y=\iint_{D_1} xy\mathrm{d}x\,\mathrm{d}y+\iint_{D_2}\mathrm{d}x\,\mathrm{d}y$$

$$=\int_{\frac{1}{2}}^{2}\mathrm{d}x\int_{\frac{1}{x}}^{2}xy\mathrm{d}y+\int_{0}^{\frac{1}{2}}\mathrm{d}x\int_{0}^{2}\mathrm{d}y+\int_{\frac{1}{2}}^{2}\mathrm{d}x\int_{0}^{\frac{1}{x}}\mathrm{d}y$$

$$=\frac{15}{4}-\ln 2+1+2\ln 2=\frac{19}{4}+\ln 2.$$

5. 答案 $\frac{28}{45}\pi$.

解 利用"先二后一"法求三重积分,得 $D_z:x^2+\frac{y^2}{2^2}\leqslant 1-\frac{z^2}{3^2},0\leqslant z\leqslant 1$,

$$\iiint_\Omega z^2\mathrm{d}v=\int_0^1\mathrm{d}z\iint_{D_z}z^2\mathrm{d}x\,\mathrm{d}y=\int_0^1 z^2\cdot 2\pi\left(1-\frac{z^2}{9}\right)\mathrm{d}z=\frac{28}{45}\pi.$$

6. 答案 $\frac{3\sqrt{2}}{4}\pi$.

解 因为 $\mathrm{d}S=\sqrt{1+\left(\frac{\partial z}{\partial x}\right)^2+\left(\frac{\partial z}{\partial y}\right)^2}\,\mathrm{d}x\,\mathrm{d}y=\sqrt{2}\,\mathrm{d}x\,\mathrm{d}y$,$D_{xy}=\{(x,y)\mid y\leqslant x^2+y^2\leqslant 2y\}$,故

$$\text{面积 } S=\iint_{D_{xy}}\sqrt{2}\,\mathrm{d}x\,\mathrm{d}y=\sqrt{2}\left(\pi-\frac{1}{4}\pi\right)=\frac{3\sqrt{2}}{4}\pi.$$

三、解答题

1. 解 (1) 在 D 上 $\frac{1}{102}\leqslant\frac{1}{100+\cos^2 x+\cos^2 y}\leqslant\frac{1}{100}$,且区域 D 的面积 $\sigma=(10\sqrt{2})^2=200$. 故有

$$\frac{200}{102}\leqslant\iint_D\frac{1}{100+\cos^2 x+\cos^2 y}\mathrm{d}\sigma\leqslant\frac{200}{100},\text{即}\frac{100}{51}\leqslant I\leqslant 2.$$

(2) 在 D 上 $0\leqslant\sqrt{x^2+y^2}\leqslant\sqrt{5}$,且区域 D 的面积 $\sigma=2$,故有

$$0\leqslant\iint_D\sqrt{x^2+y^2}\,\mathrm{d}\sigma\leqslant 2\sqrt{5}.$$

2. 解 由于 $f(x,y)$ 连续,由二重积分的中值定理得,存在 $(\xi,\eta)\in D$,使

$$\iint_D f(x,y)\,\mathrm{d}\sigma=f(\xi,\eta)\cdot\pi R^2,$$

故

$$\lim_{R\to0^+}\frac{\iint\limits_D f(x,y)\,\mathrm{d}\sigma}{R^2}=\lim_{R\to0^+}\frac{f(\xi,\eta)\cdot\pi R^2}{R^2}=\lim_{(\xi,\eta)\to(0,0)}\pi f(\xi,\eta)$$

$$=\pi f(0,0).$$

3. **解** (1) $\iint\limits_D x\cos(x+y)\,\mathrm{d}\sigma=\int_0^{\pi}\mathrm{d}x\int_0^{x}x\cos(x+y)\,\mathrm{d}y$

$$=\int_0^{\pi}x(\sin 2x-\sin x)\,\mathrm{d}x=-\frac{3}{2}\pi.$$

(2) 将 D 视为 X— 型区域，分成 D_1+D_2，如图(a)所示.

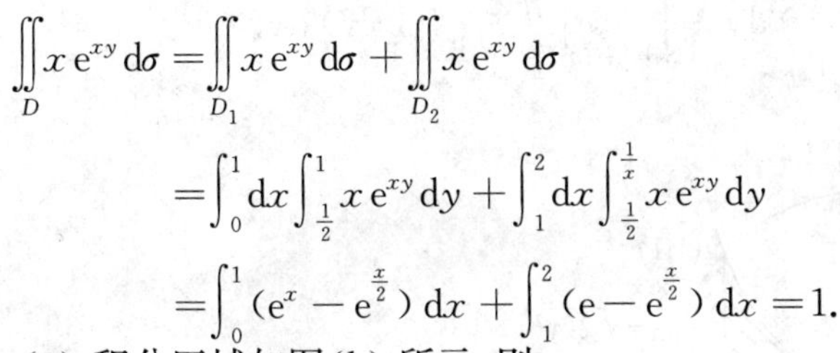

$$\iint\limits_D x\,\mathrm{e}^{xy}\,\mathrm{d}\sigma=\iint\limits_{D_1}x\,\mathrm{e}^{xy}\,\mathrm{d}\sigma+\iint\limits_{D_2}x\,\mathrm{e}^{xy}\,\mathrm{d}\sigma$$

$$=\int_0^1\mathrm{d}x\int_{\frac{1}{2}}^1 x\,\mathrm{e}^{xy}\,\mathrm{d}y+\int_1^2\mathrm{d}x\int_{\frac{1}{2}}^{\frac{1}{x}}x\,\mathrm{e}^{xy}\,\mathrm{d}y$$

$$=\int_0^1(\mathrm{e}^x-\mathrm{e}^{\frac{x}{2}})\,\mathrm{d}x+\int_1^2(\mathrm{e}-\mathrm{e}^{\frac{x}{2}})\,\mathrm{d}x=1.$$

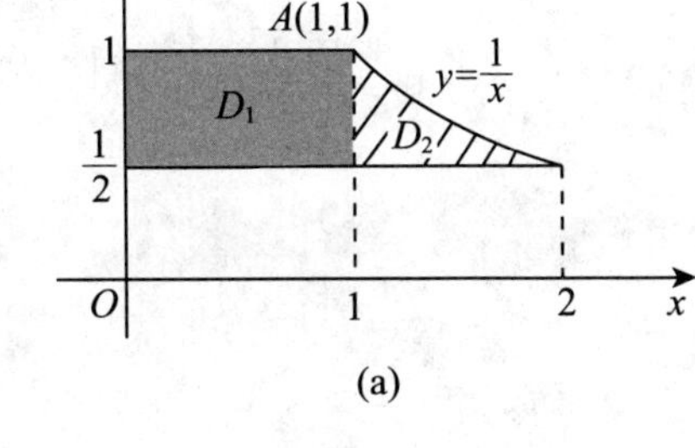

(a)

(3) 积分区域如图(b) 所示，则

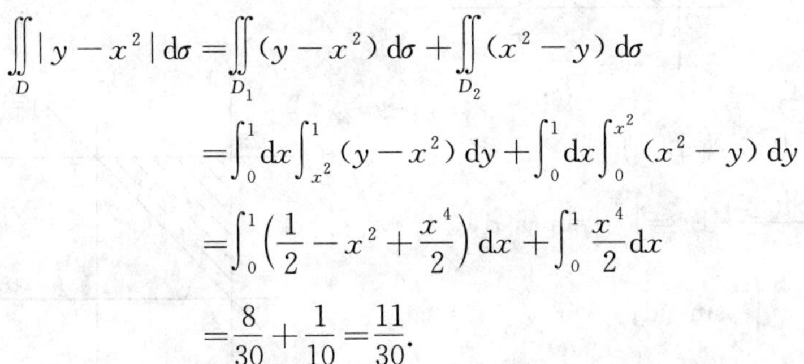

$$\iint\limits_D|y-x^2|\,\mathrm{d}\sigma=\iint\limits_{D_1}(y-x^2)\,\mathrm{d}\sigma+\iint\limits_{D_2}(x^2-y)\,\mathrm{d}\sigma$$

$$=\int_0^1\mathrm{d}x\int_{x^2}^1(y-x^2)\,\mathrm{d}y+\int_0^1\mathrm{d}x\int_0^{x^2}(x^2-y)\,\mathrm{d}y$$

$$=\int_0^1\left(\frac{1}{2}-x^2+\frac{x^4}{2}\right)\mathrm{d}x+\int_0^1\frac{x^4}{2}\mathrm{d}x$$

$$=\frac{8}{30}+\frac{1}{10}=\frac{11}{30}.$$

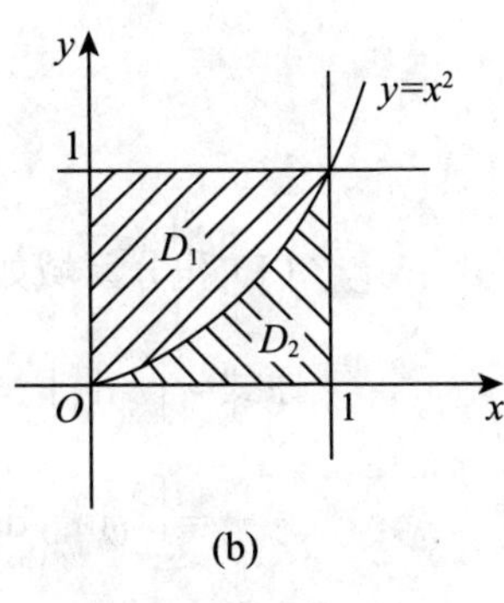

(b)

(4) 由于积分区域关于 y 轴对称，如图(c) 所示，故

$$\iint\limits_D(3x^3+y)\,\mathrm{d}\sigma=\iint\limits_D 3x^3\,\mathrm{d}\sigma+\iint\limits_D y\,\mathrm{d}\sigma=\iint\limits_D y\,\mathrm{d}\sigma$$

$$=2\int_0^1\mathrm{d}y\int_{\frac{\sqrt{y}}{2}}^{\sqrt{y}}y\,\mathrm{d}x$$

$$=2\int_0^1 y\left(\sqrt{y}-\frac{\sqrt{y}}{2}\right)\mathrm{d}y=\frac{2}{5}.$$

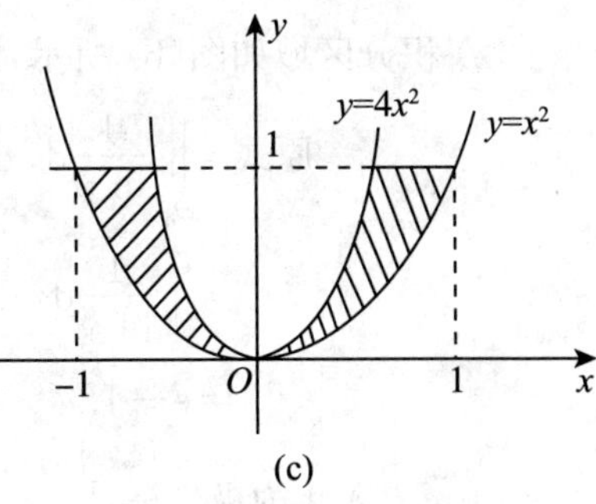

(c)

4. **解** (1) 积分区域如图(a) 所示，则

$$\text{原式}=\int_0^1\mathrm{d}x\int_{1-x}^1 f(x,y)\,\mathrm{d}y+\int_1^2\mathrm{d}x\int_{\sqrt{x-1}}^1 f(x,y)\,\mathrm{d}y.$$

(2) 积分区域如图(b) 所示，则

$$\text{原式}=\int_0^1\mathrm{d}y\int_{2-y}^{1+\sqrt{1-y^2}}f(x,y)\,\mathrm{d}x.$$

基础篇答案解析

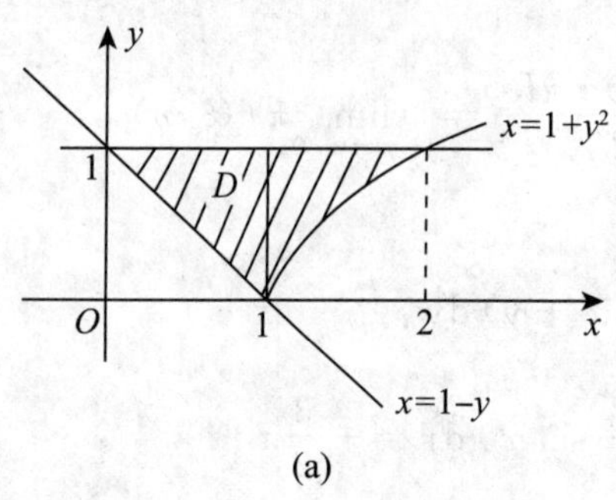

(a)

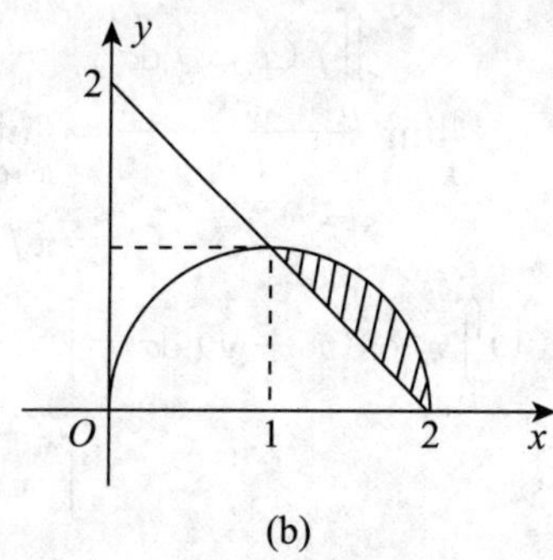

(b)

(3) 积分区域如图(c) 所示,则

$$\text{原式}=\int_0^1 \mathrm{d}x\int_0^{x^2} f(x,y)\,\mathrm{d}y+\int_1^{\sqrt{2}} \mathrm{d}x\int_0^{\sqrt{2-x^2}} f(x,y)\,\mathrm{d}y.$$

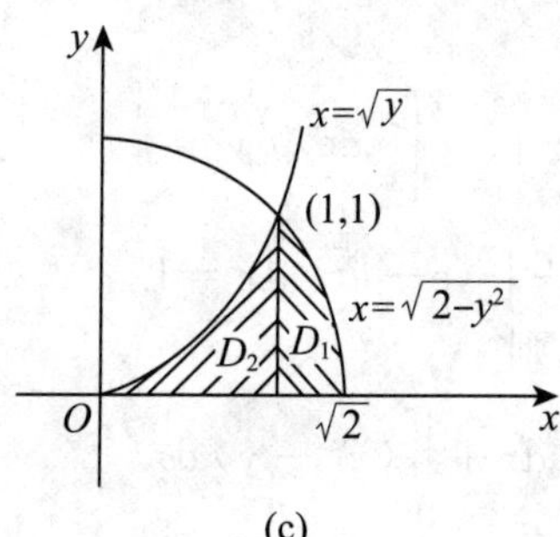

(c)

5. 解 (1) 积分区域如图(a) 所示,则

$$\text{原式}=\int_0^{2\pi}\mathrm{d}y\int_0^y \frac{|\sin y|}{y}\mathrm{d}x=\int_0^{2\pi}|\sin y|\,\mathrm{d}y$$

$$=\int_0^{\pi}\sin y\,\mathrm{d}y-\int_{\pi}^{2\pi}\sin y\,\mathrm{d}y$$

$$=4.$$

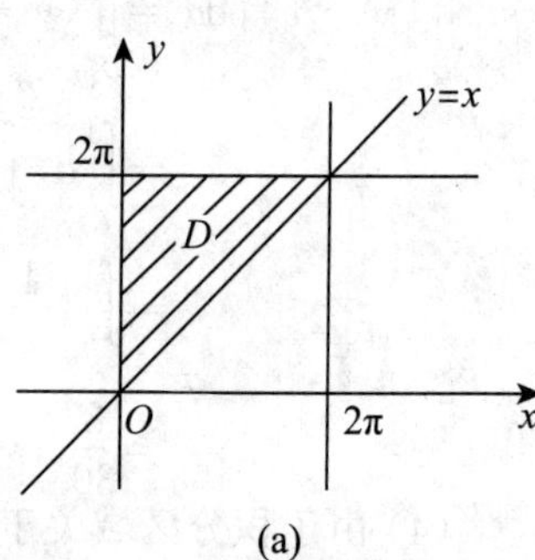

(a)

(2) 积分区域如图(b) 所示,则

$$\text{原式}=\iint\limits_{D_1}\frac{1}{\ln y}\mathrm{d}x\,\mathrm{d}y+\iint\limits_{D_2}\frac{1}{\ln y}\mathrm{d}x\,\mathrm{d}y$$

$$=\iint\limits_{D}\frac{1}{\ln y}\mathrm{d}x\,\mathrm{d}y=\int_1^{\mathrm{e}}\mathrm{d}y\int_{\ln y}^{2\ln y}\frac{1}{\ln y}\mathrm{d}x$$

$$=\mathrm{e}-1.$$

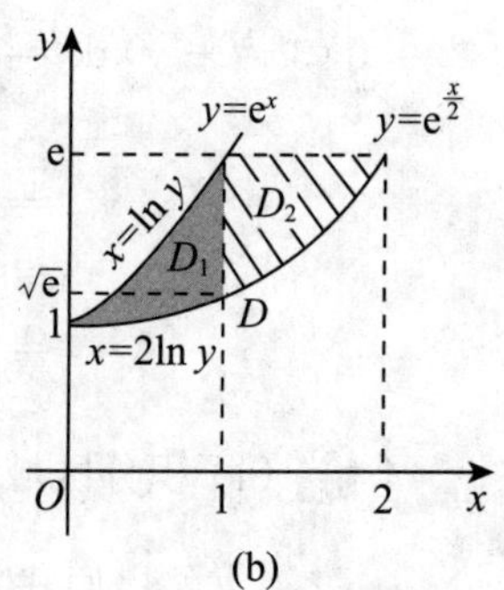

(b)

6. 解 (1) 化为极坐标,原式 $=\int_0^{\frac{\pi}{2}}\mathrm{d}\theta\int_0^a r^2\cdot r\,\mathrm{d}r=\frac{1}{8}\pi a^4$.

(2) 化为极坐标,原式 $=\int_0^{\frac{\pi}{4}}\mathrm{d}\theta\int_0^{\frac{\sin\theta}{\cos^2\theta}}\frac{1}{r}\cdot r\,\mathrm{d}r=\int_0^{\frac{\pi}{4}}\frac{\sin\theta}{\cos^2\theta}\mathrm{d}\theta=\sqrt{2}-1$.

7. 解 (1) 选择直角坐标,原式 $=\int_1^2\mathrm{d}x\int_{\frac{1}{x}}^{x}\frac{x^2}{y^2}\mathrm{d}y=\int_1^2 x^2\left(-\frac{1}{x}+x\right)\mathrm{d}x=\frac{9}{4}$.

(2) 选择极坐标，原式$=\int_{-\frac{\pi}{2}}^{\frac{\pi}{2}}d\theta\int_0^{R\cos\theta}\sqrt{R^2-r^2}\cdot r\,dr=\int_{-\frac{\pi}{2}}^{\frac{\pi}{2}}\frac{1}{3}R^3(1-\sin^3\theta)\,d\theta$

$$=\frac{\pi}{3}R^3.$$

8. 解 积分区域如右图所示.

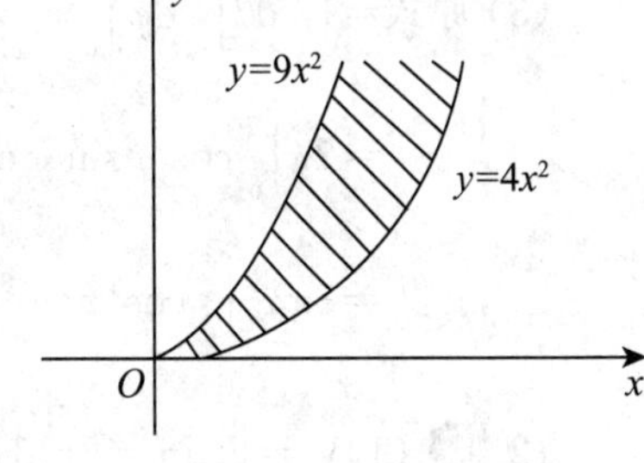

原式$=\int_0^{+\infty}dy\int_{\frac{\sqrt{y}}{3}}^{\frac{\sqrt{y}}{2}}x\,e^{-y^2}\,dx=\int_0^{+\infty}\frac{5}{72}y\,e^{-y^2}\,dy$

$$=-\frac{5}{144}e^{-y^2}\Big|_0^{+\infty}=\frac{5}{144}.$$

9. 解 原式$=\int_0^{2\pi}d\theta\int_0^a\frac{1}{\sqrt{a^2-r^2}}r\,dr$

$$=-2\pi(a^2-r^2)^{\frac{1}{2}}\Big|_0^a=2\pi a.$$

10. 解 (1) 原式$=\int_0^1dx\int_0^{1-x}dy\int_0^{1-x-y}\frac{1}{(1+x+y+z)^2}dz$

$$=\int_0^1dx\int_0^{1-x}\left(\frac{1}{1+x+y}-\frac{1}{2}\right)dy$$

$$=\int_0^1\left[\ln 2-\ln(1+x)-\frac{1}{2}(1-x)\right]dx$$

$$=\ln 2-\frac{1}{2}+\frac{1}{4}-x\ln(1+x)\Big|_0^1+\int_0^1\frac{x}{1+x}dx$$

$$=\frac{3}{4}-\ln 2.$$

(2) 原式$=\int_0^1dy\int_0^ydx\int_0^{xy}xy^2z^3\,dz=\frac{1}{4}\int_0^1dy\int_0^yx^5y^6\,dx$

$$=\frac{1}{24}\int_0^1y^{12}\,dy=\frac{1}{312}.$$

(3) 利用对称性及先二后一法，得

原式$=2\iiint\limits_{\Omega_{上}}e^z\,dv$ （对称性）

$=2\int_0^1dz\iint\limits_{D_z}e^z\,dx\,dy$ （先二后一法）

$=2\int_0^1e^z\cdot\pi(1-z^2)\,dz=2\pi.$

11. 解 (1) 原式$=\int_0^{2\pi}d\theta\int_0^1dr\int_0^1e^{-r^2}\cdot r\,dz$ （柱面坐标）

$$=2\pi\int_0^1e^{-r^2}\cdot r\,dr=\pi(1-e^{-1}).$$

(2) 原式$=\int_0^{\frac{\pi}{2}}d\theta\int_0^{\frac{\pi}{2}}d\varphi\int_0^1\frac{\sin\rho}{\rho^2}\cdot\rho^2\sin\varphi\,d\rho$ （球面坐标）

$$=\frac{\pi}{2}\int_0^{\frac{\pi}{2}}\sin\varphi\,d\varphi\int_0^1\sin\rho\,d\rho$$

$$=\frac{\pi}{2}(1-\cos 1).$$

(3) 原式$=\int_0^{2\pi}d\theta\int_0^{\frac{\pi}{4}}d\varphi\int_0^{2a\cos\varphi}\rho\cos\varphi\cdot\rho^2\sin\varphi\,d\rho$ （球面坐标）

$$=2\pi\int_0^{\frac{\pi}{4}}\cos\varphi\sin\varphi\,d\varphi\int_0^{2a\cos\varphi}\rho^3\,d\rho$$

$$=8\pi a^4\int_0^{\frac{\pi}{4}}\cos^5\varphi\sin\varphi\,d\varphi=\frac{7}{6}\pi a^4.$$

12. **解** (1)$V=\iiint\limits_{\Omega}dv=2\int_0^1dy\int_{\frac{1}{2}\sqrt{y}}^{\sqrt{y}}dx\int_0^{\sqrt{y-x^2}}dz$

$$=2\int_0^1dy\int_{\frac{1}{2}\sqrt{y}}^{\sqrt{y}}\sqrt{y-x^2}\,dx$$

$$=2\int_0^1y\,dy\int_{\frac{\pi}{6}}^{\frac{\pi}{2}}\cos^2t\,dt$$ （令 $x=\sqrt{y}\sin t$）

$$=\frac{1}{2}\left(\frac{\pi}{3}-\frac{\sqrt{3}}{4}\right).$$

(2)$V=\iiint\limits_{\Omega}dv=\int_0^{2\pi}d\theta\int_0^a dr\int_{\frac{r^2}{a}}^{2a-r}r\,dz$

$$=2\pi\int_0^a\left(2ar-r^2-\frac{1}{a}r^3\right)dr=\frac{5}{6}\pi a^3.$$

13. **解** 所求面积的曲面分成两部分 Σ_1、Σ_2（见下）.

Σ_1 是圆柱面 $x^2+y^2=ax$ 被 $z^2=4ax$ 切成的部分，Σ_1 在 xOz 面投影区域为

$$D_{xz}:0\leqslant x\leqslant a,-2\sqrt{ax}\leqslant z\leqslant 2\sqrt{ax},$$

由对称性，得

$$S_1=2\iint\limits_{D_{xz}}\sqrt{1+\left(\frac{\partial y}{\partial x}\right)^2+\left(\frac{\partial y}{\partial z}\right)^2}\,dx\,dz=2\iint\limits_{D_{xz}}\sqrt{1+\left(\frac{a-2x}{2\sqrt{ax-x^2}}\right)^2}\,dx\,dz$$

$$=\iint\limits_{D_{xz}}\frac{a}{\sqrt{ax-x^2}}dx\,dz=\int_0^a dx\int_{-2\sqrt{ax}}^{2\sqrt{ax}}\frac{a}{\sqrt{ax-x^2}}dz$$

$$=4a\sqrt{a}\int_0^a\frac{1}{\sqrt{a-x}}dx=8a^2.$$

Σ_2 是抛物柱面 $z^2=4ax$ 被 $x^2+y^2=ax$ 切得的部分，Σ_2 在 xOy 面投影区域为

$$D_{xy}:x^2+y^2\leqslant ax,$$

由对称性，得

$$S_2=2\iint\limits_{D_{xy}}\sqrt{1+\left(\frac{\partial z}{\partial x}\right)^2+\left(\frac{\partial z}{\partial y}\right)^2}\,dx\,dy=2\iint\limits_{D_{xy}}\sqrt{1+\frac{a}{x}}\,dx\,dy$$

$$=2\int_0^a dx\int_{-\sqrt{ax-x^2}}^{\sqrt{ax-x^2}}\sqrt{1+\frac{a}{x}}\,dy=4\int_0^a\sqrt{a^2-x^2}\,dx=\pi a^2,$$

所以 $S=S_1+S_2=(\pi+8)a^2$.

14. 解 由题意可知,球体各点的密度 $\rho(x,y,z)=x^2+y^2+z^2$,则

$$M=\iiint_\Omega(x^2+y^2+z^2)\,dv=\int_0^{2\pi}d\theta\int_0^{\frac{\pi}{2}}d\varphi\int_0^{2R\cos\varphi}\rho^2\cdot\rho^2\sin\varphi\,d\rho$$

$$=2\pi\int_0^{\frac{\pi}{2}}\frac{32}{5}R^5\cos^5\varphi\sin\varphi\,d\varphi=\frac{32}{15}\pi R^5,$$

由对称性可得 $\overline{x}=\overline{y}=0$,

$$\iiint_\Omega z\rho(x,y,z)\,dv=\iiint_\Omega z(x^2+y^2+z^2)\,dv$$

$$=\int_0^{2\pi}d\theta\int_0^{\frac{\pi}{2}}d\varphi\int_0^{2R\cos\varphi}\rho\cos\varphi\cdot\rho^2\cdot\rho^2\sin\varphi\,d\rho$$

$$=2\pi\int_0^{\frac{\pi}{2}}\frac{32}{3}R^6\cos^7\varphi\sin\varphi\,d\varphi=\frac{8}{3}\pi R^6,$$

因此 $\overline{z}=\frac{1}{M}\iiint_\Omega z\rho(x,y,z)\,dv=\frac{8}{3}\pi R^6\Big/\frac{32}{15}\pi R^5=\frac{5}{4}R$,故质心坐标为 $\left(0,0,\frac{5}{4}R\right)$.

第 8 章 常微分方程

一、选择题

1. 答案 (B).

解 由线性微分方程解的性质知，$y_1(x)-y_2(x)$ 是对应的齐次线性微分方程的非零解，因此 $Y(x)=C[y_1(x)-y_2(x)]$ 是对应的齐次线性微分方程的通解，从而 $y=y_1(x)+C[y_1(x)-y_2(x)]$ 是原微分方程的通解. 故选(B).

2. 答案 (A).

解 对应齐次线性微分方程的特征方程为 $r^2-3r+2=0$，得 $r_1=2, r_2=1$，由于 $1\pm 2\mathrm{i}$ 不是特征根，因此可设特解为 $y^*=\mathrm{e}^x(A\cos 2x+B\sin 2x)$. 故选(A).

二、填空题

1. 答案 $y=\dfrac{2}{x}$.

解 原微分方程可化为 $(xy)'=0$，积分得 $xy=C$，代入初始条件得 $C=2$，故所求特解为 $y=\dfrac{2}{x}$.

2. 答案 $y=\dfrac{x-\frac{1}{2}}{\arcsin x}$.

解 将原微分方程写成一阶线性微分方程的标准形式

$$y'+\frac{1}{\sqrt{1-x^2}\arcsin x}y=\frac{1}{\arcsin x},$$

通解为

$$y=\mathrm{e}^{-\int\frac{1}{\sqrt{1-x^2}\arcsin x}\mathrm{d}x}\left(\int\frac{1}{\arcsin x}\mathrm{e}^{\int\frac{1}{\sqrt{1-x^2}\arcsin x}\mathrm{d}x}\mathrm{d}x+C\right)=\frac{1}{\arcsin x}(x+C).$$

将 $\left(\dfrac{1}{2},0\right)$ 代入得 $C=-\dfrac{1}{2}$，所以所求特解为 $y=\dfrac{x-\frac{1}{2}}{\arcsin x}$.

3. 答案 $Y=C_1\mathrm{e}^x+C_2\mathrm{e}^{3x}-2\mathrm{e}^{2x}$，其中 C_1, C_2 为任意常数.

解 对应齐次线性微分方程的特征方程为 $r^2-4r+3=0$，解得 $r_1=1, r_2=3$，则对应

齐次线性微分方程 $y''-4y'+3y=0$ 的通解为 $Y=C_1\mathrm{e}^x+C_2\mathrm{e}^{3x}$.

设非齐次线性微分方程 $y''-4y'+3y=2\mathrm{e}^{2x}$ 的特解为 $y^*=A\mathrm{e}^{2x}$,代入非齐次方程可得 $A=-2$,即 $y^*=-2\mathrm{e}^{2x}$,故所求通解为 $y=Y+y^*=C_1\mathrm{e}^x+C_2\mathrm{e}^{3x}-2\mathrm{e}^{2x}$,其中 C_1,C_2 为任意常数.

三、解答题

1. 解 原微分方程整理得 $(x+a)y'=y-ay^2$,分离变量 $\dfrac{\mathrm{d}y}{y(1-ay)}=\dfrac{\mathrm{d}x}{x+a}$,再两边积分 $\displaystyle\int\frac{\mathrm{d}y}{y(1-ay)}=\int\frac{\mathrm{d}x}{x+a}$,得通解 $\dfrac{y}{1-ay}=C(x+a)$,其中 C 为任意常数.

2. 解 由题设知 $x>0$,将原微分方程化为 $\dfrac{\mathrm{d}y}{\mathrm{d}x}=\dfrac{y+\sqrt{x^2+y^2}}{x}=\dfrac{y}{x}+\sqrt{1+\left(\dfrac{y}{x}\right)^2}$,令 $\dfrac{y}{x}=u$,则 $\dfrac{\mathrm{d}y}{\mathrm{d}x}=u+x\dfrac{\mathrm{d}u}{\mathrm{d}x}$,代入上式得 $u+x\dfrac{\mathrm{d}u}{\mathrm{d}x}=u+\sqrt{1+u^2}$,即 $\dfrac{\mathrm{d}u}{\sqrt{1+u^2}}=\dfrac{\mathrm{d}x}{x}$,两边积分得 $\ln(u+\sqrt{1+u^2})=\ln(Cx)$,其中 C 是常数,所以有 $\dfrac{y}{x}+\sqrt{1+\left(\dfrac{y}{x}\right)^2}=Cx$,将初始条件 $y\Big|_{x=1}=0$ 代入,可得 $C=1$,从而有 $y+\sqrt{x^2+y^2}=x^2$,整理后可得所求初值问题的解为 $y=\dfrac{1}{2}x^2-\dfrac{1}{2}$.

3. 解 将 $y=\mathrm{e}^x$ 代入原方程得 $x\mathrm{e}^x+P(x)\mathrm{e}^x=x$,解得 $P(x)=x\mathrm{e}^{-x}-x$. 代入原方程得 $xy'+(x\mathrm{e}^{-x}-x)y=x$, 即 $y'+(\mathrm{e}^{-x}-1)y=1$, 其通解为 $y=\mathrm{e}^{-\int(\mathrm{e}^{-x}-1)\mathrm{d}x}\left(\int\mathrm{e}^{\int(\mathrm{e}^{-x}-1)\mathrm{d}x}\mathrm{d}x+C\right)$. 由于 $\mathrm{e}^{-\int(\mathrm{e}^{-x}-1)\mathrm{d}x}=\mathrm{e}^{x+\mathrm{e}^{-x}}$,$\int\mathrm{e}^{\int(\mathrm{e}^{-x}-1)\mathrm{d}x}\mathrm{d}x=\int\mathrm{e}^{-x}\cdot\mathrm{e}^{-\mathrm{e}^{-x}}\mathrm{d}x=\mathrm{e}^{-\mathrm{e}^{-x}}$,因此通解为 $y=\mathrm{e}^x+C\mathrm{e}^{x+\mathrm{e}^{-x}}$. 由 $y(\ln 2)=0$,得 $2+2\mathrm{e}^{\frac{1}{2}}C=0$,即 $C=-\mathrm{e}^{-\frac{1}{2}}$,故所求特解为 $y=\mathrm{e}^x-\mathrm{e}^{x+\mathrm{e}^{-x}-\frac{1}{2}}$.

4. 解 令 $y'=p$,则 $y''=p'$,原微分方程化为 $(1-x^2)p'-xp=0$,分离变量后再两边积分得 $p=\dfrac{C_1}{\sqrt{1-x^2}}$,由 $y'(0)=1$,求得 $C_1=1$,即 $y'=p=\dfrac{1}{\sqrt{1-x^2}}$,从而 $y=\arcsin x+C_2$,又由 $y(0)=0$ 可得 $C_2=0$,故方程满足初始条件的特解为 $y=\arcsin x$.

5. 解 对应的齐次线性微分方程的特征方程为 $r^2-3r+2=0$,解得特征根 $r_1=1,r_2=2$,对应齐次线性微分方程的通解为 $Y=C_1\mathrm{e}^x+C_2\mathrm{e}^{2x}$.

设原微分方程特解为 $y^*=Ax\mathrm{e}^x$,代入原微分方程得 $A=-2$,故原微分方程的通解为 $y=C_1\mathrm{e}^x+C_2\mathrm{e}^{2x}-2x\mathrm{e}^x$.

又已知在点 $(0,1)$ 处 $y=y(x)$ 与 $y=x^2-x+1$ 有公切线,于是有 $y\Big|_{x=0}=1,y'\Big|_{x=0}=$

基础篇答案解析

-1,即 $C_1+C_2=1,C_1+2C_2=1$,解得 $C_1=1,C_2=0$,所以 $y(x)=(1-2x)e^x$.

6. 解 $S_1=\int_0^x f(t)dt,S_2=\int_0^x e^t dt$,依题意知$\int_0^x[e^t-f(t)]dt=f(x)$,由于左边积分式子对 x 可导,因此右边 $f(x)$ 也可导,两端对 x 求导得 $e^x-f(x)=f'(x)$,即 $f'(x)+f(x)=e^x$,解得 $f(x)=\frac{1}{2}e^x+Ce^{-x}$.将 $x=0$ 代入等式$\int_0^x[e^t-f(t)]dt=f(x)$,可得 $f(0)=0$,由此可得 $C=-\frac{1}{2}$,所以 $f(x)=\frac{1}{2}e^x-\frac{1}{2}e^{-x}$.

第 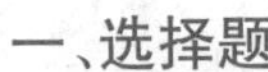 章 无穷级数（仅限数学一、数学三）

一、选择题

1. 答案 (C).

解 $\sum_{n=1}^{\infty} u_n$ 为收敛的交错级数，又 $\lim_{n\to\infty} \frac{\left[\ln\left(1+\frac{1}{\sqrt{n}}\right)\right]^2}{\frac{1}{n}}=1$，而 $\sum_{n=1}^{\infty}\frac{1}{n}$ 为发散级数，故 $\sum_{n=1}^{\infty} u_n^2$ 发散.

应选(C).

2. 答案 (C).

解 (A) $\lim_{n\to\infty}\frac{u_{n+1}}{u_n}=0<1$，所以级数收敛；(B) $\left|\frac{\sin n}{n^2}\right|\leqslant\frac{1}{n^2}$，而 $\sum_{n=1}^{\infty}\frac{1}{n^2}$ 收敛，则级数绝对收敛；(D) $\left\{\frac{n+1}{n^2}\right\}$ 单调递减，且趋于 0，所以交错级数收敛；(C) $1-\cos\frac{1}{\sqrt{n}}\sim\frac{1}{2n}$，因为 $\sum_{n=1}^{\infty}\frac{1}{2n}$ 发散，所以 $\sum_{n=1}^{\infty}\left(1-\cos\frac{1}{\sqrt{n}}\right)$ 发散. 应选(C).

3. 答案 (A).

解 因级数 $\sum_{n=1}^{\infty}\frac{1}{n}$ 发散，$\sum_{n=1}^{\infty}\frac{\sin n\alpha}{n^3}$ 绝对收敛，故 $\sum_{n=1}^{\infty}\left(\frac{\sin n\alpha}{n^3}-\frac{1}{n}\right)$ 发散. 应选(A).

4. 答案 (A).

解 因 $\sum_{n=1}^{\infty} a_n$ 发散，则 $\sum_{n=1}^{\infty} |a_n|$ 发散，故当 $|a_n|\leqslant b_n$ 时，由比较判别法知 $\sum_{n=1}^{\infty} b_n$ 发散. 应选(A).

二、填空题

1. 答案 8.

解 $\sum_{n=1}^{\infty} u_n=2\sum_{n=1}^{\infty} u_{2n-1}-\sum_{n=1}^{\infty}(-1)^{n-1}u_n=2\times5-2=8.$

2. 答案 $\frac{1}{6}$.

基础篇答案解析

解 $S_n=\frac{1}{3}\left(\frac{1}{2}-\frac{1}{5}\right)+\frac{1}{3}\left(\frac{1}{5}-\frac{1}{8}\right)+\cdots+\frac{1}{3}\left(\frac{1}{3n-1}-\frac{1}{3n+2}\right)=\frac{1}{3}\left(\frac{1}{2}-\frac{1}{3n+2}\right)$，

$\lim\limits_{n\to\infty}S_n=\lim\limits_{n\to\infty}\frac{1}{3}\left(\frac{1}{2}-\frac{1}{3n+2}\right)=\frac{1}{6}$，因此该级数的和为$\frac{1}{6}$.

3. 答案 e^{-1}.

解 幂级数收敛半径为

$$R=\lim_{n\to\infty}\left|\frac{a_n}{a_{n+1}}\right|=\lim_{n\to\infty}\frac{e^n-(-1)^n}{n^2}\cdot\frac{(n+1)^2}{e^{n+1}-(-1)^{n+1}}$$

$$=\lim_{n\to\infty}\frac{(n+1)^2}{n^2}\cdot\lim_{n\to\infty}\frac{1-\left(-\frac{1}{e}\right)^n}{e+\left(-\frac{1}{e}\right)^n}=\frac{1}{e}.$$

4. 答案 $(0,4)$.

解
$$\lim_{n\to\infty}\left|\frac{u_{n+1}}{u_n}\right|=\lim_{n\to\infty}\left|\frac{\frac{(x-2)^{2n+2}}{(n+1)4^{n+1}}}{\frac{(x-2)^{2n}}{n4^n}}\right|=\frac{1}{4}(x-2)^2.$$

当$\frac{1}{4}(x-2)^2<1$，即$0<x<4$时，原级数收敛；当$\frac{1}{4}(x-2)^2>1$，即$|x-2|>2$时，原级数发散；且$x=0$时，$\sum\limits_{n=1}^{\infty}\frac{1}{n}$发散，$x=4$时，$\sum\limits_{n=1}^{\infty}\frac{1}{n}$发散，故原级数收敛域为$(0,4)$.

5. 答案 $(1,5]$.

解 令$x+2=t$，$\sum\limits_{n=0}^{\infty}a_nt^n$在$t=2$处收敛，从而在$(-2,2)$内绝对收敛，$\sum\limits_{n=0}^{\infty}a_nt^n$在$t=-2$处发散，所以在$(-\infty,-2)\cup(2,+\infty)$内发散，从而可知$\sum\limits_{n=0}^{\infty}a_nt^n$的收敛域为$t\in(-2,2]$. 故当$-2<x-3\leqslant 2$时，级数$\sum\limits_{n=0}^{\infty}a_n(x-3)^n$收敛，解得其收敛域为$(1,5]$.

6. 答案 $\sum\limits_{n=2}^{\infty}\frac{n-1}{n!}x^{n-2}$，$-\infty<x<+\infty$.

解 由$e^x-1=\sum\limits_{n=1}^{\infty}\frac{x^n}{n!}$得$\frac{e^x-1}{x}=\sum\limits_{n=1}^{\infty}\frac{x^{n-1}}{n!}$，$-\infty<x<+\infty$，故

$$\frac{d}{dx}\left(\frac{e^x-1}{x}\right)=\left(\sum_{n=1}^{\infty}\frac{x^{n-1}}{n!}\right)'=\sum_{n=1}^{\infty}\left(\frac{x^{n-1}}{n!}\right)'=\sum_{n=2}^{\infty}\frac{n-1}{n!}x^{n-2}，-\infty<x<+\infty.$$

三、解答题

1. 解 $\lim\limits_{n\to\infty}S_n=\frac{1}{1+\sqrt{2}}+\frac{1}{\sqrt{2}+\sqrt{3}}+\cdots+\frac{1}{\sqrt{n}+\sqrt{n+1}}$

$$=\lim_{n\to\infty}[(\sqrt{2}-1)+(\sqrt{3}-\sqrt{2})+\cdots+(\sqrt{n+1}-\sqrt{n})]$$

$$=\lim_{n\to\infty}[\sqrt{n+1}-1]=\infty,$$

所以该级数发散.

2. **解** (1) 因为$\lim\limits_{n\to\infty}\dfrac{\dfrac{1}{n^{\alpha}}\sin\dfrac{1}{n}}{\dfrac{1}{n^{\alpha+1}}}=1$，而级数$\sum\limits_{n=1}^{\infty}\dfrac{1}{n^{\alpha+1}}$收敛，由比较判别法极限形式知级数$\sum\limits_{n=1}^{\infty}\dfrac{1}{n^{\alpha}}\sin\dfrac{1}{n}$收敛.

(2) 因为$\lim\limits_{n\to\infty}\dfrac{\dfrac{n}{\sqrt{n^3+n+1}}}{\dfrac{1}{\sqrt{n}}}=\lim\limits_{n\to\infty}\dfrac{n^{\frac{3}{2}}}{\sqrt{n^3+n+1}}=\lim\limits_{n\to\infty}\dfrac{1}{\sqrt{1+\dfrac{1}{n^2}+\dfrac{1}{n^3}}}=1$，而级数$\sum\limits_{n=1}^{\infty}\dfrac{1}{\sqrt{n}}$发散，故级数$\sum\limits_{n=1}^{\infty}\dfrac{n}{\sqrt{n^3+n+1}}$发散.

(3) 因为$\dfrac{1}{n}\ln\dfrac{n+1}{n-1}=\dfrac{1}{n}\ln\left(1+\dfrac{2}{n-1}\right)\sim\dfrac{2}{n(n-1)}(n\to\infty)$，而级数$\sum\limits_{n=2}^{\infty}\dfrac{2}{n(n-1)}$收敛，故级数$\sum\limits_{n=2}^{\infty}\dfrac{1}{n}\ln\dfrac{n+1}{n-1}$收敛.

(4) 因为$\lim\limits_{n\to\infty}\dfrac{u_{n+1}}{u_n}=\lim\limits_{n\to\infty}\dfrac{\dfrac{[(n+1)!]^2}{[2(n+1)]!}}{\dfrac{(n!)^2}{(2n)!}}=\lim\limits_{n\to\infty}\dfrac{(n+1)^2}{(2n+2)(2n+1)}=\dfrac{1}{4}<1$，由比值法知级数$\sum\limits_{n=1}^{\infty}\dfrac{(n!)^2}{(2n)!}$收敛.

3. **解** 因为$\lim\limits_{n\to\infty}\left|\dfrac{u_{n+1}}{u_n}\right|=\lim\limits_{n\to\infty}\dfrac{2n-1}{2n+1}x^2=x^2$，所以当$x^2<1$，即$-1<x<1$时，原幂级数绝对收敛. 当$x^2>1$，即$|x|>1$时，原幂级数发散.

当$x=\pm1$时，级数为$\sum\limits_{n=1}^{\infty}\dfrac{(-1)^{n-1}}{2n-1}$，显然收敛，故原幂级数的收敛域为$[-1,1]$.

又$\sum\limits_{n=1}^{\infty}\dfrac{(-1)^{n-1}}{2n-1}x^{2n}=x\sum\limits_{n=1}^{\infty}\dfrac{(-1)^{n-1}}{2n-1}x^{2n-1}$，设$f(x)=\sum\limits_{n=1}^{\infty}\dfrac{(-1)^{n-1}}{2n-1}x^{2n-1}$，则

$$f'(x)=\sum_{n=1}^{\infty}(-1)^{n-1}x^{2n-2}=\frac{1}{1+x^2},-1<x<1.$$

因为$f(0)=0$，所以$f(x)=\arctan x,-1\leqslant x\leqslant1$. 故和函数$S(x)=xf(x)=x\arctan x$，$x\in[-1,1]$.

4. **解** 设$S_1(x)=\sum\limits_{n=1}^{\infty}\dfrac{1}{2n+1}x^{2n}$，$S_2(x)=\sum\limits_{n=1}^{\infty}x^{2n}$，$x\in(-1,1)$，则

基础篇答案解析

$$S(x)=S_1(x)-S_2(x),x\in(-1,1).$$

由于

$$[xS_1(x)]'=\sum_{n=1}^{\infty}x^{2n}=\frac{x^2}{1-x^2},S_2(x)=\sum_{n=1}^{\infty}x^{2n}=\frac{x^2}{1-x^2},x\in(-1,1),$$

因此

$$xS_1(x)=\int_0^x\frac{t^2}{1-t^2}\mathrm{d}t=-x+\frac{1}{2}\ln\frac{1+x}{1-x},$$

又由于 $S_1(0)=0$,故

$$S_1(x)=\begin{cases}-1+\dfrac{1}{2x}\ln\dfrac{1+x}{1-x}, & x\in(-1,0)\cup(0,1),\\ 0, & x=0.\end{cases}$$

因此

$$S(x)=S_1(x)-S_2(x)=\begin{cases}\dfrac{1}{2x}\ln\dfrac{1+x}{1-x}-\dfrac{1}{1-x^2}, & x\in(-1,0)\cup(0,1),\\ 0, & x=0.\end{cases}$$

5. **解** 将 $f(x)$ 延拓成周期为 2π 的周期函数,且在 $[-\pi,\pi)$ 上连续,又 $f(x)$ 为偶函数,所以

$$b_n=0,n=1,2,\cdots,$$

$$a_0=\frac{2}{\pi}\int_0^{\pi}f(x)\,\mathrm{d}x=\frac{2}{\pi}\int_0^{\pi}x\,\mathrm{d}x=\pi,$$

$$a_n=\frac{2}{\pi}\int_0^{\pi}f(x)\cos nx\,\mathrm{d}x=\frac{2}{\pi}\int_0^{\pi}x\cos nx\,\mathrm{d}x=\frac{2}{n^2\pi}[(-1)^n-1]$$

$$=\begin{cases}-\dfrac{4}{(2k-1)^2\pi}, & n=2k-1,\\ 0, & n=2k,\end{cases}\quad k=1,2,\cdots,$$

于是 $f(x)=\dfrac{\pi}{2}-\dfrac{4}{\pi}\sum\limits_{k=1}^{\infty}\dfrac{1}{(2k-1)^2}\cos(2k-1)x,-\pi\leqslant x<\pi.$

第 10 章　曲线积分与曲面积分（仅限数学一）

一、选择题

1. 答案 (D).

解 由奇偶对称性知$\oint_L x\,ds=0$,由轮换对称性知$\oint_L |x|\,ds=\oint_L |y|\,ds$,所以

$$\oint_L (x+|y|)ds=\frac{1}{2}\oint_L (|x|+|y|)ds=\frac{1}{2}\oint_L ds=\frac{1}{2}\cdot 4\sqrt{2}=2\sqrt{2}.$$

2. 答案 (C).

解 $\int_L f(x,y)ds$ 与 L 的方向无关,应为$\int_L f(x,y)ds=\int_0^{\pi} f(\cos\theta,\sin\theta)d\theta$.

3. 答案 (B).

解 如果$\varphi(x,y)=\dfrac{x}{y}$,则$\dfrac{x\,dy-y\,dx}{\varphi(x,y)}=\dfrac{x\,dy-y\,dx}{\dfrac{x}{y}}=-\dfrac{y^2}{x}dx+y\,dy$. 令 $P=-\dfrac{y^2}{x}$,

$Q=y$,有$\dfrac{\partial P}{\partial y}=-\dfrac{2y}{x}\neq\dfrac{\partial Q}{\partial x}=0$,与$\int_L \dfrac{x\,dy-y\,dx}{\varphi(x,y)}$与路径无关矛盾,所以$\varphi(x,y)$不可能为$\dfrac{x}{y}$.

4. 答案 (B).

解 记$\Sigma_1: x=\sqrt{1-y^2-z^2}\,(z\geqslant 0)$,取前侧;$\Sigma_2: x=-\sqrt{1-y^2-z^2}\,(z\geqslant 0)$,取后侧,$\Sigma_1$ 和 Σ_2 在 yOz 坐标面上的投影区域为$D_{yz}: y^2+z^2\leqslant 1, z\geqslant 0$,则

$$\iint_{\Sigma} x\,dydz=\iint_{\Sigma_1} x\,dydz+\iint_{\Sigma_2} x\,dydz=\iint_{D_{yz}}\sqrt{1-y^2-z^2}\,dydz-\iint_{D_{yz}}(-\sqrt{1-y^2-z^2})dydz$$

$$=2\iint_{D_{yz}}\sqrt{1-y^2-z^2}\,dydz>0.$$ 故选(B).

二、填空题

1. 答案 $\dfrac{3\pi}{1-\pi}$.

解 设 $A=\oint_L f(x,y)ds$,则 $f(x,y)=(x-1)^2+Ay^2$,等式两边在 L 上积分得

$$A=\oint_L [(x-1)^2+Ay^2]ds=\oint_L (x^2+1+Ay^2)ds$$

基础篇答案解析

$$=2\pi+\frac{1+A}{2}\oint_L(x^2+y^2)\mathrm{d}s=2\pi+\frac{1+A}{2}\cdot 2\pi,$$

解得 $A=\frac{3\pi}{1-\pi}$，所以 $\oint_L f(x,y)\mathrm{d}s=\frac{3\pi}{1-\pi}$.

2. 答案 $\pi a(a^2-h^2)$.

解 由于 $\Sigma: z=\sqrt{a^2-x^2-y^2}$，$x^2+y^2\leqslant a^2-h^2$，故

$$\mathrm{d}S=\sqrt{1+\left(\frac{-x}{\sqrt{a^2-x^2-y^2}}\right)^2+\left(\frac{-y}{\sqrt{a^2-x^2-y^2}}\right)^2}\,\mathrm{d}x\,\mathrm{d}y=\frac{a}{\sqrt{a^2-x^2-y^2}}\mathrm{d}x\,\mathrm{d}y,$$

所以

$$\iint_\Sigma z\,\mathrm{d}S=\iint_{x^2+y^2\leqslant a^2-h^2}\sqrt{a^2-x^2-y^2}\cdot\frac{a}{\sqrt{a^2-x^2-y^2}}\mathrm{d}x\,\mathrm{d}y$$
$$=a\iint_{x^2+y^2\leqslant a^2-h^2}\mathrm{d}x\,\mathrm{d}y=\pi a(a^2-h^2).$$

3. 答案 2；-2.

解 由 $\frac{\partial(axy^3-y^2\cos x)}{\partial y}=\frac{\partial(1+by\sin x+3x^2y^2)}{\partial x}$ 得

$$3axy^2-2y\cos x=by\cos x+6xy^2,$$

所以 $a=2$，$b=-2$.

4. 答案 $\frac{3\pi}{2}$.

解 该面积为曲边柱面的面积.

记平面曲线 $L: x^2+y^2=1, y\geqslant 0$，$L_1: x^2+y^2=1, x\geqslant 0, y\geqslant 0$，利用对称性，则所求面积为

$$\int_L(2x^2+y^2)\mathrm{d}s=2\int_{L_1}(2x^2+y^2)\mathrm{d}s=2\int_{L_1}\frac{3}{2}(x^2+y^2)\mathrm{d}s=3\int_{L_1}\mathrm{d}s=3\cdot\frac{\pi}{2}=\frac{3\pi}{2}.$$

5. 答案 $2(\sqrt{5}-1)\pi$.

解 该物体的质量为 $\iint_\Sigma\frac{1}{1+2z}\mathrm{d}S$. 记 $D: x^2+y^2\leqslant 4$. 由于 $z'_x=x$，$z'_y=y$，则由对称性得

$$\iint_\Sigma\frac{1}{1+2z}\mathrm{d}S=\iint_D\frac{1}{1+x^2+y^2}\cdot\sqrt{1+x^2+y^2}\,\mathrm{d}x\,\mathrm{d}y=\iint_D\frac{1}{\sqrt{1+x^2+y^2}}\mathrm{d}x\,\mathrm{d}y$$
$$=\int_0^{2\pi}\mathrm{d}\theta\int_0^2\frac{1}{\sqrt{1+r^2}}r\,\mathrm{d}r=2\pi\sqrt{1+r^2}\Big|_0^2=2(\sqrt{5}-1)\pi.$$

三、解答题

1. 解 由于 $x^2+y^2=1+t^2$，$\mathrm{d}x=t\cos t\,\mathrm{d}t$，$\mathrm{d}y=t\sin t\,\mathrm{d}t$，$\mathrm{d}s=\sqrt{(t\cos t)^2+(t\sin t)^2}\,\mathrm{d}t=$

$t\mathrm{d}t$，因此

$$\int_L (x^2+y^2)\mathrm{d}s=\int_0^{2\pi}(1+t^2)t\,\mathrm{d}t=2\pi^2+4\pi^4.$$

2. **解** 由 $y+z=2$ 得 $z=2-y$，代入 $x^2+y^2+z^2=4$ 得 $\frac{1}{2}x^2+(y-1)^2=1$，由此得 Γ 的参数方程

$$x=\sqrt{2}\cos\theta, y=1+\sin\theta, z=1-\sin\theta, 0\leqslant\theta\leqslant 2\pi,$$

因此 $\mathrm{d}s=\sqrt{(-\sqrt{2}\sin\theta)^2+(\cos\theta)^2+(-\cos\theta)^2}\,\mathrm{d}\theta=\sqrt{2}\,\mathrm{d}\theta$，故

$$\int_\Gamma y^2\mathrm{d}s=\int_0^{2\pi}(1+\sin\theta)^2\cdot\sqrt{2}\,\mathrm{d}\theta=\sqrt{2}\int_0^{2\pi}(1+2\sin\theta+\sin^2\theta)\mathrm{d}\theta=3\sqrt{2}\pi.$$

3. **解** **解法一** $\int_L xy\mathrm{d}x+x^2\mathrm{d}y=\int_{-1}^0[x(1+x)+x^2]\mathrm{d}x+\int_0^1[x(1-x)-x^2]\mathrm{d}x=\left(-\frac{1}{2}+\frac{2}{3}\right)+\left(\frac{1}{2}-\frac{2}{3}\right)=0.$

解法二 补充 $L_1: y=0, x:1\to-1$，记 D 为 L 与 L_1 所围区域，则由格林公式及二重积分的奇偶对称性得

$$\text{原式}=\oint_{L+L_1}xy\mathrm{d}x+x^2\mathrm{d}y-\int_{L_1}xy\mathrm{d}x+x^2\mathrm{d}y=-\iint_D(2x-x)\mathrm{d}\sigma+0=-\iint_D x\,\mathrm{d}\sigma=0.$$

4. **解**
$$\oint_L\frac{(\mathrm{e}^{x^2}-x^2y)\mathrm{d}x+[xy^2-\sin(y^2)]\mathrm{d}y}{x^2+y^2}$$
$$=\oint_L(\mathrm{e}^{x^2}-x^2y)\mathrm{d}x+[xy^2-\sin(y^2)]\mathrm{d}y$$
$$=\iint_{x^2+y^2\leqslant 1}(x^2+y^2)\mathrm{d}x\mathrm{d}y=\int_0^{2\pi}\mathrm{d}\theta\int_0^1 r^3\mathrm{d}r=\frac{\pi}{2}.$$

5. **证明** (1) 令 $P=y^2\mathrm{e}^x, Q=2y\mathrm{e}^x$，则 $\frac{\partial P}{\partial y}=2y\mathrm{e}^x=\frac{\partial Q}{\partial x}$，所以 $\int_L y^2\mathrm{e}^x\mathrm{d}x+2y\mathrm{e}^x\mathrm{d}y$ 与路径无关.

下面求 $u(x,y)$. 由题意知 $\mathrm{d}[u(x,y)]=y^2\mathrm{e}^x\mathrm{d}x+2y\mathrm{e}^x\mathrm{d}y$.

解法一 $u(x,y)=\int_0^x 0\cdot\mathrm{e}^x\mathrm{d}x+\int_0^y 2y\mathrm{e}^x\mathrm{d}y=y^2\mathrm{e}^x.$

解法二 $y^2\mathrm{e}^x\mathrm{d}x+2y\mathrm{e}^x\mathrm{d}y=y^2\mathrm{d}(\mathrm{e}^x)+\mathrm{e}^x\mathrm{d}(y^2)=\mathrm{d}(y^2\mathrm{e}^x)$，取 $u(x,y)=y^2\mathrm{e}^x$.

解法三 由 $\frac{\partial u}{\partial x}=y^2\mathrm{e}^x$ 得 $u=\int y^2\mathrm{e}^x\mathrm{d}x=y^2\mathrm{e}^x+c(y)$，从而 $\frac{\partial u}{\partial y}=2y\mathrm{e}^x+c'(y)=Q=2y\mathrm{e}^x$，即 $c'(y)=0$，取 $c(y)=0$，则 $u(x,y)=y^2\mathrm{e}^x$.

解 (2) $I=\int_L y^2\mathrm{e}^x\mathrm{d}x+2y\mathrm{e}^x\mathrm{d}y-\int_L y\mathrm{d}x+\mathrm{d}y$，故 $\int_L y^2\mathrm{e}^x\mathrm{d}x+2y\mathrm{e}^x\mathrm{d}y=y^2\mathrm{e}^x\Big|_{(2,0)}^{(1,1)}=\mathrm{e}.$

6. **解** 记 $P=[f(x)+4\mathrm{e}^x]y, Q=f(x)$. 由 $\frac{\partial P}{\partial y}=\frac{\partial Q}{\partial x}$，得 $f(x)+4\mathrm{e}^x=f'(x)$，即 $f'(x)-$

$f(x)=4\mathrm{e}^x$，解得 $f(x)=\mathrm{e}^x(4x+C)$，由 $f(0)=0$ 得 $C=0$，所以 $f(x)=4x\mathrm{e}^x$. 因此

$$I=\int_{(0,0)}^{(1,1)}[f(x)+4\mathrm{e}^x]y\mathrm{d}x+f(x)\mathrm{d}y=\int_{(0,0)}^{(1,1)}(4x\mathrm{e}^x+4\mathrm{e}^x)y\mathrm{d}x+4x\mathrm{e}^x\mathrm{d}y$$

$$=4(x\mathrm{e}^x y)\Big|_{(0,0)}^{(1,1)}=4\mathrm{e}.$$

7. **解** 由于 $f(u)$ 连续，因此 $\int_0^t f(u)\mathrm{d}u$ 可微，且 $\mathrm{d}\left[\int_0^t f(u)\mathrm{d}u\right]=f(t)\mathrm{d}t$. 取 $t=x+y$，得 $\mathrm{d}\left[\int_0^{x+y} f(u)\mathrm{d}u\right]=f(x+y)\mathrm{d}(x+y)$，即 $\int_0^{x+y} f(u)\mathrm{d}u$ 是 $f(x+y)\mathrm{d}(x+y)$ 的一个原函数，故

$$\int_L f(x+y)(\mathrm{d}x+\mathrm{d}y)=\int_0^{x+y} f(u)\mathrm{d}u\Big|_{(6,2)}^{(3,5)}=0.$$

8. **解** 由高斯公式以及三重积分的对称性得

$$I=\iiint_\Omega(3x^2+2y+1)\mathrm{d}x\mathrm{d}y\mathrm{d}z=\iiint_\Omega(3x^2+1)\mathrm{d}x\mathrm{d}y\mathrm{d}z$$

$$=\frac{3}{2}\iiint_\Omega(x^2+y^2)\mathrm{d}x\mathrm{d}y\mathrm{d}z+V_\Omega$$

$$=\frac{3}{2}\int_0^{2\pi}\mathrm{d}\theta\int_0^2\mathrm{d}r\int_0^2 r^3\mathrm{d}z+8\pi=24\pi+8\pi=32\pi.$$

9. **解** **解法一** 记 $D:x^2+y^2\leqslant 1$. 由于 $z'_x=-2x,z'_y=-2y$，由三合一投影法得

$$I=\iint_D[(x-2+x^2+y^2)+2x(y-x)+2y(2-x^2-y^2-y)]\mathrm{d}x\mathrm{d}y$$

$$=-2\iint_D\mathrm{d}x\mathrm{d}y+\iint_D[x+2xy+4y-2y(x^2+y^2)]\mathrm{d}x\mathrm{d}y-\iint_D(x^2+y^2)\mathrm{d}x\mathrm{d}y$$

$$=-2\pi+0-\int_0^{2\pi}\mathrm{d}\theta\int_0^1 r^3\mathrm{d}r=-2\pi-\frac{\pi}{2}=-\frac{5\pi}{2}.$$

解法二 补充 $\Sigma_1:z=1(x^2+y^2\leqslant 1)$，取下侧，记 Ω 为 Σ 与 Σ_1 所围区域，$D:x^2+y^2\leqslant 1$，则

$$I=\left(\oiint_{\Sigma+\Sigma_1}-\iint_{\Sigma_1}\right)(y-x)\mathrm{d}y\mathrm{d}z+(z-y)\mathrm{d}z\mathrm{d}x+(x-z)\mathrm{d}x\mathrm{d}y$$

$$=-3\iiint_\Omega\mathrm{d}x\mathrm{d}y\mathrm{d}z+\iint_D(x-1)\mathrm{d}x\mathrm{d}y=-3\int_1^2\mathrm{d}z\iint_{x^2+y^2\leqslant 2-z}\mathrm{d}x\mathrm{d}y-\pi$$

$$=-3\int_1^2\pi(2-z)\mathrm{d}z-\pi=-\frac{3}{2}\pi-\pi=-\frac{5}{2}\pi.$$

10. **解** **解法一**

$$I=\iint_\Sigma(2x-y^2)\mathrm{d}y\mathrm{d}z+z\mathrm{d}x\mathrm{d}y=\iint_\Sigma(2x-y^2)\mathrm{d}y\mathrm{d}z+0$$

$$=\iint_{-1\leqslant y\leqslant 1,0\leqslant z\leqslant 2}(2\sqrt{1-y^2}-y^2)\mathrm{d}y\mathrm{d}z-\iint_{-1\leqslant y\leqslant 1,0\leqslant z\leqslant 2}(-2\sqrt{1-y^2}-y^2)\mathrm{d}y\mathrm{d}z$$

$$=4\iint_{-1\leqslant y\leqslant 1,0\leqslant z\leqslant 2}\sqrt{1-y^2}\mathrm{d}y\mathrm{d}z=4\int_{-1}^1\sqrt{1-y^2}\mathrm{d}y\int_0^2\mathrm{d}z=4\cdot\frac{\pi}{2}\cdot 2=4\pi.$$

解法二 补充 $\Sigma_1: z=0(x^2+y^2\leqslant 1)$，取下侧；$\Sigma_2: z=2(x^2+y^2\leqslant 1)$，取上侧. 设 Σ,Σ_1,Σ_2 围成立体 Ω. Σ_1,Σ_2,Ω 在 xOy 坐标面上的投影区域 $D: x^2+y^2\leqslant 1$.

$$I=\iint_{\Sigma}(2x-y^2)\mathrm{d}y\mathrm{d}z=\left(\oiint_{\Sigma+\Sigma_1+\Sigma_2}-\iint_{\Sigma_1}-\iint_{\Sigma_2}\right)(2x-y^2)\mathrm{d}y\mathrm{d}z$$

$$=\iiint_{\Omega}2\mathrm{d}V-0-0=4\pi.$$

11. 解 **解法一** 记 $\Sigma: z=-1, x^2+2y^2\leqslant 1$，取上侧，由斯托克斯公式，有

$$I=\iint_{\Sigma}\begin{vmatrix}\mathrm{d}y\mathrm{d}z & \mathrm{d}z\mathrm{d}x & \mathrm{d}x\mathrm{d}y\\ \dfrac{\partial}{\partial x} & \dfrac{\partial}{\partial y} & \dfrac{\partial}{\partial z}\\ x+y & -2y & x+z\end{vmatrix}=\iint_{\Sigma}-\mathrm{d}z\mathrm{d}x-\mathrm{d}x\mathrm{d}y=-\iint_{\Sigma}\mathrm{d}x\mathrm{d}y$$

$$=-\iint_{x^2+2y^2\leqslant 1}\mathrm{d}x\mathrm{d}y=-1\cdot\frac{1}{\sqrt{2}}\pi=-\frac{\sqrt{2}}{2}\pi.$$

解法二 记 $\Sigma: z=-1, x^2+2y^2\leqslant 1$，取上侧，$\Sigma$ 的单位法向量为 $\{0,0,1\}$，由斯托克斯公式，有

$$I=\iint_{\Sigma}\begin{vmatrix}0 & 0 & 1\\ \dfrac{\partial}{\partial x} & \dfrac{\partial}{\partial y} & \dfrac{\partial}{\partial z}\\ x+y & -2y & x+z\end{vmatrix}\mathrm{d}S=-\iint_{\Sigma}\mathrm{d}S=-\Sigma\text{ 的面积}=-1\cdot\frac{1}{\sqrt{2}}\pi=-\frac{\sqrt{2}}{2}\pi.$$

解法三 Γ 的参数方程为 $x=\cos\theta, y=\dfrac{1}{\sqrt{2}}\sin\theta, z=-1, \theta: 0\to 2\pi$，则

$$I=\int_0^{2\pi}\left[\left(\cos\theta+\frac{1}{\sqrt{2}}\sin\theta\right)(-\sin\theta)-2\cdot\frac{1}{\sqrt{2}}\sin\theta\cdot\frac{1}{\sqrt{2}}\cos\theta\right]\mathrm{d}\theta$$

$$=-\int_0^{2\pi}\left(2\sin\theta\cos\theta+\frac{1}{\sqrt{2}}\sin^2\theta\right)\mathrm{d}\theta=-\frac{\sqrt{2}}{2}\pi.$$

12. 证明 $\mathbf{rot}(\mathbf{grad}\,u)=\mathbf{rot}\left\{\dfrac{\partial u}{\partial x},\dfrac{\partial u}{\partial y},\dfrac{\partial u}{\partial z}\right\}=\begin{vmatrix}\boldsymbol{i} & \boldsymbol{j} & \boldsymbol{k}\\ \dfrac{\partial}{\partial x} & \dfrac{\partial}{\partial y} & \dfrac{\partial}{\partial z}\\ \dfrac{\partial u}{\partial x} & \dfrac{\partial u}{\partial y} & \dfrac{\partial u}{\partial z}\end{vmatrix}$

$$=\left(\frac{\partial^2 u}{\partial z\partial y}-\frac{\partial^2 u}{\partial y\partial z}\right)\boldsymbol{i}+\left(\frac{\partial^2 u}{\partial x\partial z}-\frac{\partial^2 u}{\partial z\partial x}\right)\boldsymbol{j}+\left(\frac{\partial^2 u}{\partial y\partial x}-\frac{\partial^2 u}{\partial x\partial y}\right)\boldsymbol{k}.$$

由于 $u(x,y,z)$ 具有二阶连续偏导数，因此

$$\frac{\partial^2 u}{\partial z\partial y}=\frac{\partial^2 u}{\partial y\partial z},\frac{\partial^2 u}{\partial x\partial z}=\frac{\partial^2 u}{\partial z\partial x},\frac{\partial^2 u}{\partial y\partial x}=\frac{\partial^2 u}{\partial x\partial y},$$

故 $\mathbf{rot}(\mathbf{grad}\,u)=\mathbf{0}$.

基础篇答案解析

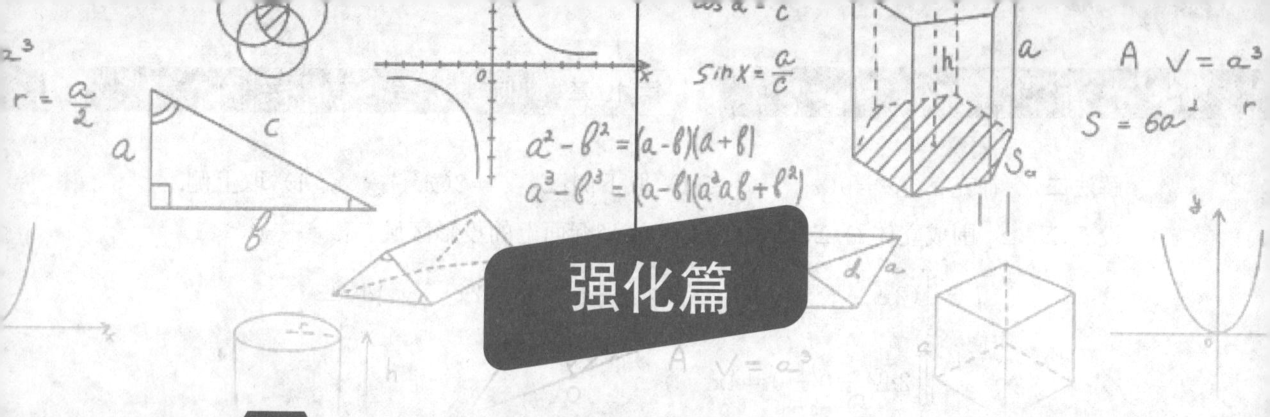

第1章 函数、极限与连续

一、选择题

1. 答案 (D).

解 (A) 不正确. 反例:令 $a_n=\frac{1}{n}$,$b_n=1-\frac{1}{n}$,则$\lim\limits_{n\to\infty}a_n=0$,$\lim\limits_{n\to\infty}b_n=1$,但 $n=1,2$ 时,$a_n<b_n$ 不能成立;

(B) 不正确. 反例:令 $b_n=1+\frac{42}{n}$,$c_n=n$,则$\lim\limits_{n\to\infty}b_n=1$,$\lim\limits_{n\to\infty}c_n=\infty$,但 $n\leqslant 7$ 时,$b_n<c_n$ 不能成立;

(C) 不正确. 反例:令 $a_n=\frac{1}{n}$,$b_n=n$,则$\lim\limits_{n\to\infty}a_n=0$,$\lim\limits_{n\to\infty}c_n=\infty$,但$\lim\limits_{n\to\infty}a_nc_n=1$ 存在;

(D) 正确. 此时必有$\lim\limits_{n\to\infty}b_nc_n=\infty$.

综合上述各种情形,应选(D).

2. 答案 (D).

解 (A) 不正确. 反例:令 $x_n=n$,$y_n=\frac{1}{n^2}$,则$\lim\limits_{n\to\infty}x_ny_n=0$,且$\{x_n\}$发散,但$\{y_n\}$收敛;

(B) 不正确. 反例:令 $x_n=[1+(-1)^n]n$,$y_n=[1+(-1)^{n+1}]n$,则$\lim\limits_{n\to\infty}x_ny_n=0$,但$\{x_n\}$与$\{y_n\}$均无界;

(C) 不正确. 反例:令 $x_n=1+(-1)^n$,$y_n=1+(-1)^{n+1}$,则$\lim\limits_{n\to\infty}x_ny_n=0$,且$\{x_n\}$有界,但 y_n 不是无穷小;

(D) 正确. 这是因为 $y_n=(x_ny_n)\cdot\frac{1}{x_n}$,根据无穷小的乘积还是无穷小的性质可知 y_n 也是无穷小.

综合上述各种情形,应选(D).

3. 答案 (C).

解 (A) 不正确. 反例:令 $x_n=y_n=(-1)^n$,则$\lim\limits_{n\to\infty}x_n$,$\lim\limits_{n\to\infty}y_n$ 与$\lim\limits_{n\to\infty}(x_n+y_n)$ 均不存

在，但$\lim\limits_{n\to\infty}(x_n-y_n)=0$；

(B) 不正确. 反例：令 $x_n=(-1)^n$，$y_n=2(-1)^n$，则$\lim\limits_{n\to\infty}x_n$，$\lim\limits_{n\to\infty}y_n$，$\lim\limits_{n\to\infty}(x_n+y_n)$ 与 $\lim\limits_{n\to\infty}(x_n-y_n)$ 均不存在；

(C) 正确. 这是因为若$\lim\limits_{n\to\infty}(x_n+y_n)$ 与$\lim\limits_{n\to\infty}(x_n-y_n)$ 都存在，则必有极限$\lim\limits_{n\to\infty}x_n=\lim\limits_{n\to\infty}\frac{1}{2}[(x_n+y_n)+(x_n-y_n)]$ 存在；

(D) 不正确. 反例：令 $x_n=(-1)^n$，$y_n=(-1)^{n+1}$，则$\lim\limits_{n\to\infty}x_n$，$\lim\limits_{n\to\infty}y_n$ 不存在，$\lim\limits_{n\to\infty}(x_n+y_n)=0$ 存在，但$\lim\limits_{n\to\infty}(x_n-y_n)$ 不存在.

综合上述各种情形，应选(C).

4. 答案 (C).

解 由题设有 $\lim\limits_{x\to0^+}\left(4+\frac{f(x)}{x^2}\right)=1$，从而有 $\lim\limits_{x\to0^+}\frac{f(x)}{x^2}=-3\neq0$. 故选(C).

5. 答案 (C).

解 因为 $\cos x-1=x\sin\alpha(x)$，而 $\cos x-1\sim-\frac{1}{2}x^2$，所以 $x\sin\alpha(x)\sim-\frac{1}{2}x^2$，即 $\sin\alpha(x)\sim-\frac{1}{2}x$，因此当 $x\to0$ 时，$\alpha(x)\to0$，$\sin\alpha(x)\sim\alpha(x)$，由此可得 $\alpha(x)\sim-\frac{1}{2}x$，即 $\alpha(x)$ 与 x 是同阶但不等价的无穷小. 故选(C).

6. 答案 (B).

解 (A) 不正确. 这是因为若 $f(x)$ 在点 x_0 处连续，由复合函数的连续性可得 $f^2(x)$ 在点 x_0 处连续，因此$\lim\limits_{x\to x_0}|f(x)|=\lim\limits_{x\to x_0}\sqrt{f^2(x)}=\sqrt{\lim\limits_{x\to x_0}f^2(x)}=|f(x_0)|$，即 $|f(x)|$ 必在点 x_0 处连续；

(B) 正确. 这是因为$\lim\limits_{x\to x_0}f^2(x)=\lim\limits_{x\to x_0}[|f(x)|]^2=[\lim\limits_{x\to x_0}|f(x)|]^2=[|f(x_0)|]^2=f^2(x_0)$，即 $f^2(x)$ 必在点 x_0 处连续；

(C) 和(D) 都不正确. 反例：令 $f(x)=\begin{cases}-1, & x<0,\\ 1, & x\geqslant0.\end{cases}$ 则 $|f(x)|=1$，$f^2(x)=1$ 均在 $x=0$ 处连续，但 $f(x)$ 在 $x=0$ 处不连续.

综合上述各种情形，应选(B).

7. 答案 (D).

解 由 $f(x)+g(x)=\begin{cases}1-ax, & x\leqslant-1,\\ x-1, & -1<x<0,\\ x-b+1, & x\geqslant0.\end{cases}$ 可知函数 $f(x)+g(x)$ 只要在分段点 $x=-1$，$x=0$ 处连续即可. 因此只需满足

$$f(-1)+g(-1)=1+a=\lim_{x\to -1^+}[f(x)+g(x)]=-2,$$

及
$$f(0)+g(0)=1-b=\lim_{x\to 0^-}[f(x)+g(x)]=-1,$$

解得 $a=-3,b=2$. 故选(D).

8. 答案 (B).

解 当 $x\neq 0$ 时，$f(x)=\lim\limits_{t\to 0}\left(1+\dfrac{\sin t}{x}\right)^{\frac{x^2}{t}}=e^{\lim\limits_{t\to 0}\frac{\sin t}{x}\cdot\frac{x^2}{t}}=e^x$，因此函数在 $x\neq 0$ 处连续，由于 $x=0$ 时函数 $f(x)$ 无定义，$x=0$ 为函数 $f(x)$ 的间断点，又 $\lim\limits_{x\to 0}f(x)=\lim\limits_{x\to 0}e^x=1$，因此 $x=0$ 是函数 $f(x)$ 的可去间断点. 故选(B).

9. 答案 (D).

解 $f[f(x)]=\begin{cases}x-2, & x\geqslant 1,\\ -\dfrac{1}{x}-1, & 0<x<1,\\ -1, & x=0,\\ -|1+x|-1, & x<0.\end{cases}$ 故 $x=-1$ 是 $f[f(x)]$ 的连续点，$x=0$ 是 $f[f(x)]$ 的无穷间断点. 应选答案(D).

二、填空题

1. 答案 $-\dfrac{1}{2}$.

解 原式 $=\lim\limits_{x\to 0}\dfrac{x(\sqrt{1-x^2}-1)}{x^3\sqrt{1-x^2}}=\lim\limits_{x\to 0}\dfrac{\sqrt{1-x^2}-1}{x^2}=\lim\limits_{x\to 0}\dfrac{-\frac{1}{2}x^2}{x^2}=-\dfrac{1}{2}$.

2. 答案 $\ln a$.

解 原式 $=\lim\limits_{x\to\infty}x^2a^{\frac{1}{1+x}}[e^{\frac{\ln a}{x(1+x)}}-1]=\lim\limits_{x\to\infty}\dfrac{x^2\ln a}{x(1+x)}=\ln a$.

3. 答案 -1.

解 由题意得，$f(x)=\dfrac{2\sqrt{x}(\sqrt{x+c}-\sqrt{x})}{c}-1=\dfrac{2\sqrt{x}}{\sqrt{x+c}+\sqrt{x}}-1$，故有 $\lim\limits_{x\to 0^+}f(x)=\lim\limits_{x\to 0^+}\left(\dfrac{2\sqrt{x}}{\sqrt{x+c}+\sqrt{x}}-1\right)=-1$.

4. 答案 $\dfrac{1}{5}$.

解 由等价无穷小代换可知当 $x\to 1^-$ 时，$\sqrt[5]{1-\sqrt{1-x^2}}-1\sim-\dfrac{1}{5}\sqrt{1-x^2}$，

强化篇答案解析

$\arcsin(e^{-\sqrt{1-x^2}}-1)\sim e^{-\sqrt{1-x^2}}-1\sim-\sqrt{1-x^2}$，故原式$=\lim\limits_{x\to1^-}\dfrac{-\frac{1}{5}\sqrt{1-x^2}}{-\sqrt{1-x^2}}=\dfrac{1}{5}$.

5. 答案 $\dfrac{1}{2^{n-1}n!}$.

解 原式$=\lim\limits_{x\to0}\dfrac{(1-\sqrt{1+\cos x-1})(1-\sqrt[3]{1+\cos x-1})\cdots(1-\sqrt[n]{1+\cos x-1})}{x^{2n-2}}$

$$=\lim_{x\to0}\frac{\frac{1}{2}(1-\cos x)\frac{1}{3}(1-\cos x)\cdots\frac{1}{n}(1-\cos x)}{x^{2n-2}}$$

$$=\frac{1}{n!}\lim_{x\to0}\frac{\left(\frac{1}{2}x^2\right)^{n-1}}{x^{2n-2}}=\frac{1}{2^{n-1}n!}.$$

6. 答案 1.

解 由 $1\leqslant1+\dfrac{1}{\sqrt{2}}+\dfrac{1}{\sqrt[3]{3}}+\cdots+\dfrac{1}{\sqrt[n]{n}}\leqslant n$，可得 $1\leqslant\left(1+\dfrac{1}{\sqrt{2}}+\dfrac{1}{\sqrt[3]{3}}+\cdots+\dfrac{1}{\sqrt[n]{n}}\right)^{\frac{1}{n}}\leqslant n^{\frac{1}{n}}$.

因$\lim\limits_{n\to\infty}1=\lim\limits_{n\to\infty}n^{\frac{1}{n}}=1$，由夹逼准则可知原式$=1$.

7. 答案 1.

解 原式$=\lim\limits_{x\to0}\dfrac{e^{x\cos x}[e^{x(a-\cos x)}-1]}{x^3}=\lim\limits_{x\to0}\dfrac{x(a-\cos x)}{x^3}=\lim\limits_{x\to0}\dfrac{a-\cos x}{x^2}$ 存在，必有

$\lim\limits_{x\to0}(a-\cos x)=0$，所以 $a=1$.

8. 答案 $\dfrac{1}{3}$.

解 由题设有

$$a=\lim_{x\to0}f(x)=\lim_{x\to0}\frac{\sqrt{1+x}-\sqrt[3]{1+x}}{\frac{1}{2}x}=2\lim_{x\to0}\left(\frac{\sqrt{1+x}-1}{x}-\frac{\sqrt[3]{1+x}-1}{x}\right)=\frac{1}{3}.$$

9. 答案 2.

解 由题知$\lim\limits_{x\to0}\dfrac{1-\cos[xf(x)]}{(e^{x^2}-1)f(x)}=\lim\limits_{x\to0}\dfrac{\frac{1}{2}x^2f^2(x)}{x^2f(x)}=\dfrac{1}{2}\lim\limits_{x\to0}f(x)=\dfrac{1}{2}f(0)=1$，因此

$f(0)=2$.

三、解答题

1. 解 (1) 由 $f(x+2)=f(x)+f(2)$，知 $f(5)=f(3)+f(2)=f(1)+2f(2)$，再令 $x=-1$ 可得 $f(1)=f(-1+2)=f(-1)+f(2)=f(2)-f(1)$，所以 $f(2)=2f(1)=2a$，

强化篇答案解析

即 $f(5)=5a$.

(2) 若 $f(x)$ 是以 2 为周期的周期函数,则有 $f(-1)=f(-1+2)=f(1)$,又 $f(x)$ 是奇函数,从而有 $f(1)=-f(1)$,即 $a=-a$,所以 $a=0$.

2. **解** 原式 $=\lim\limits_{x\to0^+}\dfrac{\sqrt{\dfrac{1-e^{-2x}}{x}}-\sqrt{\dfrac{1-\cos x}{x}}}{\sqrt{\dfrac{\sin x}{x}}+1}=\dfrac{\lim\limits_{x\to0^+}\left(\sqrt{\dfrac{1-e^{-2x}}{x}}-\sqrt{\dfrac{1-\cos x}{x}}\right)}{\lim\limits_{x\to0^+}\left(\sqrt{\dfrac{\sin x}{x}}+1\right)}$

$$=\frac{\sqrt{\lim\limits_{x\to0^+}\dfrac{1-e^{-2x}}{x}}-\sqrt{\lim\limits_{x\to0^+}\dfrac{1-\cos x}{x}}}{\sqrt{\lim\limits_{x\to0^+}\dfrac{\sin x}{x}}+1}=\frac{\sqrt{\lim\limits_{x\to0^+}\dfrac{2x}{x}}-\sqrt{\lim\limits_{x\to0^+}\dfrac{\frac{1}{2}x^2}{x}}}{2}=\frac{\sqrt{2}}{2}.$$

3. **解** 原式 $=\lim\limits_{x\to0}\dfrac{\tan x-\sin x}{2x^3(\sqrt{1+\tan x}+\sqrt{1+\sin x})}=\dfrac{1}{4}\lim\limits_{x\to0}\dfrac{\frac{1}{2}x^3}{x^3}=\dfrac{1}{8}$.

4. **解** 原式 $=\lim\limits_{n\to\infty}\dfrac{\sin\frac{1}{n}-\sin\frac{1}{n}\cos\frac{1}{n}}{\frac{1}{n^3}}=\lim\limits_{n\to\infty}\dfrac{\sin\frac{1}{n}}{\frac{1}{n}}\cdot\dfrac{1-\cos\frac{1}{n}}{\frac{1}{n^2}}=\dfrac{1}{2}$.

5. **解** 原式 $=\lim\limits_{x\to\infty}\left\{\left[1+\dfrac{ab+(a-b)x}{(x-a)(x+b)}\right]^{\frac{(x-a)(x+b)}{ab+(a-b)x}}\right\}^{\frac{x[ab+(a-b)x]}{(x-a)(x+b)}}=e^{a-b}$.

6. **解** 因为 $\sin(\sqrt{1+n^2}\pi)=\sin[(\sqrt{1+n^2}-n)\pi-n\pi]=(-1)^n\sin\dfrac{\pi}{\sqrt{1+n^2}+n}$,

所以

$$原式=\lim_{n\to\infty}\left\{\left[1+(-1)^n\sin\frac{\pi}{\sqrt{1+n^2}+n}\right]^{\frac{1}{(-1)^n\sin\frac{\pi}{\sqrt{1+n^2}+n}}}\right\}^{\frac{(-1)^n\sin\frac{\pi}{\sqrt{1+n^2}+n}}{\ln\left(1+\frac{\cos n\pi}{n}\right)}}=e^{\lim\limits_{n\to\infty}\frac{\frac{\pi(-1)^n}{\sqrt{1+n^2}+n}}{\frac{\cos n\pi}{n}}}=e^{\frac{\pi}{2}}.$$

7. **解** 原式 $=\lim\limits_{x\to0}\left(\lim\limits_{n\to\infty}\dfrac{2^n\cos\frac{x}{2}\cos\frac{x}{2^2}\cdots\cos\frac{x}{2^n}\sin\frac{x}{2^n}}{2^n\sin\frac{x}{2^n}}\right)=\lim\limits_{x\to0}\left(\dfrac{\sin x}{\lim\limits_{n\to\infty}2^n\sin\frac{x}{2^n}}\right)=\lim\limits_{x\to0}\dfrac{\sin x}{x}=1$.

8. **解** 令 $t=\dfrac{1}{x}$,则

$$\begin{aligned}\lim_{x\to+\infty}[(x^4+3x^3+1)^a-x]&=\lim_{t\to0^+}\left[\left(\frac{1}{t^4}+\frac{3}{t^3}+1\right)^a-\frac{1}{t}\right]\\&=\lim_{t\to0^+}\left[t^{-4a}(1+3t+t^4)^a-\frac{1}{t}\right]\\&=\lim_{t\to0^+}\frac{t^{1-4a}(1+3t+t^4)^a-1}{t}=b\neq0,\end{aligned}$$

强化篇答案解析

由此可得

$$\lim_{t\to0^+}[t^{1-4a}(1+3t+t^4)^a-1]=0,$$

即 $1-4a=0$,解得 $a=\frac{1}{4}$.

所以原式 $=\lim_{x\to+\infty}(\sqrt[4]{x^4+3x^3+1}-x)=\lim_{t\to0^+}\frac{\sqrt[4]{1+(3t+t^4)}-1}{t}=\lim_{t\to0^+}\frac{\frac{1}{4}(3t+t^4)}{t}=$ $\frac{3}{4}$,所以 $b=\frac{3}{4}$.

9. 解 因为 $x_n=\frac{n}{n+1}=\sum_{k=1}^{n}[(n+1)^k]^{-\frac{1}{k}}\leqslant\sum_{k=1}^{n}(n^k+1)^{-\frac{1}{k}}\leqslant y_n=\sum_{k=1}^{n}(n^k)^{-\frac{1}{k}}=1$,而 $\lim_{n\to\infty}x_n=\lim_{n\to\infty}y_n=1$,所以原式 $=1$.

10. 证明 $x_n^2=\frac{1^2}{2^2}\cdot\frac{3^2}{4^2}\cdot\frac{5^2}{6^2}\cdots\frac{(2n-1)^2}{(2n)^2}=\frac{1\cdot3}{2^2}\cdot\frac{3\cdot5}{4^2}\cdots\frac{(2n-3)\cdot(2n-1)}{(2n-2)^2}\cdot\frac{2n-1}{(2n)^2}\leqslant$ $\frac{2n-1}{(2n)^2}\leqslant\frac{1}{2n+1}$,可得 $x_n\leqslant\frac{1}{\sqrt{2n+1}}$. 又 $x_n^2=\frac{1}{2}\cdot\frac{3^2}{2\cdot4}\cdot\frac{5^2}{4\cdot6}\cdots\frac{(2n-1)^2}{(2n-2)\cdot(2n)}\cdot\frac{1}{2n}\geqslant$ $\frac{1}{4n}$,可得 $x_n\geqslant\frac{1}{\sqrt{4n}}$,所以有 $\frac{1}{\sqrt{4n}}\leqslant x_n\leqslant\frac{1}{\sqrt{2n+1}}$. 由于 $\lim_{n\to\infty}\frac{1}{\sqrt{4n}}=\lim_{n\to\infty}\frac{1}{\sqrt{2n+1}}=0$,由夹逼准则可知 $\lim_{n\to\infty}x_n=0$.

11. 证明 由 $0<x_1<1$,可得 $x_2=1-(1-x_1)^2\in(0,1)$,由数学归纳法可得对所有的正整数 n 均有 $0<x_n<1$. 因而有 $x_{n+1}-x_n=x_n-x_n^2=x_n(1-x_n)>0$,即 $\{x_n\}$ 是个单调增加数列,又 $x_n<1$,因而它是有界的,故 $\lim_{n\to\infty}x_n$ 存在. 设 $\lim_{n\to\infty}x_n=a$,由 $x_{n+1}=-x_n^2+2x_n$,可得 $a=2a-a^2$,所以 $a=0$ 或者 $a=1$,$\{x_n\}$ 单调增加,必有 $a=1$,即 $\lim_{n\to\infty}x_n=1$.

12. 解 当 $x\to0$ 时,

$$e^{\sin x}-e^{\tan x}=e^{\tan x}(e^{\sin x-\tan x}-1)\sim\sin x-\tan x\sim-\frac{1}{2}x^3,$$

所以 $n=3$.

13. 解 当 $x\neq k\pi(k=0,\pm1,\pm2,\cdots)$ 时,

$$f(x)=\lim_{t\to x}\left[\left(1+\frac{\sin t-\sin x}{\sin x}\right)^{\frac{\sin x}{\sin t-\sin x}}\right]^{\frac{x}{\sin x}}=e^{\frac{x}{\sin x}}$$

是连续的. 当 $x=k\pi(k=0,\pm1,\pm2,\cdots)$ 时,$f(x)$ 无定义,因而 $x=k\pi(k=0,\pm1,\pm2,\cdots)$ 为间断点.

因 $\lim_{x\to0}f(x)=e^{\lim_{x\to0}\frac{x}{\sin x}}=e$,所以 $x=0$ 为 $f(x)$ 的第一类的可去间断点.

强化篇答案解析

当 $k=2n$ 为正偶数时，有 $\lim\limits_{x\to 2n\pi^+} f(x)=e^{\lim\limits_{x\to 2n\pi^+}\frac{x}{\sin x}}=+\infty$，当 $k=2n-1$ 为正奇数时，则有 $\lim\limits_{x\to (2n+1)\pi^-} f(x)=e^{\lim\limits_{x\to (2k+1)\pi^-}\frac{x}{\sin x}}=+\infty$，因此对于所有的正整数 k，$x=k\pi$ 都是 $f(x)$ 的第二类的无穷间断点. 同理对于所有的负整数 k，$x=k\pi$ 也都是 $f(x)$ 的第二类的无穷间断点.

所以 $x=k\pi(k=\pm 1,\pm 2,\cdots)$ 为 $f(x)$ 的第二类的无穷间断点.

第 2 章　导数与微分

一、选择题

1. 答案 (D).

解 (A),(B),(C) 均不正确. 反例:令 $f(x)=1, g(x)=\begin{cases}1, & x \text{ 为有理数}, \\ -1, & x \text{ 为无理数}.\end{cases}$ 那么 $f(x)$ 为处处可导函数,且 $f(x)\neq 0$,$g(x)$ 在$(-\infty,+\infty)$内处处不可导,但 $f[g(x)]=g[f(x)]=g^2(x)=1$,所以 $f[g(x)]$,$g[f(x)]$ 与 $g^2(x)$ 均为可导函数.

(D) 正确. 若$\dfrac{g(x)}{f(x)}$处处可导,由于 $f(x)\neq 0$,则有 $g(x)=f(x)\cdot\dfrac{g(x)}{f(x)}$ 必处处可导,与 $g(x)$ 有不可导点矛盾. 故选(D).

2. 答案 (A).

解 将 $x=0$ 代入等式 $f(x+x_0)=\alpha f(x)$,可得 $f(x_0)=\alpha f(0)$,因而有

$$f'(x_0)=\lim_{x\to 0}\frac{f(x+x_0)-f(x_0)}{x}=\lim_{x\to 0}\frac{\alpha f(x)-\alpha f(0)}{x}$$

$$=\alpha\lim_{x\to 0}\frac{f(x)-f(0)}{x}=\alpha f'(0)=\alpha\beta.$$

故选(A).

3. 答案 (D).

解

$$\lim_{x\to 0}\frac{(1-\cos x)f(x)}{x(e^{x^2}-1)}=\lim_{x\to 0}\frac{\frac{1}{2}x^2 f(x)}{x\cdot x^2}=\lim_{x\to 0}\frac{f(x)}{2x}=\frac{1}{2},$$

所以有 $f'(0)=\lim\limits_{x\to 0}\dfrac{f(x)}{x}=1$. 故选(D).

4. 答案 (D).

解 $\lim\limits_{x\to 0}f(x)=\lim\limits_{x\to 0}\sin x\arctan\dfrac{1}{|x|}=0=f(0)$,故 $f(x)$ 在点 $x=0$ 处连续,$f'(0)=\lim\limits_{x\to 0}\dfrac{\sin x\arctan\frac{1}{|x|}}{x}=\dfrac{\pi}{2}$. 当 $x>0$ 时,$f'(x)=\left(\sin x\arctan\dfrac{1}{x}\right)'=\cos x\arctan\dfrac{1}{x}-\dfrac{\sin x}{1+x^2}$,$\lim\limits_{x\to 0^+}f'(x)=\dfrac{\pi}{2}$;当 $x<0$ 时,$f'(x)=\left(-\sin x\arctan\dfrac{1}{x}\right)'=-\cos x\arctan\dfrac{1}{x}+$

强化篇答案解析

$\frac{\sin x}{1+x^2}$，$\lim\limits_{x\to 0^-}f'(x)=\frac{\pi}{2}$，因此有$\lim\limits_{x\to 0}f'(x)=\frac{\pi}{2}=f'(0)$，由此可得，$f'(x)$在点$x=0$连续.故选(D).

5. 答案 (A).

解 由于 $f'_+(0)=\lim\limits_{x\to 0^+}\frac{x^\alpha\cos\frac{1}{x^\beta}}{x}=\lim\limits_{x\to 0^+}x^{\alpha-1}\cos\frac{1}{x^\beta}$，因此只有当$\alpha-1>0$时，即$\alpha>1$时，$f'_+(0)=0$. 此时有 $f'(x)=\begin{cases}\alpha x^{\alpha-1}\cos\frac{1}{x^\beta}+\beta x^{\alpha-\beta-1}\sin\frac{1}{x^\beta}, & x>0,\\ 0, & x\leqslant 0,\end{cases}$ $f'(x)$在点$x=0$连续，则必有$\lim\limits_{x\to 0^+}f'(x)=\lim\limits_{x\to 0}\left(\alpha x^{\alpha-1}\cos\frac{1}{x^\beta}+\beta x^{\alpha-1-\beta}\sin\frac{1}{x^\beta}\right)=0$，则$\alpha-1-\beta>0$，又$\alpha>1$，所以有$\alpha-\beta>1$. 故选(A).

6. 答案 (A).

解 由题知当$x=0$时，$y=1$，即$f(0)=1$. 对原方程两边关于x求导可得

$$-\sin(xy)(y+xy')+\frac{y'}{y}-1=0,$$

将$x=0$，$y=1$代入上式易知$y'\Big|_{x=0}=1$，即$f'(0)=1$. 所以有

$$\lim_{n\to\infty}n\left[f\left(\frac{2}{n}\right)-1\right]=2\lim_{n\to\infty}\frac{f\left(\frac{2}{n}\right)-f(0)}{\frac{2}{n}}=2f'(0)=2.$$

故选(A).

7. 答案 (C).

解 $\Delta y=\mathrm{d}y+o(\Delta x)(\Delta x\to 0)$，可得

$$\lim_{\Delta x\to 0}\frac{\mathrm{d}y-\Delta y}{\Delta y}=\lim_{\Delta x\to 0}\frac{o(\Delta x)}{\Delta y}=\lim_{\Delta x\to 0}\frac{o(\Delta x)}{\Delta x}\cdot\frac{1}{\frac{\Delta y}{\Delta x}}=0\cdot\frac{1}{f'(x_0)}=0.$$

故选(C).

8. 答案 (B).

解 由题意$\frac{\mathrm{d}y}{\mathrm{d}x}\Big|_{x=3}=\frac{\frac{3}{4}-0}{3-0}=\frac{1}{4}$，另外

$$\frac{\mathrm{d}y}{\mathrm{d}x}\Big|_{x=3}=\left[f\left(\frac{x-1}{x+1}\right)\right]'\Big|_{x=3}=f'\left(\frac{x-1}{x+1}\right)\cdot\frac{2}{(1+x)^2}\Big|_{x=3}=\frac{1}{8}f'\left(\frac{1}{2}\right)=\frac{1}{4}.$$

由此可得 $f'\left(\frac{1}{2}\right)=2$，当 $\Delta u=-0.1$ 时，相应函数值的增量的线性主部即微分为

强化篇答案解析

$\mathrm{d}y\Big|_{\substack{u=\frac{1}{2}\\ \Delta u=-0.1}}=f'(u)\Delta u\Big|_{\substack{u=\frac{1}{2}\\ \Delta u=-0.1}}=-0.2$. 故选(B).

二、填空题

1. 答案 $-\sin 2x\,\mathrm{e}^{-\sin^2 x}$.

解 当$\sin^2 x=0$时,$f(x)=1$. 当$\sin^2 x\neq 0$时,$f(x)=\lim\limits_{n\to\infty}\left[\left(1-\dfrac{\sin^2 x}{n}\right)^{\frac{n}{-\sin^2 x}}\right]^{-\sin^2 x}=\mathrm{e}^{-\sin^2 x}$. 由于$\sin^2 x=0$时,$\mathrm{e}^{-\sin^2 x}=1$,由此可得 $f(x)=\mathrm{e}^{-\sin^2 x}$,$x\in(-\infty,+\infty)$,所以 $f'(x)=-\sin 2x\,\mathrm{e}^{-\sin^2 x}$.

2. 答案 $y=-\dfrac{1}{4}x-1$.

解 由题设有$\lim\limits_{x\to 0}[f(x)+1]=f(0)+1=0$,所以 $f(0)=-1$. 由此可得

$$\lim_{x\to 0}\frac{f(x)+1}{x+\sin x}=\lim_{x\to 0}\frac{\dfrac{f(x)-f(0)}{x}}{\dfrac{x+\sin x}{x}}=\frac{f'(0)}{2}=2,f'(0)=4.$$

所求法线方程为 $y+1=-\dfrac{1}{4}(x-0)$,即为 $y=-\dfrac{1}{4}x-1$.

3. 答案 $\dfrac{2}{3}(x+1)$.

解 在等式 $2f(x)+f(1-x)=x^2$ 中将 x 变换为 $1-x$,可得 $2f(1-x)+f(x)=(1-x)^2$,两个方程式联立可解得 $f(x)=\dfrac{1}{3}(x^2+2x-1)$,所以 $f'(x)=\dfrac{2}{3}(x+1)$.

4. 答案 $\dfrac{3}{2}$.

解 设 $y=f^{-1}(u)$,$u=f(y)$,$u=\dfrac{2x-1}{x+1}$,则有 $\varphi'(x)=\dfrac{\mathrm{d}y}{\mathrm{d}u}\cdot\dfrac{\mathrm{d}u}{\mathrm{d}x}=\dfrac{1}{f'(y)}\cdot\dfrac{3}{(1+x)^2}$,$x=1$时,$u=\dfrac{1}{2}$,$y=f^{-1}\left(\dfrac{1}{2}\right)=1$,因此有 $\varphi'(1)=\dfrac{1}{f'(y)}\cdot\dfrac{3}{(1+x)^2}\Big|_{x=1}=\dfrac{3}{2}$.

5. 答案 2.

解 将 $x=1$ 代入原方程可得 $y(1+y^2)=0$,解得 $y=0$. 方程式两边同时 x 求导,可得

$$2x+(y+xy')+3y^2\cdot y'=0. \qquad (*)$$

代入 $x=1$,$y=0$ 得 $y'(1)=-2$.

(*)式两边再对 x 求导,可得 $2+2y'+xy''+6y\cdot(y')^2+3y^2y''=0$,将 $x=1$,$y=0$,$y'(1)=-2$ 代入可得 $y''(1)=2$.

6. 答案 $\sqrt{2}$.

强化篇答案解析

解 $\frac{\mathrm{d}y}{\mathrm{d}x}=\frac{t\cos t}{\cos t}=t,\left.\frac{\mathrm{d}^2y}{\mathrm{d}x^2}\right|_{t=\frac{\pi}{4}}=\left.\frac{1}{\cos t}\right|_{t=\frac{\pi}{4}}=\sqrt{2}.$

7. 答案 $-\frac{\mathrm{e}}{2}.$

解 将 $t=0$ 代入到等式 $\mathrm{e}^y\sin t-y+1=0$ 中,可得 $y=1$. 对方程式 $\mathrm{e}^y\sin t-y+1=0$ 关于 t 同时求导,可得 $\mathrm{e}^y\cos t+\mathrm{e}^y\sin t\cdot\frac{\mathrm{d}y}{\mathrm{d}t}-\frac{\mathrm{d}y}{\mathrm{d}t}=0$,解得 $\frac{\mathrm{d}y}{\mathrm{d}t}=\frac{\mathrm{e}^y\cos t}{1-\mathrm{e}^y\sin t}$. 所以 $\left.\frac{\mathrm{d}y}{\mathrm{d}x}\right|_{t=0}=\left.\frac{\frac{\mathrm{e}^y\cos t}{1-\mathrm{e}^y\sin t}}{6t-2}\right|_{t=0}=-\frac{\mathrm{e}}{2}.$

8. 答案 $\frac{\ln\cos y-y\cot x}{x\tan y+\ln\sin x}\mathrm{d}x.$

解 对等式两边同时取对数,可得 $x\ln\cos y=y\ln\sin x$. 上述等式两边同时求微分,可得 $\ln\cos y\mathrm{d}x-x\tan y\mathrm{d}y=y\cot x\mathrm{d}x+\ln\sin x\mathrm{d}y$,解得 $\mathrm{d}y=\frac{\ln\cos y-y\cot x}{x\tan y+\ln\sin x}\mathrm{d}x.$

9. 答案 $n!.$

解 设 $u(x)=(x-2)^n,v(x)=(x-1)^n\sin\frac{\pi x^2}{8}$,则 $f^{(n)}(x)=\sum_{i=0}^{n}\mathrm{C}_n^i u^{(i)}(x)v^{(n-i)}(x)$, $u^{(i)}(2)=0(i=0,1,\cdots,n-1),u^{(n)}(2)=n!,v(2)=(2-1)^n\sin\frac{\pi}{2}=1$,所以有 $f^{(n)}(2)=n!.$

10. 答案 $2\sqrt{2}v_0.$

解 P 点在 t 时刻的坐标为 $(x(t),y(t))$,所以该点距原点的距离可表示为

$$l(t)=\sqrt{x^2(t)+y^2(t)}=\sqrt{x^2(t)+x^6(t)},$$

又因为 $\frac{\mathrm{d}x}{\mathrm{d}t}=v_0,\frac{\mathrm{d}l}{\mathrm{d}t}=\frac{2x(t)+6x^5(t)}{2\sqrt{x^2(t)+x^6(t)}}\cdot\frac{\mathrm{d}x}{\mathrm{d}t}$,故而 $\left.\frac{\mathrm{d}l}{\mathrm{d}t}\right|_{(1,1)}=\frac{8}{2\sqrt{2}}\cdot v_0=2\sqrt{2}v_0.$

三、解答题

1. 解 由于可导一定连续,在等式 $f(\cos x)-\mathrm{e}f[\ln(\mathrm{e}+x^2)]=2x^2+o(x^2)$ 中令 $x\to0$,可得 $f(1)-\mathrm{e}f(1)=0$,即 $f(1)=0$. 原等式两边同时除以 x^2 可得 $\frac{f(\cos x)-\mathrm{e}f[\ln(\mathrm{e}+x^2)]}{x^2}=2+\frac{o(x^2)}{x^2}$,注意到 $f(1)=0$,上述等式左边作等价变形后可得

$$\frac{f(1+\cos x-1)-f(1)}{x^2}-\frac{f\left[1+\ln\left(1+\frac{x^2}{\mathrm{e}}\right)\right]-f(1)}{\frac{x^2}{\mathrm{e}}}=2+\frac{o(x^2)}{x^2}.\qquad(*)$$

由于

$$\lim_{x\to0}\frac{f(1+\cos x-1)-f(1)}{x^2}=\lim_{x\to0}\frac{f(1+\cos x-1)-f(1)}{\cos x-1}\cdot\frac{\cos x-1}{x^2}=-\frac{1}{2}f'(1),$$

$$\lim_{x\to0}\frac{f\left[1+\ln\left(1+\frac{x^2}{e}\right)\right]-f(1)}{\frac{x^2}{e}}=\lim_{x\to0}\frac{f\left[1+\ln\left(1+\frac{x^2}{e}\right)\right]-f(1)}{\ln\left(1+\frac{x^2}{e}\right)}\cdot\frac{\ln\left(1+\frac{x^2}{e}\right)}{\frac{x^2}{e}}=f'(1).$$

(＊)式两边同时取极限 $x\to0$，可得 $-\frac{3}{2}f'(1)=2$，所以 $f'(1)=-\frac{4}{3}$. $f(x)$ 为偶函数，则 $f'(x)$ 为奇函数，从而有 $f(-1)=f(1)=0$，$f'(-1)=-f'(1)=\frac{4}{3}$，故所求的切线方程为 $\frac{y}{x+1}=\frac{4}{3}$，即为 $y=\frac{4}{3}(x+1)$.

2. **解** 曲线 $y=\arctan x$ 在点 $(a,\arctan a)$ 处的切线方程为 $y=\frac{1}{1+a^2}x+\arctan a-\frac{a}{1+a^2}$，它与 y 轴交点是 $\left(0,\arctan a-\frac{a}{1+a^2}\right)$，所以 $y_a=\arctan a-\frac{a}{1+a^2}$. 所求极限

$$\lim_{a\to+\infty}y_a=\lim_{a\to+\infty}\left(\arctan a-\frac{a}{1+a^2}\right)=\frac{\pi}{2}.$$

3. **证明** 设曲线上任意点为 $M(x_0,y_0)$，对应的参数值为 t_0，由参数函数求导法可得

$$\left.\frac{\mathrm{d}y}{\mathrm{d}x}\right|_{t=t_0}=\left.\frac{y'_t}{x'_t}\right|_{t=t_0}=\left.\frac{a(\cos t-\cos t+t\sin t)}{a(-\sin t+\sin t+t\cos t)}\right|_{t=t_0}=\tan t_0.$$

于是，M 处法线方程为 $y-a(\sin t_0-t_0\cos t_0)=-\frac{1}{\tan t_0}[x-a(\cos t_0+t_0\sin t_0)]$，整理可得 $\cos t_0\cdot x+\sin t_0\cdot y=a$. 由点到直线距离公式可得，所求距离为 $d=\frac{|\cos t_0\cdot0+\sin t_0\cdot0-a|}{\sqrt{\cos^2t_0+\sin^2t_0}}=a$ 为常数.

4. **解** 当 $x<0$ 时，$f(x)=\sin x+2a\mathrm{e}^x$ 可导，且有 $f'(x)=\cos x+2a\mathrm{e}^x$. 当 $x>0$ 时，$f(x)=9\arctan x+2b(x-1)^3$ 可导，且有 $f'(x)=\frac{9}{1+x^2}+6b(x-1)^2$. 在点 $x=0$ 处，由于可导一定连续，因此有 $f(0^-)=\lim\limits_{x\to0^-}(\sin x+2a\mathrm{e}^x)=2a=f(0)=-2b$.

又 $f'_-(0)=(\cos x+2a\mathrm{e}^x)\Big|_{x=0}=1+2a$，$f'_+(0)=\left[\frac{9}{1+x^2}+6b(x-1)^2\right]\Big|_{x=0}=9+6b$，$f'(0)$ 存在，则有 $f'_-(0)=f'_+(0)$，即有 $1+2a=9+6b$.

综上，$\begin{cases}a=-b,\\1+2a=9+6b.\end{cases}$ 解得 $a=1,b=-1$. $f(x)=\begin{cases}\cos x+2\mathrm{e}^x, & x<0,\\ \frac{9}{1+x^2}-6(x-1)^2, & x\geqslant0.\end{cases}$

5. **解** 当 $x<0$ 时，$\lim\limits_{n\to\infty}\left(\frac{n+2x}{n-x}\right)^n=\lim\limits_{n\to\infty}\left[\left(1+\frac{3x}{n-x}\right)^{\frac{n-x}{3x}}\right]^{\frac{3xn}{n-x}}=\mathrm{e}^{3x}$，当 $x=0$ 时，$\lim\limits_{n\to\infty}$

$\left(\frac{n+2x}{n-x}\right)^n=1=e^0$，所以 $f(x)=\begin{cases}ax+x^\alpha\sin\frac{1}{x}, & x>0,\\ e^{3x}+b, & x\leqslant 0,\end{cases}$ 由于可导一定连续，因此有

$\lim\limits_{x\to0^+}\left(ax+x^\alpha\sin\frac{1}{x}\right)=f(0)=b+1$，必有 $b=-1,\alpha>0$. $f'(0)$ 存在，则有 $f'_-(0)=f'_+(0)$，

而 $f'_-(0)=\lim\limits_{x\to0^-}\frac{e^{3x}-1}{x}=3$，因此必有

$$f'_+(0)=\lim_{x\to0^+}\frac{ax+x^\alpha\sin\frac{1}{x}}{x}=a+\lim_{x\to0^+}x^{\alpha-1}\sin\frac{1}{x}=3,$$

所以有 $a=3,\alpha>1$. 综合上述讨论的情况，可得 a,b,α 的取值为 $a=3,b=-1,\alpha>1$.

6. **解** 由复合函数求导法，可得

$$\frac{dy}{dx}=f'[f(e^{x^2})]\cdot f'(e^{x^2})\cdot e^{x^2}\cdot 2x=2xe^{x^2}f'(e^{x^2})f'[f(e^{x^2})].$$

$$\frac{d^2y}{dx^2}=2(1+2x^2)e^{x^2}f'(e^{x^2})f'[f(e^{x^2})]+4x^2e^{2x^2}f''(e^{x^2})f'[f(e^{x^2})]$$
$$+4x^2e^{2x^2}[f'(e^{x^2})]^2f''[f(e^{x^2})].$$

7. **解** 等式 $y=f(x+y)$ 两边对 x 求导得 $y'=(1+y')f'$，解得 $y'=\frac{f'}{1-f'}$. 在等式 $y'=(1+y')f'$ 两边对 x 再求导得 $y''=(1+y')^2f''+y''f'$，所以 $y''=\frac{(1+y')^2f''}{1-f'}=\frac{f''}{(1-f')^3}$.

8. **解** 在 $y-xe^{y-1}=1$ 中令 $x=0$ 得 $y=1$. 对等式 $y-xe^{y-1}=1$ 两边关于 x 求导得 $y'-e^{y-1}-xe^{y-1}y'=0$，即 $(2-y)y'-e^{y-1}=0$，将 $x=0,y=1$ 代入可得 $y'\big|_{x=0}=1$. 对等式 $(2-y)y'-e^{y-1}=0$ 两边关于 x 求导得 $(2-y)y''-y'^2-e^{y-1}y'=0$，将 $x=0,y=1,y'=1$ 代入可得 $y''\big|_{x=0}=2$. 因为 $\frac{dz}{dx}=f'(\ln y-\sin x)\left(\frac{y'}{y}-\cos x\right)$，所以 $\frac{dz}{dx}\Big|_{x=0}=0$. 又

$\frac{d^2z}{dx^2}=f''(\ln y-\sin x)\left(\frac{y'}{y}-\cos x\right)^2+f'(\ln y-\sin x)\left(\frac{y''y-y'^2}{y^2}+\sin x\right)$，所以

$$\frac{d^2z}{dx^2}\Big|_{x=0}=f''(0)\cdot0+f'(0)\left(\frac{2\cdot1-1^2}{1^2}+0\right)=1.$$

9. **证明** (1) $y'=-\beta\sin(\beta\arcsin x)\cdot\frac{1}{\sqrt{1-x^2}}$,

$$y''=-\beta^2\cos(\beta\arcsin x)\cdot\frac{1}{1-x^2}-\beta x\cdot\frac{\sin(\beta\arcsin x)}{\sqrt{1-x^2}}\cdot\frac{1}{1-x^2}$$
$$=\frac{-\beta^2y}{1-x^2}+\frac{xy'}{1-x^2},$$

故得$(1-x^2)y''-xy'+\beta^2y=0$.

解 (2) 对等式$(1-x^2)y''-xy'+\beta^2y=0$两边求 $n-2$ 阶导数,可得

$$(1-x^2)y^{(n)}-2(n-2)xy^{(n-1)}-(n-2)(n-3)y^{(n-2)}-xy^{(n-1)}-(n-2)y^{(n-2)}+\beta^2y^{(n-2)}=0,$$

令 $x=0$,得 $y^{(n)}(0)=[(n-2)^2-\beta^2]y^{(n-2)}(0)$. 由于 $y'(0)=0, y''(0)=-\beta^2$,由递推法可得

$$y^{(n)}(0)=\begin{cases}0, & n=2m-1,\\ \prod_{k=1}^{m}[4(k-1)^2-\beta^2], & n=2m,\end{cases} \quad m=1,2,\cdots.$$

第 3 章 微分中值定理与导数应用

一、选择题

1. 答案 (C).

解 由题设有 $f''(0)+[f'(0)]^2=e^0-1$，即 $f''(0)=0$，对原方程式等式两边同时求导可得 $f'''(x)+2f'(x)f''(x)=e^x$，令 $x=0$ 可得 $f'''(0)=1$，所以点 $(0,f(0))$ 是曲线 $y=f(x)$ 的拐点，故选(C).

2. 答案 (D).

解 由题可知 $f'(0)=\lim\limits_{x\to 0}\dfrac{\dfrac{e^x-1}{x}-1}{x}=\lim\limits_{x\to 0}\dfrac{e^x-1-x}{x^2}=\lim\limits_{x\to 0}\dfrac{e^x-1}{2x}=\lim\limits_{x\to 0}\dfrac{x}{2x}=\dfrac{1}{2}$，即 $f(x)$ 在点 $x=0$ 处可导且导数不等于 0，故选(D).

3. 答案 (B).

解 因为 $f'''(x)>0$，所以 $f''(x)$ 在 $[0,1]$ 上单增，因而当 $x\in(0,1)$ 时，有 $f''(x)>f''(0)=0$，从而有 $f'(x)$ 在 $[0,1]$ 上也单增，又由拉格朗日中值定理知 $\exists\xi\in(0,1)$ 使得 $f(1)-f(0)=f'(\xi)$，由此可得 $f'(0)<f'(\xi)=f(1)-f(0)<f'(1)$，因此应选答案(B).

4. 答案 (B).

解 方程对 x 求导得 $2xy^2+2yx^2\cdot y'+y'=0$，令 $y'=0$，因 $y>0$，得 $x=0$. 代入原方程解得 $y=1$. 再对 x 求导得 $2y^2+4xy\cdot y'+4xyy'+2x^2\cdot(y')^2+2x^2yy''+y''=0$，将 $x=0,y=1,y'=0$ 代入，得 $y''(0)=-2<0$，所以函数在 $x=0$ 点取极大值. 又因函数只有一个驻点，所以函数无极小值. 故选(B).

5. 答案 (B).

解 因 $f(x)$ 在区间 $[a,+\infty)$ 上二阶可导，且 $f''(x)<0(x>a)$，所以 $f'(x)$ 在 $[a,+\infty)$ 上单减. 因此当 $x\in(a,+\infty)$ 时，$f'(x)<f'(a)<0$，因此函数 $f(x)$ 在区间 $[a,+\infty)$ 上单减. $f(x)$ 在区间 $[a,+\infty)$ 上二阶可导，由 Taylor 公式，当 $x>a$ 时，$f(x)=f(a)+f'(a)(x-a)+\dfrac{f''(\xi)}{2!}(x-a)^2$，取 $b=a-\dfrac{f(a)}{f'(a)}>a$，代入得 $f(b)=\dfrac{f''(\xi)}{2!}(b-a)^2<0$，因此 $f(a)f(b)<0$，由连续函数的零点定理知函数 $f(x)$ 在 (a,b) 有零点，再根据 $f(x)$ 在区间 $[a,+\infty)$ 上单减可得方程 $f(x)=0$ 在 $(a,+\infty)$ 内有且仅有一个实根. 故

选(B).

6. 答案 (B).

解 由 $f'_+(a)=\lim\limits_{x\to a^+}\dfrac{f(x)-f(a)}{x-a}<0$ 以及极限的保号性可得存在 $x_0\in(a,b)$ 使得 $f(x_0)<f(a)$,因此 ① 正确. 同理,由 $f'_-(b)>0$ 可得存在 $x_0\in(a,b)$,使得 $f(x_0)<f(b)$. 因此②不正确. 由前面讨论知 $f(x)$ 在$[a,b]$内最小值必在(a,b)内取到,再根据极值的条件知 ③ 正确. 令 $f(x)=x(x-1)$,那么 $f(x)$ 在$[0,1]$满足题设条件,但 $x\in(0,1)$ 时,恒有 $f(x)<0=\dfrac{1}{3}[f(0)+2f(1)]$,故 ④ 不正确. 因此选答案(B).

7. 答案 (A).

解 由题设有 $\lim\limits_{x\to 0}[f(x)-f'(x)]=f(0)-f'(0)=0, f'(0)=0$, 因 $x\to 0$ 时, $\ln(1+x)\sim x$,由此可得

$$\lim_{x\to 0}\frac{f(x)-f'(x)}{\ln(1+x)}=\lim_{x\to 0}\left[\frac{f(x)-f(0)}{x}-\frac{f'(x)-f'(0)}{x}\right]$$
$$=f'(0)-f''(0)=-1\Rightarrow f''(0)=1,$$

因此 $f(0)$ 是 $f(x)$ 的极小值. 所以答案为(A).

8. 答案 (A).

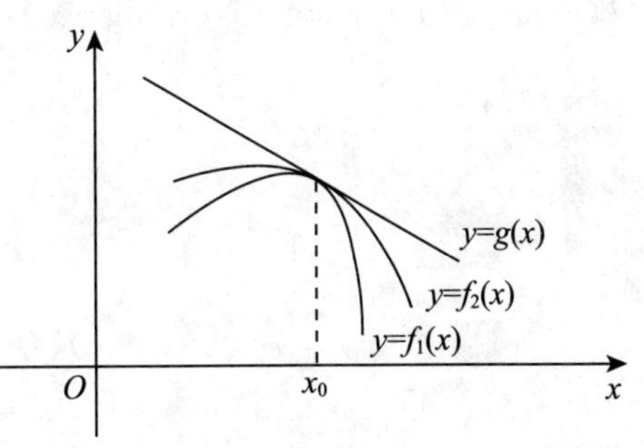

解 因为 $f''_i(x_0)<0,(i=1,2)$,所以在点 x_0 某邻域内曲线 $y=f_1(x)$ 和 $y=f_2(x)$ 的图像是凸的,又在该点处曲线 $y=f_1(x)$ 的曲率大于曲线$y=f_2(x)$ 的曲率,如右图所示,可得 $f_1(x)\leqslant f_2(x)\leqslant g(x)$. 故选(A).

9. 答案 (A).

解 抛物线 $y^2=2px$ 与直线 $y=x$ 交点的坐标为$(2p,2p)$,对方程式 $y^2=2px$ 两边关于 x 同时求导可得 $2yy'=2p$,则 $y'(2p)=\dfrac{1}{2}$,再对 $2yy'=2p$ 两边关于 x 同时求导可得 $(y')^2+yy''=0$,则 $y''(2p)=-\dfrac{1}{8p}$,由此可得曲率 $K=\dfrac{\frac{1}{8p}}{\left(1+\frac{1}{4}\right)^{\frac{3}{2}}}=\dfrac{1}{5\sqrt{5}}$,所以 $p=1$. 所求切线方程为$\dfrac{y-2}{x-2}=\dfrac{1}{2}$,即为 $x-2y+2=0$. 故答案为(A).

10. 答案 (B).

解 令 $f(x)=\ln x-ax, f'(x)=\dfrac{1}{x}-a$,当 $a\leqslant 0$ 时, $f'(x)>0$,函数 $f(x)$ 单调

递增,原方程不可能有两个根;当 $a>0$ 时,$f'\left(\frac{1}{a}\right)=0$,$\lim\limits_{x\to0^+}f(x)=-\infty$,$\lim\limits_{x\to+\infty}f(x)=-\infty$,$f(x)$ 在$\left(0,\frac{1}{a}\right]$上单调递增,在$\left[\frac{1}{a},+\infty\right)$上单调递减,又原方程有两个根,故 $f\left(\frac{1}{a}\right)=-\ln a-1>0$,所以当 $0<a<\frac{1}{e}$ 时原方程仅有两个实根. 故选(B).

二、填空题

1. 答案 3.

解 由泰勒公式知 $x\to0$ 时,$\tan x=x+\frac{1}{3}x^3+o(x^3)$,因此当 $x\to0$ 时,有 $e^{\tan x}-e^x=e^x(e^{\tan x-x}-1)\sim\tan x-x=\frac{1}{3}x^3+o(x^3)\sim\frac{1}{3}x^3$,可得 $n=3$.

2. 答案 $-\frac{1}{6}$.

解 由题设有 $f'(0)=f''(0)=0$,对等式 $f'(x)+xg(x)=e^x-1$ 两边同时求二阶导数可得 $f'''(x)+xg''(x)+2g'(x)=e^x$,所以有 $f'''(0)=-1$,原式 $=\lim\limits_{x\to0}\frac{f(x)-2}{x^3}=\lim\limits_{x\to0}\frac{f'''(x)}{6}=-\frac{1}{6}$.

3. 答案 $[e^{-\frac{1}{e}},1]$.

解 $f'(x)=x^x(1+\ln x)$,令 $f'(x)=0$,得 $x=\frac{1}{e}$. 当 $x\in\left(0,\frac{1}{e}\right)$ 时,$f'(x)<0$,当$x\in\left(\frac{1}{e},1\right)$ 时,$f'(x)>0$,因此 $f(x)$ 在$\left(0,\frac{1}{e}\right]$上单调递减,在$\left[\frac{1}{e},1\right]$上单调递增,$f\left(\frac{1}{e}\right)=e^{-\frac{1}{e}}$,$f(1)=1$,$\lim\limits_{x\to0^+}f(x)=1$,因此函数 $f(x)$ 在$(0,1]$上最大值为1,最小值为 $e^{-\frac{1}{e}}$,由连续函数性质知 $f(x)$ 的值域为$[e^{-\frac{1}{e}},1]$.

4. 答案 $a\geqslant8$.

解 由题设知 $a>0$,$f'(x)=x-\frac{a}{x^2}=\frac{x^3-a}{x^2}$,令 $f'(x)=0$,可得 $x=\sqrt[3]{a}$,进一步分析可得 $f(x)$ 在$(0,\sqrt[3]{a}]$上单调递减,在$[\sqrt[3]{a},+\infty)$上单调递增,因此 $f(\sqrt[3]{a})=\frac{3}{2}\sqrt[3]{a^2}$ 为函数 $f(x)$ 在$(0,+\infty)$内的最小值. 根据题意有$\frac{3}{2}\sqrt[3]{a^2}\geqslant6$,即 $a\geqslant8$.

5. 答案 $\left(-\frac{1}{5},-\frac{6\sqrt[3]{5}}{25}\right)$.

解 函数 $y=f(x)$ 的定义域为$(-\infty,+\infty)$. $f'(x)=\frac{5}{3}x^{\frac{2}{3}}-\frac{2}{3}x^{-\frac{1}{3}}$，$f''(x)=\frac{10}{9}x^{-\frac{4}{3}}\left(x+\frac{1}{5}\right)$，$f''\left(-\frac{1}{5}\right)=0$，$f''(0)$不存在，且$f''(x)$在点$x=-\frac{1}{5}$附近两侧异号，而在点$x=0$附近两侧同号，所以曲线$y=x^{\frac{2}{3}}(x-1)$的拐点为$\left(-\frac{1}{5},f\left(-\frac{1}{5}\right)\right)=\left(-\frac{1}{5},-\frac{6\sqrt[3]{5}}{25}\right)$，而$(0,0)$不是曲线的拐点.

6. **答案** $(-\infty,1)$.

解 $\frac{\mathrm{d}y}{\mathrm{d}x}=\frac{3t^2-3}{3t^2+3}=\frac{t^2-1}{t^2+1}$，$\frac{\mathrm{d}^2y}{\mathrm{d}x^2}=\frac{\frac{4t}{(t^2+1)^2}}{3t^2+3}=\frac{4t}{3(t^2+1)^3}$，由于曲线$y=y(x)$为凸曲线，则有$\frac{\mathrm{d}^2y}{\mathrm{d}x^2}<0$，可得$t<0$，相应的有$x=t^3+3t+1<1$，即曲线$y=y(x)$的凸区间是$(-\infty,1)$.

7. **答案** $y=x+1$.

解 $\lim\limits_{x\to+\infty}\frac{y}{x}=\lim\limits_{x\to+\infty}\frac{x^2+x+1}{x\sqrt{x^2-1}}=1$，$\lim\limits_{x\to+\infty}(y-x)=\lim\limits_{x\to+\infty}\frac{x^2+x+1-x\sqrt{x^2-1}}{\sqrt{x^2-1}}=\lim\limits_{x\to+\infty}\frac{x+1}{\sqrt{x^2-1}}+\lim\limits_{x\to+\infty}\frac{x(x-\sqrt{x^2-1})}{\sqrt{x^2-1}}=1$，所以该曲线的斜渐近线为$y=x+1$.

8. **答案** $\left(\frac{\sqrt{2}}{2},-\frac{1}{2}\ln 2\right)$.

解 $y'=\frac{1}{x}$，$y''=-\frac{1}{x^2}$，曲率$K(x)=\frac{\left|-\frac{1}{x^2}\right|}{\sqrt{\left(1+\frac{1}{x^2}\right)^3}}=\frac{x}{\sqrt{(1+x^2)^3}}$，$K'=\frac{1-2x^2}{\sqrt{(1+x^2)^5}}$，令$K'=0$，解得$x=\frac{\sqrt{2}}{2}$或者$x=-\frac{\sqrt{2}}{2}$（舍去）. $K(x)$在$\left(0,\frac{\sqrt{2}}{2}\right]$为增函数，$K(x)$在$\left[\frac{\sqrt{2}}{2},+\infty\right)$为减函数，所以$x=\frac{\sqrt{2}}{2}$时，曲率$K$取得极大值，同时也是最大值，相应的曲率半径$R=\frac{1}{K}$取得最小值. 故$(x_0,y_0)=\left(\frac{\sqrt{2}}{2},-\frac{1}{2}\ln 2\right)$.

三、解答题

1. **证明** 由连续函数的介值定理可知 $\exists x_0\in[0,2]$，使得

$$f(x_0)=\frac{f(0)+f(1)+f(2)}{3}=1,$$

强化篇答案解析

由 Rolle 定理知 $\exists \xi \in (x_0,3) \subset (0,3)$，使得 $f'(\xi)=0$.

2. 证明 令 $F(x)=f(b)-f(x)-(b-x)f'(x)$，$G(x)=g(b)-g(x)-(b-x)g'(x)$，则 $F'(x)=-(b-x)f''(x)$，$G'(x)=-(b-x)g''(x)$，由柯西中值定理知 $\exists \xi \in (a,b)$，使得 $\dfrac{F(b)-F(a)}{G(b)-G(a)}=\dfrac{F'(\xi)}{G'(\xi)}$，即有 $\dfrac{f(b)-f(a)-(b-a)f'(a)}{g(b)-g(a)-(b-a)g'(a)}=\dfrac{f''(\xi)}{g''(\xi)}$.

3. 证明 原等式等价于 $\dfrac{\dfrac{e^{x_2}}{x_2}-\dfrac{e^{x_1}}{x_1}}{\dfrac{1}{x_2}-\dfrac{1}{x_1}}=\dfrac{\dfrac{e^{\xi}(\xi-1)}{\xi^2}}{-\dfrac{1}{\xi^2}}$.

令 $f(x)=\dfrac{e^x}{x}$，$g(x)=\dfrac{1}{x}$，由于 $0\notin[x_1,x_2]$，所以 $f(x)$，$g(x)$ 均在 $[x_1,x_2]$ 上可导，

且 $g'(x)=-\dfrac{1}{x^2}\neq 0$，有柯西中值定理知 $\exists \xi \in (x_1,x_2)$，使得 $\dfrac{f(x_2)-f(x_1)}{g(x_2)-g(x_1)}=\dfrac{f'(\xi)}{g'(\xi)}$，即有

$$\frac{\dfrac{e^{x_2}}{x_2}-\dfrac{e^{x_1}}{x_1}}{\dfrac{1}{x_2}-\dfrac{1}{x_1}}=\frac{\dfrac{e^{\xi}(\xi-1)}{\xi^2}}{-\dfrac{1}{\xi^2}}.$$

4. 解 (1) 由可导与连续关系可得 $f(x)$ 在点 $x=0$ 处连续，即

$$\lim_{x\to 0}f(x)=\lim_{x\to 0}\frac{\varphi(x)-\cos x}{x}=\lim_{x\to 0}\frac{\varphi'(x)+\sin x}{1}=\varphi'(0)=f(0)=a,$$

故 $a=\varphi'(0)$.

于是，由导数定义可得：

$$\begin{aligned}f'(0)&=\lim_{x\to 0}\frac{f(x)-f(0)}{x}=\lim_{x\to 0}\frac{\dfrac{\varphi(x)-\cos x}{x}-\varphi'(0)}{x}=\lim_{x\to 0}\frac{\varphi(x)-\cos x-\varphi'(0)x}{x^2}\\&=\lim_{x\to 0}\frac{\varphi'(x)+\sin x-\varphi'(0)}{2x}=\frac{1}{2}\left[\lim_{x\to 0}\frac{\varphi'(x)-\varphi'(0)}{x}+\lim_{x\to 0}\frac{\sin x}{x}\right]\\&=\frac{\varphi''(0)+1}{2}.\end{aligned}$$

(2) 由分段函数求导法可得 $f'(x)=\begin{cases}\dfrac{[\varphi'(x)+\sin x]x-\varphi(x)+\cos x}{x^2}, & x\neq 0,\\ \dfrac{\varphi''(0)+1}{2}, & x=0.\end{cases}$

(3) 因为 $\displaystyle\lim_{x\to 0}\frac{[\varphi'(x)+\sin x]x-\varphi(x)+\cos x}{x^2}=\lim_{x\to 0}\frac{\varphi''(x)+\cos x}{2}=\frac{\varphi''(0)+1}{2}=f'(0)$，故 $f'(x)$ 在点 $x=0$ 处连续.

5. 解 由泰勒公式可知在 $x=0$ 的某个邻域内有 $\cos x=1-\dfrac{x^2}{2}+\dfrac{x^4}{24}+o(x^4)$，$e^{-\frac{x^2}{2}}=1-$

$\frac{x^2}{2}+\frac{x^4}{8}+o(x^4)$，$\ln(1-2x)=-2x-2x^2+o(x^2)$，所以有

$$原式=\lim_{x\to 0}\frac{\left[1-\frac{x^2}{2}+\frac{x^4}{24}+o(x^4)\right]-\left[1-\frac{x^2}{2}+\frac{x^4}{8}+o(x^4)\right]}{x^2[2x-2x-2x^2+o(x^2)]}=\frac{1}{24}.$$

6. **解** $\sqrt{1+x^2}=1+\frac{x^2}{2}-\frac{x^4}{8}+o(x^4)$，$\cos x=1-\frac{x^2}{2}+o(x^2)$，$e^{x^2}=1+x^2+o(x^2)$，

所以有

$$原式=\lim_{x\to 0}\frac{\frac{x^2}{2}+1-\left[1+\frac{x^2}{2}-\frac{x^4}{8}+o(x^4)\right]}{\left\{1-\frac{x^2}{2}+o(x^2)-[1+x^2+o(x^2)]\right\}\sin^2 x}=-\frac{1}{12}.$$

7. **解** 因为 $\sin x=x-\frac{x^3}{6}+\frac{x^5}{120}+o(x^5)$，$\cos x=1-\frac{x^2}{2}+\frac{x^4}{24}+o(x^4)$ 所以

$$f(x)=x-\left\{a+b\left[1-\frac{x^2}{2}+\frac{x^4}{24}+o(x^4)\right]\right\}\left[x-\frac{x^3}{6}+\frac{x^5}{120}+o(x^5)\right]$$

$$=(1-a-b)x+\left(\frac{a}{6}+\frac{2b}{3}\right)x^3-\left(\frac{2b}{15}+\frac{a}{120}\right)x^5+o(x^5).$$

由题设有 $1-a-b=0$，$\frac{a}{6}+\frac{2b}{3}=0$，解得 $a=\frac{4}{3}$，$b=-\frac{1}{3}$，即$\frac{2b}{15}+\frac{a}{120}=-\frac{1}{30}$，则

$$\lim_{x\to 0}\frac{f(x)}{x^5}=\lim_{x\to 0}\frac{\frac{1}{30}x^5+o(x^5)}{x^5}=\frac{1}{30}.$$

8. **解** 可先将$\frac{1}{n}$ 换为 x，考虑函数极限 $\lim_{x\to 0^+}\frac{\cos x-e^{-\frac{x^2}{2}}}{x^4}$.

解法一(利用洛必达法则)

$$\lim_{x\to 0^+}\frac{\cos x-e^{-\frac{x^2}{2}}}{x^4}=\lim_{x\to 0^+}\frac{-\sin x+xe^{-\frac{x^2}{2}}}{4x^3}=\lim_{x\to 0^+}\frac{-\cos x+e^{-\frac{x^2}{2}}-x^2e^{-\frac{x^2}{2}}}{12x^2}$$

$$=\lim_{x\to 0^+}\frac{-\cos x+e^{-\frac{x^2}{2}}}{12x^2}-\lim_{x\to 0^+}\frac{e^{-\frac{x^2}{2}}}{12}=\lim_{x\to 0^+}\frac{\sin x-xe^{-\frac{x^2}{2}}}{24x}-\frac{1}{12}$$

$$=\frac{1}{24}\lim_{x\to 0^+}\left(\frac{\sin x}{x}-e^{-\frac{x^2}{2}}\right)-\frac{1}{12}=-\frac{1}{12},$$

再由数列极限与函数极限关系，可得原式$=-\frac{1}{12}$.

解法二(利用泰勒公式)　将 $\cos x$，$e^{-\frac{x^2}{2}}$ 展成 4 阶麦克劳林公式：

$$\cos x=1-\frac{x^2}{2!}+\frac{x^4}{4!}+o(x^4)=1-\frac{x^2}{2}+\frac{x^4}{24}+o(x^4),$$

$$e^{-\frac{x^2}{2}}=1+\left(-\frac{x^2}{2}\right)+\frac{1}{2!}\left(\frac{x^2}{2}\right)^2+o(x^4)=1-\frac{x^2}{2}+\frac{x^4}{8}+o(x^4),$$

$$\cos x-e^{-\frac{x^2}{2}}=\left(\frac{1}{24}-\frac{1}{8}\right)x^4+o(x^4)=-\frac{1}{12}x^4+o(x^4),$$

故$\lim\limits_{x\to 0}\frac{\cos x-e^{-\frac{x^2}{2}}}{x^4}=-\frac{1}{12}$. 于是,原式$=-\frac{1}{12}$.

9. 解 y 的定义域为$(-\infty,+\infty)$,$y'=15x^4-15x^2$,$y''=60x^3-30x=60x\left(x-\frac{\sqrt{2}}{2}\right)\left(x+\frac{\sqrt{2}}{2}\right)$,令$y''=0$,解得$x=0,\pm\frac{\sqrt{2}}{2}$,列表分析如下.

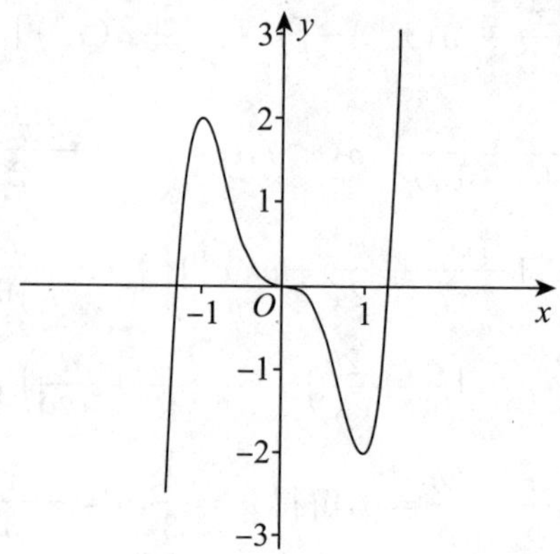

x	$\left(-\infty,-\frac{\sqrt{2}}{2}\right)$	$-\frac{\sqrt{2}}{2}$	$\left(-\frac{\sqrt{2}}{2},0\right)$	0	$\left(0,\frac{\sqrt{2}}{2}\right)$	$\frac{\sqrt{2}}{2}$	$\left(\frac{\sqrt{2}}{2},+\infty\right)$
y''	$-$	0	$+$	0	$-$	0	$+$
y	凸	拐点	凹	拐点	凸	拐点	凹

所以曲线 $y=3x^5-5x^3$ 在区间$\left(-\infty,-\frac{\sqrt{2}}{2}\right]$与$\left[0,\frac{\sqrt{2}}{2}\right]$上为凸曲线,在区间$\left[-\frac{\sqrt{2}}{2},0\right]$与$\left[\frac{\sqrt{2}}{2},+\infty\right)$上为凹曲线. 点$(0,0)$,$\left(-\frac{\sqrt{2}}{2},\frac{7}{8}\sqrt{2}\right)$及$\left(\frac{\sqrt{2}}{2},-\frac{7}{8}\sqrt{2}\right)$为曲线的拐点.

10. 解 对方程式两边同时求导可得$6y^2y'-4yy'+2y+2xy'-2x=0$,把$y'=0$代入可得$y=x$,代入到方程式$2y^3-2y^2+2xy-x^2=1$中得$2x^3-x^2-1=0$,解得$x=1$,即$y=y(x)$有唯一的驻点$x=1$,相应的有$y=1$. 再对等式$6y^2y'-4yy'+2y+2xy'-2x=0$两边同时求导可得$(3y^2-2y+x)y''+2(3y-1)y'^2+2y'-1=0$,把$x=1,y=1,y'\Big|_{(1,1)}=0$代入可得$y''\Big|_{(1,1)}=\frac{1}{2}>0$,故$x=1$为函数$y=y(x)$的极小值点,且$y(1)=1$为$y(x)$的极小值.

11. 解 设玻璃瓶的底面半径为r、高为h,两者之比为$\dfrac{r}{h}=x$,由题设有$\pi r^2h=V$,所以有$\pi h^3x^2=V$,$h=\sqrt[3]{\dfrac{V}{\pi x^2}}$,$r=hx=\sqrt[3]{\dfrac{Vx}{\pi}}$,不妨设单位面积的玻璃价格是$k$,那么玻璃瓶的总价格为$A(x)=2\pi k(rh+2r^2)=2k\sqrt[3]{\pi V^2}\left(\dfrac{1}{\sqrt[3]{x}}+2\sqrt[3]{x^2}\right)$,$A'(x)=\dfrac{2k\sqrt[3]{\pi V^2}}{3}\cdot\dfrac{4x-1}{\sqrt[3]{x^4}}=0$,所以$x=\dfrac{1}{4}$,由于实际问题有解,驻点唯一,所以$x=\dfrac{1}{4}$,即圆柱体的底面半径与高之比为$1:4$时玻璃瓶的价格最小.

12. 解 (1) 商家利润为$L=px-C-tx=-0.2x^2+(4-t)x-1$,令$\dfrac{dL}{dx}=-0.4x+4-t=0$,得$x=\dfrac{5}{2}(4-t)$,$\left.\dfrac{d^2L}{dx^2}\right|_{x=\frac{5}{2}(4-t)}=-0.4<0$,所以$x=\dfrac{5}{2}(4-t)$时商家获得的利润最大.

(2) 政府的税收为$T=tx$,将$x=\dfrac{5}{2}(4-t)$代入可得$T=\dfrac{5}{2}(4t-t^2)$,令$\dfrac{dT}{dt}=10-5t=0$,解得$t=2$,$\left.\dfrac{d^2T}{dt^2}\right|_{t=2}=-5<0$,所以$t=2$时政府税收总额最大.

13. 解 设$f(x)=x-\dfrac{\pi}{2}\sin x$,则$f(0)=f\left(\dfrac{\pi}{2}\right)=0$. 因$f'(x)=1-\dfrac{\pi}{2}\cos x$,$f''(x)=\dfrac{\pi}{2}\sin x>0$,所以$f(x)$在$\left(0,\dfrac{\pi}{2}\right)$内有唯一驻点$x_0=\arccos\dfrac{2}{\pi}$,且为极小值点. 此时函数$f(x)$在$\left[0,\dfrac{\pi}{2}\right]$上最大值在区间端点0或者$\dfrac{\pi}{2}$处取到,且有最大值为$f_{\max}=f(0)=f\left(\dfrac{\pi}{2}\right)=0$,函数$f(x)$在$\left[0,\dfrac{\pi}{2}\right]$上最小值在点$x_0=\arccos\dfrac{2}{\pi}$处取到,且有最小值为$f_{\min}=f\left(\arccos\dfrac{2}{\pi}\right)=\arccos\dfrac{2}{\pi}-\dfrac{\pi}{2}\sin\left(\arccos\dfrac{2}{\pi}\right)<0$. $f(x)$在$[0,x_0]$上单减,在$\left[x_0,\dfrac{\pi}{2}\right]$上单增. 方程$x-\dfrac{\pi}{2}\sin x=k$的根,即为曲线$y=x-\dfrac{\pi}{2}\sin x$与直线$y=k$交点的横坐标.

① 当$k\geqslant 0$时或者$k<f\left(\arccos\dfrac{2}{\pi}\right)$时,原方程在$\left(0,\dfrac{\pi}{2}\right)$内无实根;

②$k=f\left(\arccos\dfrac{2}{\pi}\right)$时,原方程在$\left(0,\dfrac{\pi}{2}\right)$内有唯一实根$x_0=\arccos\dfrac{2}{\pi}$;

③ 当$f\left(\arccos\dfrac{2}{\pi}\right)<k<0$时,原方程在$\left(0,\dfrac{\pi}{2}\right)$内有两个实根,分别位于$(0,x_0)$及$\left(x_0,\dfrac{\pi}{2}\right)$内.

14. 证明 由$\lim\limits_{x\to1}\dfrac{f(x)-2}{x-1}=1$可得$f(1)=\lim\limits_{x\to1}f(x)=2,f'(1)=\lim\limits_{x\to1}\dfrac{f(x)-f(1)}{x-1}=1$，当$x\in(-\infty,1)\cup(1,+\infty)$时，由泰勒中值定理知

$$f(x)=f(1)+f'(1)(x-1)+\frac{f''(\xi)}{2}(x-1)^2=x+1+\frac{f''(\xi)}{2}(x-1)^2,$$

其中ξ介于1与x之间，由于$\dfrac{f''(\xi)}{2}(x-1)^2>0$，因此有$f(x)>x+1$.

15. 解 $y'=\cos x,y''=-\sin x$，曲率$K=\dfrac{|y''|}{(1+y'^2)^{3/2}}\Bigg|_{x=\frac{\pi}{2}}=\dfrac{\sin x}{(1+\cos^2x)^{3/2}}\Bigg|_{x=\frac{\pi}{2}}=1$，$R=\dfrac{1}{K}=1$.

因$y'\Big|_{x=\frac{\pi}{2}}=\cos x\Big|_{x=\frac{\pi}{2}}=0,y''\Big|_{x=\frac{\pi}{2}}=-\sin x\Big|_{x=\frac{\pi}{2}}=-1<0$，所以曲线$y=\sin x$在点$\left(\dfrac{\pi}{2},1\right)$处的切线是$y=1$，且曲线是凸的. 因此所求曲率圆的圆心为$\left(\dfrac{\pi}{2},0\right)$，故所求曲率圆的方程为$\left(x-\dfrac{\pi}{2}\right)^2+y^2=1$.

16. 解 方程可等价变形为$\dfrac{\ln x}{x^b}=\ln a$，令$f(x)=\dfrac{\ln x}{x^b}-\ln a$，则$f'(x)=\dfrac{1-b\ln x}{x^{b+1}}$，由$f'(x)=0$，解得$x=e^{\frac{1}{b}}$，$f(x)$在$(0,e^{\frac{1}{b}}]$上单增，在$[e^{\frac{1}{b}},+\infty)$上单减，又$\lim\limits_{x\to0^+}\left(\dfrac{\ln x}{x^b}-\ln a\right)=-\infty,\lim\limits_{x\to+\infty}\left(\dfrac{\ln x}{x^b}-\ln a\right)=-\ln a<0,f(e^{\frac{1}{b}})=\dfrac{1}{be}-\ln a$，因而当$\dfrac{1}{be}-\ln a\geqslant0$，即$a,b$满足条件$b\ln a\leqslant\dfrac{1}{e}$时，该方程有实根.

17. 证明 原不等式等价于$\cos x\ln\sin x-\sin x\ln\cos x<0\left(0<x<\dfrac{\pi}{4}\right)$，令

$$f(x)=\cos x\ln\sin x-\sin x\ln\cos x,x\in\left(0,\frac{\pi}{4}\right],$$

$$f'(x)=\frac{\cos^2x}{\sin x}+\frac{\sin^2x}{\cos x}-\sin x\ln\sin x-\cos x\ln\cos x.$$

当$x\in\left(0,\dfrac{\pi}{4}\right)$时，$\dfrac{\sqrt2}{2}<\cos x<1,0<\sin x<\dfrac{\sqrt2}{2},\ln\cos x<0,\ln\sin x<0$，$f'(x)>0$，因而函数$f(x)$在区间$\left(0,\dfrac{\pi}{4}\right]$上单增，即$x\in\left(0,\dfrac{\pi}{4}\right)$时，有$f(x)=\cos x\ln\sin x-\sin x\ln\cos x<f\left(\dfrac{\pi}{4}\right)=0$，即$\cos x\ln\sin x-\sin x\ln\cos x<0$.

18. 证明 令$f(x)=x^a-ax$，由$f'(x)=ax^{a-1}-a=0$，得驻点$x=1,f''(1)=a(a-1)<0$，由此可知$x=1$是$f(x)$的极大值点，同时也是最大值点，所以$x>0$时，有$f(x)=x^a-ax\leqslant f(1)=1-a$，因此原命题成立.

第 4 章　一元函数积分学

一、选择题

1. **答案** (C).

解 $I_1 - I_2 = \int_0^{\frac{\pi}{2}} f(x)(\sin x - \cos x)\mathrm{d}x$

$$= \int_0^{\frac{\pi}{4}} f(x)(\sin x - \cos x)\mathrm{d}x + \int_{\frac{\pi}{4}}^{\frac{\pi}{2}} f(x)(\sin x - \cos x)\mathrm{d}x.$$

又

$$\int_{\frac{\pi}{4}}^{\frac{\pi}{2}} f(x)(\sin x - \cos x)\mathrm{d}x \xlongequal{t=\frac{\pi}{2}-x} \int_0^{\frac{\pi}{4}} f\left(\frac{\pi}{2} - t\right)(\cos t - \sin t)\mathrm{d}t$$

$$= \int_0^{\frac{\pi}{4}} f\left(\frac{\pi}{2} - x\right)(\cos x - \sin x)\mathrm{d}x,$$

故

$$I_1 - I_2 = \int_0^{\frac{\pi}{4}} \left[f\left(\frac{\pi}{2} - x\right) - f(x)\right](\cos x - \sin x)\mathrm{d}x.$$

当 $0 \leqslant x < \frac{\pi}{4}$ 时，$\cos x > \sin x$，且 $\frac{\pi}{2} - x > x$，由于 $f(x)$ 单调增加，有 $f\left(\frac{\pi}{2} - x\right) > f(x)$，所以 $I_1 > I_2$.

又当 $0 < x \leqslant \frac{\pi}{2}$ 时，$x > \sin x$，$f(x) > 0$，故 $I_3 > I_1$. 故选(C).

2. **答案** (C).

解 对于选项(C) 可取反例，如 $f(x) = x$，则 $\int_0^{\pi} \cos x\mathrm{d}x = 0 \neq 2\int_0^{\frac{\pi}{2}} \cos x\mathrm{d}x = 2$.

$\int_0^{\pi} f(\sin x)\mathrm{d}x = \int_0^{\frac{\pi}{2}} f(\sin x)\mathrm{d}x + \int_{\frac{\pi}{2}}^{\pi} f(\sin x)\mathrm{d}x$，其中

$$\int_{\frac{\pi}{2}}^{\pi} f(\sin x)\mathrm{d}x \xlongequal{t=\pi-x} \int_{\frac{\pi}{2}}^{0} f(\sin t)(-\mathrm{d}t) = \int_0^{\frac{\pi}{2}} f(\sin t)\mathrm{d}t = \int_0^{\frac{\pi}{2}} f(\sin x)\mathrm{d}x,$$

所以 $\int_0^{\pi} f(\sin x)\mathrm{d}x = 2\int_0^{\frac{\pi}{2}} f(\sin x)\mathrm{d}x$，(A) 正确.

$$\int_0^{\pi} f(\sin^2 x)\mathrm{d}x \xlongequal{\text{周期性}} \int_{-\frac{\pi}{2}}^{\frac{\pi}{2}} f(\sin^2 x)\mathrm{d}x \xlongequal{\text{奇偶性}} 2\int_0^{\frac{\pi}{2}} f(\sin^2 x)\mathrm{d}x，\text{(B) 正确.}$$

强化篇答案解析

$\int_0^{\pi} f(\cos^2 x)\mathrm{d}x \xlongequal{\text{周期性}} \int_{-\frac{\pi}{2}}^{\frac{\pi}{2}} f(\cos^2 x)\mathrm{d}x \xlongequal{\text{奇偶性}} 2\int_0^{\frac{\pi}{2}} f(\cos^2 x)\mathrm{d}x$，(D) 正确.

3. **答案** (D).

解 $$\lim_{x\to 0}\frac{F(x)}{x^n}=\lim_{x\to 0}\frac{\int_0^x (x^2-t^2)f(t)\mathrm{d}t}{x^n}=\lim_{x\to 0}\frac{x^2\int_0^x f(t)\mathrm{d}t-\int_0^x t^2 f(t)\mathrm{d}t}{x^n}$$

$$=\lim_{x\to 0}\frac{2x\int_0^x f(t)\mathrm{d}t}{nx^{n-1}}=2\lim_{x\to 0}\frac{\int_0^x f(t)\mathrm{d}t}{nx^{n-2}}$$

$$=2\lim_{x\to 0}\frac{f(x)}{n(n-2)x^{n-3}}=\frac{2}{n(n-2)}\lim_{x\to 0}\frac{1}{x^{n-4}}\cdot\frac{f(x)}{x}$$

$$=\frac{2}{n(n-2)}\lim_{x\to 0}\frac{1}{x^{n-4}},$$

由于$\lim\limits_{x\to 0}\frac{1}{x^{n-4}}$存在且不为零，所以 $n=4$.

4. **答案** (C).

解 **解法一**（直接法） 由于$F_3(x)\xlongequal{u=t+x}\int_x^{1+x} f(u)\mathrm{d}u$，所以 $F_3'(x)=f(1+x)-f(x)>0$，所以 $F_3(x)$ 单调增加.

$F_1'(x)=f(1+x)$，$F_2'(x)=f(1-x)$，不能判断其符号，从而不能判断 $F_1(x)$ 和 $F_2(x)$ 的单调性.

$F_4'(x)\xlongequal{u=t-x}\left(\int_{-x}^{1-x} f(u)\mathrm{d}u\right)'=-f(1-x)+f(-x)<0$，所以 $F_4(x)$ 单调减少.

解法二（特例法） 取 $f(x)=-\mathrm{e}^{-x}$，则 $f(x)$ 单调增加，且 $F_1(x)=\mathrm{e}^{-1}(\mathrm{e}^{-x}-1)$，$F_2(x)=\mathrm{e}^{-1}(1-\mathrm{e}^{x})$，$F_4(x)=-\mathrm{e}^{x}(1-\mathrm{e}^{-1})$ 均单调减少；而 $F_3(x)=-\mathrm{e}^{-x}(1-\mathrm{e}^{-1})$ 单调增加.

5. **答案** (A).

解 $\int_0^{+\infty}\frac{1}{x^p+x^q}\mathrm{d}x=\int_0^1\frac{1}{x^p+x^q}\mathrm{d}x+\int_1^{+\infty}\frac{1}{x^p+x^q}\mathrm{d}x$.

当 $p>1>q$ 时，由于$\frac{1}{x^p+x^q}\leqslant\frac{1}{x^q}$，$\int_0^1\frac{1}{x^q}\mathrm{d}x$ 收敛，所以$\int_0^1\frac{1}{x^p+x^q}\mathrm{d}x$ 收敛；由于$\frac{1}{x^p+x^q}\leqslant\frac{1}{x^p}$，$\int_1^{+\infty}\frac{1}{x^p}\mathrm{d}x$ 收敛，所以$\int_1^{+\infty}\frac{1}{x^p+x^q}\mathrm{d}x$ 收敛，综上，$\int_0^{+\infty}\frac{1}{x^p+x^q}\mathrm{d}x$ 收敛.

当 $p>q>1$ 时，$\int_1^{+\infty}\frac{1}{x^p+x^q}\mathrm{d}x$ 收敛，$\int_0^1\frac{1}{x^p+x^q}\mathrm{d}x$ 发散，所以$\int_0^{+\infty}\frac{1}{x^p+x^q}\mathrm{d}x$ 发散.

当 $1>p>q$ 时，$\int_0^1\frac{1}{x^p+x^q}\mathrm{d}x$ 收敛，$\int_1^{+\infty}\frac{1}{x^p+x^q}\mathrm{d}x$ 发散，所以$\int_0^{+\infty}\frac{1}{x^p+x^q}\mathrm{d}x$ 发散.

当 $p=q<1$ 时，$\int_0^1\frac{1}{x^p+x^q}\mathrm{d}x$ 收敛，$\int_1^{+\infty}\frac{1}{x^p+x^q}\mathrm{d}x$ 发散；当 $p=q>1$ 时，

$\int_0^1 \frac{1}{x^p+x^q}\mathrm{d}x$ 发散，$\int_1^{+\infty} \frac{1}{x^p+x^q}\mathrm{d}x$ 收敛；当 $p=q=1$ 时，$\int_0^1 \frac{1}{x^p+x^q}\mathrm{d}x$ 和 $\int_1^{+\infty} \frac{1}{x^p+x^q}\mathrm{d}x$ 均发散，所以 $\int_0^{+\infty} \frac{1}{x^p+x^q}\mathrm{d}x$ 发散.

6. **答案** (D).

解 全部都正确.

令 $x=\frac{1}{t}$，可得 ①，②，③ 均正确. 令 $x=1-t$，可得 ④ 正确.

二、填空题

1. **答案** $\begin{cases}\frac{1}{2}x^2, & x<1,\\ x\ln x+\frac{1}{2}, & x\geqslant 1\end{cases}+C.$

解 由 $f(0-0)=f(0+0)=f(0)$ 及 $f'_-(0)=f'_+(0)$ 得 $a=1,b=1$，因此 $f(x)=\begin{cases}\mathrm{e}^x, & x<0,\\ x+1, & x\geqslant 0,\end{cases}$ $f(\ln x)=\begin{cases}x, & x<1,\\ \ln x+1, & x\geqslant 1.\end{cases}$ 因此 $\int f(\ln x)\mathrm{d}x=\begin{cases}\frac{1}{2}x^2, & x<1,\\ x\ln x+\frac{1}{2}, & x\geqslant 1\end{cases}+C.$

2. **答案** $-\frac{1}{x}.$

解 在 $\int_1^{f(x)}\varphi(t)\mathrm{d}t=\ln x$ 两边对 x 求导数得 $xf'(x)=\frac{1}{x}$，$f'(x)=\frac{1}{x^2}$，所以 $f(x)=-\frac{1}{x}+C.$

又 $\lim\limits_{x\to+\infty}f(x)=\lim\limits_{x\to+\infty}\left(-\frac{1}{x}+C\right)=C=0$，故 $f(x)=-\frac{1}{x}.$

3. **答案** $\left(\frac{\pi}{4}+\frac{1}{2}\right)\mathrm{e}.$

解 令 $x-t=u$，则 $\int_0^x tf(x-t)\mathrm{d}t=\int_0^x(x-u)f(u)\mathrm{d}u=x\int_0^x f(u)\mathrm{d}u-\int_0^x uf(u)\mathrm{d}u$，所以 $x\int_0^x f(u)\mathrm{d}u-\int_0^x uf(u)\mathrm{d}u=\mathrm{e}^x\arctan x$，两边对 x 求导得 $\int_0^x f(u)\mathrm{d}u=\mathrm{e}^x\left(\arctan x+\frac{1}{1+x^2}\right).$

令 $x=1$，故 $\int_0^1 f(x)\mathrm{d}x=\int_0^1 f(u)\mathrm{d}u=\left(\frac{\pi}{4}+\frac{1}{2}\right)\mathrm{e}.$

4. **答案** $\left(1-\frac{1}{x}\right)\ln\frac{x}{1-x}-\frac{1}{x}+C.$

解 $\int \frac{1}{x^2}\ln\frac{x}{1-x}dx=-\int \ln\frac{x}{1-x}d\left(\frac{1}{x}\right)=-\frac{1}{x}\ln\frac{x}{1-x}+\int\frac{1}{x}\cdot\left(\frac{1}{x}+\frac{1}{1-x}\right)dx$

$$=-\frac{1}{x}\ln\frac{x}{1-x}+\int\left(\frac{1}{x^2}+\frac{1}{x}+\frac{1}{1-x}\right)dx$$

$$=-\frac{1}{x}\ln\frac{x}{1-x}-\frac{1}{x}+\ln x-\ln(1-x)+C$$

$$=\left(1-\frac{1}{x}\right)\ln\frac{x}{1-x}-\frac{1}{x}+C.$$

5. 答案 $e^x\tan\frac{x}{2}+C$.

解 $\int\frac{1+\sin x}{1+\cos x}e^x dx=\int\frac{e^x}{1+\cos x}dx+\int\frac{\sin x e^x}{1+\cos x}dx$

$$=e^x\tan\frac{x}{2}-\int e^x\tan\frac{x}{2}dx+\int e^x\tan\frac{x}{2}dx=e^x\tan\frac{x}{2}+C.$$

6. 答案 $\frac{\pi}{4}$.

解 原式 $=\lim\limits_{n\to\infty}\sum\limits_{i=1}^{n}\arcsin\sqrt{\frac{2i-1}{2n}}\cdot\frac{1}{n}$，其中$\frac{2i-1}{2n}$为$\left[\frac{i-1}{n},\frac{i}{n}\right]$的中点，取作$\xi_i(i=1,2,\cdots,n)$，所以

原式$=\int_0^1\arcsin\sqrt{x}\,dx\overset{t=\sqrt{x}}{=\!=\!=}\int_0^1\arcsin t\,d(t^2)=t^2\arcsin t\Big|_0^1-\int_0^1\frac{t^2}{\sqrt{1-t^2}}dt$

$$=\frac{\pi}{2}+\int_0^1\left(\sqrt{1-t^2}-\frac{1}{\sqrt{1-t^2}}\right)dt$$

$$=\frac{\pi}{2}+\frac{\pi}{4}-\arcsin t\Big|_0^1=\frac{\pi}{2}+\frac{\pi}{4}-\frac{\pi}{2}=\frac{\pi}{4}.$$

7. 答案 0.

解 $\int_0^{100\pi}\sin(\cos x)dx=50\int_0^{2\pi}\sin(\cos x)dx\overset{x=\frac{\pi}{2}-t}{=\!=\!=\!=\!=}50\int_{-\frac{3\pi}{2}}^{\frac{\pi}{2}}\sin(\sin t)dt$

$$=50\int_{-\pi}^{\pi}\sin(\sin t)dt=50\cdot 0=0.$$

8. 答案 $\frac{1}{2}\pi$.

解 $V=\pi\int_0^{+\infty}\left(\frac{\sqrt{x}}{1+x^2}\right)^2dx=\pi\int_0^{+\infty}\frac{x}{(1+x^2)^2}dx=\frac{1}{2}\pi\int_0^{+\infty}\frac{1}{(1+x^2)^2}d(1+x^2)$

$$=-\frac{1}{2}\pi\frac{1}{1+x^2}\Big|_0^{+\infty}=\frac{1}{2}\pi.$$

三、解答题

1. 解 当$0\leqslant x\leqslant\frac{\pi}{4}$时，$\cos x\leqslant\sqrt[n]{\sin^n x+\cos^n x}\leqslant 2^{\frac{1}{n}}\cos x$，所以

$$\frac{\sqrt{2}}{2}=\int_0^{\frac{\pi}{4}}\cos x\,\mathrm{d}x\leqslant\int_0^{\frac{\pi}{4}}\sqrt[n]{\sin^n x+\cos^n x}\,\mathrm{d}x\leqslant\int_0^{\frac{\pi}{4}}2^{\frac{1}{n}}\cos x\,\mathrm{d}x=2^{\frac{1}{n}}\frac{\sqrt{2}}{2}.$$

当$\frac{\pi}{4}<x\leqslant\frac{\pi}{2}$时，$\sin x\leqslant\sqrt[n]{\sin^n x+\cos^n x}\leqslant 2^{\frac{1}{n}}\sin x$，所以

$$\frac{\sqrt{2}}{2}=\int_{\frac{\pi}{4}}^{\frac{\pi}{2}}\sin x\,\mathrm{d}x\leqslant\int_{\frac{\pi}{4}}^{\frac{\pi}{2}}\sqrt[n]{\sin^n x+\cos^n x}\,\mathrm{d}x\leqslant\int_{\frac{\pi}{4}}^{\frac{\pi}{2}}2^{\frac{1}{n}}\sin x\,\mathrm{d}x=2^{\frac{1}{n}}\frac{\sqrt{2}}{2}.$$

故$\sqrt{2}\leqslant\int_0^{\frac{\pi}{2}}\sqrt[n]{\sin^n x+\cos^n x}\,\mathrm{d}x\leqslant 2^{\frac{1}{n}}\sqrt{2}$. 由于$\lim\limits_{n\to\infty}\sqrt{2}=\lim\limits_{n\to\infty}2^{\frac{1}{n}}\sqrt{2}=\sqrt{2}$，因此由夹逼准则，知

$$\lim_{n\to\infty}\int_0^{\frac{\pi}{2}}\sqrt[n]{\sin^n x+\cos^n x}\,\mathrm{d}x=\sqrt{2}.$$

2. **解** 令$F(x)=\int_x^{x+1}f(t)\mathrm{d}t$，则$F'(x)=f(x+1)-f(x)=x$，故$F(x)=\frac{1}{2}x^2+C$.

由$F(0)=\int_0^1 f(x)\mathrm{d}x=0$知$C=0$，从而$F(x)=\frac{1}{2}x^2$，所以$\int_x^{x+1}f(t)\mathrm{d}t=\frac{1}{2}x^2$.

$$\begin{aligned}\int_0^n f(x)\mathrm{d}x&=\int_0^1 f(x)\mathrm{d}x+\int_1^2 f(x)\mathrm{d}x+\cdots+\int_{n-1}^n f(x)\mathrm{d}x\\&=F(0)+F(1)+\cdots+F(n-1)\\&=\frac{1}{2}\cdot 0^2+\frac{1}{2}\cdot 1^2+\cdots+\frac{1}{2}\cdot(n-1)^2\\&=\frac{(n-1)n(2n-1)}{12}.\end{aligned}$$

故

$$\lim_{n\to\infty}\frac{\int_0^n f(x)\mathrm{d}x}{n^3}=\lim_{n\to\infty}\frac{\frac{(n-1)n(2n-1)}{12}}{n^3}=\frac{1}{6}.$$

3. **解** 当$x>1$时，由积分中值定理知，存在$\xi\in(x,x^2)$，使得

$$f(x)=\left(1+\frac{1}{2\xi}\right)^{\xi}\sin\frac{1}{\sqrt{\xi}}\cdot(x^2-x).$$

当$x\to+\infty$时，$\xi\to+\infty$，所以$\lim\limits_{x\to+\infty}\left(1+\frac{1}{2\xi}\right)^{\xi}=\lim\limits_{\xi\to+\infty}\left(1+\frac{1}{2\xi}\right)^{\xi}=\sqrt{\mathrm{e}}$.

又$\sin\frac{1}{\sqrt{\xi}}\cdot(x^2-x)>\sin\frac{1}{\sqrt{x}}\cdot(x^2-x)$，$\lim\limits_{x\to+\infty}\sin\frac{1}{\sqrt{x}}\cdot(x^2-x)=\lim\limits_{x\to+\infty}\frac{1}{\sqrt{x}}\cdot(x^2-x)=+\infty$，所以$\lim\limits_{x\to+\infty}\sin\frac{1}{\sqrt{\xi}}\cdot(x^2-x)=+\infty$，因此$\lim\limits_{x\to+\infty}f(x)=+\infty$.

$$\begin{aligned}\lim_{x\to+\infty}f(x)\sin\frac{1}{x}&=\lim_{x\to+\infty}\frac{f(x)}{x}\xlongequal{\text{洛必达法则}}\lim_{x\to+\infty}f'(x)\\&=\lim_{x\to+\infty}\left[\left(1+\frac{1}{2x^2}\right)^{x^2}\sin\frac{1}{x}\cdot 2x-\left(1+\frac{1}{2x}\right)^{x}\sin\frac{1}{\sqrt{x}}\right]\end{aligned}$$

强化篇答案解析

$$=\sqrt{e}\cdot 2-\sqrt{e}\cdot 0=2\sqrt{e}.$$

4. **解** $I_0=\int_0^{\pi}\frac{\sin 0\cdot x}{\sin x}dx=0, I_1=\int_0^{\pi}\frac{\sin x}{\sin x}dx=\int_0^{\pi}dx=\pi$. 当 $n\geqslant 2$ 时，

$$I_n-I_{n-2}=\int_0^{\pi}\frac{\sin nx-\sin(n-2)x}{\sin x}dx=\int_0^{\pi}\frac{2\cos[(n-1)x]\sin x}{\sin x}dx$$

$$=2\int_0^{\pi}\cos[(n-1)x]dx=0,$$

所以

$$I_n=I_{n-2}=I_{n-4}=\cdots=\begin{cases}I_0, & n=2k,\\ I_1, & n=2k+1\end{cases}=\begin{cases}0, & n=2k,\\ \pi, & n=2k+1,\end{cases}\quad k=0,1,2,\cdots.$$

5. **解** 由于 $f'(x)=e^{-x^2}>0$，所以 $f(x)$ 单调增加，不取极值.

$f''(x)=-2xe^{-x^2}$，令 $f''(x)=0$，解得 $x=0$. 当 $x<0$ 时，$f''(x)>0$；当 $x>0$ 时，$f''(x)<0$，所以 $(-\infty,0)$ 为 $f(x)$ 的凹区间，$(0,+\infty)$ 为 $f(x)$ 的凸区间. 由于 $f(0)=\int_0^0 e^{-t^2}dt=0$，所以点 $(0,0)$ 为 $f(x)$ 的拐点.

6. **证明** 设 $y=f(x)$，则 $x=g(y)$，故

$$\int_0^a f(x)dx\xlongequal{x=g(y)}\int_{f(0)}^{f(a)}f(g(y))dg(y)=\int_0^{f(a)}y\,dg(y)=yg(y)\Big|_0^{f(a)}-\int_0^{f(a)}g(y)dy$$

$$=f(a)g(f(a))-\int_0^{f(a)}g(y)dy=af(a)-\int_0^{f(a)}g(y)dy$$

$$=\int_0^{f(a)}[a-g(x)]dx.$$

7. **证明** (1) 由于 $\lim\limits_{x\to 0}\frac{\int_0^x f(t)dt}{x}=\lim\limits_{x\to 0}\frac{f(x)}{1}=f(0)=1$，所以当 $x\to 0$ 时，$\int_0^x f(t)dt\sim x$.

解 (2) $$\lim_{x\to 0}\left[\frac{1}{\int_0^x f(t)dt}-\frac{1}{x}\right]=\lim_{x\to 0}\frac{x-\int_0^x f(t)dt}{x\int_0^x f(t)dt}=\lim_{x\to 0}\frac{x-\int_0^x f(t)dt}{x^2}$$

$$=\lim_{x\to 0}\frac{1-f(x)}{2x}=-\frac{f'(0)}{2}=-\frac{1}{2}.$$

证明 (3) 当 $x\neq 0$ 时，由拉格朗日中值定理知 $\int_0^x f(t)dt=\int_0^x f(t)dt-\int_0^0 f(t)dt=f(\xi)(x-0)=xf(\xi)$，其中 ξ 介于 x 与 0 之间. 由于 $\lim\limits_{x\to 0}\left[\frac{1}{\int_0^x f(t)dt}-\frac{1}{x}\right]=\lim\limits_{x\to 0}\frac{x-xf(\xi)}{x^2}=\lim\limits_{x\to 0}\frac{1-f(\xi)}{x}=-\lim\limits_{x\to 0}\frac{f'(\eta)\xi}{x}$，其中 η 介于 ξ 与 0 之间. 当 $x\to 0$ 时，$\xi\to 0,\eta\to 0$. 因为 $f'(x)$ 连续，所以 $\lim\limits_{x\to 0}f'(\eta)=f'(0)=1$，故 $\lim\limits_{x\to 0}\left[\frac{1}{\int_0^x f(t)dt}-\frac{1}{x}\right]=-\lim\limits_{x\to 0}\frac{\xi}{x}=-\frac{1}{2}$，得 $\lim\limits_{x\to 0}\frac{\xi}{x}=\frac{1}{2}$.

8. 证明 令 $F(x)=\int_0^x f(t)\mathrm{d}t-\int_0^{1-x} f(t)\mathrm{d}t, x\in[0,1]$，则 $F(0)=F(1)=0$，且 $F(x)$ 在 $[0,1]$ 上可导，$F'(x)=f(x)+f(1-x)$，所以由罗尔中值定理知，存在 $\xi\in(0,1)$，使得

$$F'(\xi)=f(\xi)+f(1-\xi)=0.$$

9. 证明 (1) 当 $x\in(a,b)$ 时，$g(x)>0$，则 $\int_a^b g(x)\mathrm{d}x>0$，由柯西中值定理知，存在 $\xi\in(a,b)$，使得

$$\frac{\int_a^b f(x)g(x)\mathrm{d}x}{\int_a^b g(x)\mathrm{d}x}=\frac{\int_a^b f(x)g(x)\mathrm{d}x-\int_a^a f(x)g(x)\mathrm{d}x}{\int_a^b g(x)\mathrm{d}x-\int_a^a g(x)\mathrm{d}x}=\frac{f(\xi)g(\xi)}{g(\xi)}=f(\xi),$$

故 $\int_a^b f(x)g(x)\mathrm{d}x=f(\xi)\int_a^b g(x)\mathrm{d}x$.

(2) 取 $g(x)=\sin x$，当 $x\in(0,\pi)$ 时，$g(x)>0$，则利用(1)的结论，存在 $\xi_1\in(0,\pi)$，使得 $\int_0^\pi f(x)\sin x\mathrm{d}x=f(\xi_1)\int_0^\pi \sin x\mathrm{d}x=2f(\xi_1)$.

又由介值定理知，存在 $\xi_2\in[\pi,2\pi]$，使得 $f(\xi_2)=\frac{f(\pi)+f(2\pi)}{2}$，即

$$f(\pi)+f(2\pi)=2f(\xi_2).$$

由上得 $f(\xi_1)=f(\xi_2)$. 由罗尔中值定理知，存在 $\eta\in(\xi_1,\xi_2)\subset(a,b)$，使得 $f'(\eta)=0$.

10. 证明 令 $F(t)=\int_a^t f(x)\mathrm{d}x-\int_t^b f(x)\mathrm{d}x\,(a\leqslant t\leqslant b)$，则 $F(t)$ 在 $[a,b]$ 上连续，且 $F(a)F(b)=-\left[\int_a^b f(x)\mathrm{d}x\right]^2<0$，故由零点定理知，存在 $\xi\in(a,b)$，使 $F(\xi)=0$，即有 $\int_a^\xi f(x)\mathrm{d}x=\int_\xi^b f(x)\mathrm{d}x$.

令 $G(t)=\int_\xi^t f(x)\mathrm{d}x\,(\xi\leqslant t\leqslant b)$，则 $G(t)$ 在 $[\xi,b]$ 上可导，对 $G(t)$ 在 $[\xi,b]$ 上运用拉格朗日中值定理，则存在 $\eta\in(\xi,b)$，使得 $G(b)-G(\xi)=G'(\eta)(b-\xi)$，即 $\int_\xi^b f(x)\mathrm{d}x=(b-\xi)f(\eta)$.

同理，将 $\int_t^\xi f(x)\mathrm{d}x$ 在 $[a,\xi]$ 上运用拉格朗日中值定理知，存在 $\zeta\in(a,\xi)$，使得 $\int_a^\xi f(x)\mathrm{d}x=(\xi-a)f(\zeta)$.

11. 证明 由题意知，存在 $x_0\in(a,b)$，使得 $f(x_0)=\max\limits_{x\in[a,b]} f(x)$.

令 $F(x)=(x-a)f(x)-\int_a^x f(t)\mathrm{d}t, x\in[a,b]$，则 $F(x_0)=(x_0-a)f(x_0)-\int_a^{x_0} f(t)\mathrm{d}t=\int_a^{x_0}[f(x_0)-f(t)]\mathrm{d}t>0$. 又 $F(b)=(b-a)f(b)-\int_a^b f(t)\mathrm{d}t=\int_a^b[f(b)-f(t)]\mathrm{d}t<0$，故由零点定理知，存在 $\xi\in(a,b)$，使得 $F(\xi)=0$，即 $\int_a^\xi f(x)\mathrm{d}x=(\xi-a)f(\xi)$.

12. 证明 由于$\int_a^x f'(x)\mathrm{d}x=f(x)-f(a)=f(x)$，$\int_x^b f'(x)\mathrm{d}x=f(b)-f(x)=-f(x)$，所以$|f(x)|=\left|\int_a^x f'(x)\mathrm{d}x\right|=\left|\int_x^b f'(x)\mathrm{d}x\right|$，因此

$$2|f(x)|=\left|\int_a^x f'(x)\mathrm{d}x\right|+\left|\int_x^b f'(x)\mathrm{d}x\right|\leqslant\int_a^x|f'(x)|\mathrm{d}x+\int_x^b|f'(x)|\mathrm{d}x$$
$$=\int_a^b|f'(x)|\mathrm{d}x,$$

解得$|f(x)|\leqslant\frac{1}{2}\int_a^b|f'(x)|\mathrm{d}x$.

13. 证明 由零点定理知，存在$x_0\in(0,1)$，使得$f(x_0)=0$. 又$|f(x)|$在$[0,1]$上有最大值，故存在$x_M\in[0,1]$，使得$|f(x_M)|=\max\limits_{x\in[0,1]}|f(x)|>0$，因此

$$\int_0^1|f(x)|\mathrm{d}x\leqslant\int_0^1\max_{x\in[0,1]}|f(x)|\mathrm{d}x=\max_{x\in[0,1]}|f(x)|=|f(x_M)|=|f(x_M)-f(x_0)|$$
$$=\left|\int_{x_0}^{x_M}f'(x)\mathrm{d}x\right|\leqslant\left|\int_{x_0}^{x_M}|f'(x)|\mathrm{d}x\right|\leqslant\int_0^1|f'(x)|\mathrm{d}x.$$

14. 证明 记$t_0=\frac{1}{b-a}\int_a^b f(x)\mathrm{d}x$，由泰勒公式得$\varphi(t)=\varphi(t_0)+\varphi'(t_0)(t-t_0)+\frac{1}{2}\varphi''(\xi)\cdot(t-t_0)^2\geqslant\varphi(t_0)+\varphi'(t_0)(t-t_0)$，其中$\xi$介于$t$与$t_0$之间.

令$t=f(x)$，则$\varphi(f(x))\geqslant\varphi(t_0)+\varphi'(t_0)[f(x)-t_0]$，两边在$[a,b]$上积分得

$$\int_a^b\varphi(f(x))\mathrm{d}x\geqslant\int_a^b\varphi(t_0)\mathrm{d}x+\int_a^b\varphi'(t_0)[f(x)-t_0]\mathrm{d}x$$
$$=\varphi(t_0)(b-a)+\varphi'(t_0)\left[\int_a^b f(x)\mathrm{d}x-t_0(b-a)\right].$$

注意到$\int_a^b f(x)\mathrm{d}x-t_0(b-a)=0$，所以$\int_a^b\varphi(f(x))\mathrm{d}x\geqslant\varphi(t_0)(b-a)=(b-a)\varphi\left(\frac{1}{b-a}\int_a^b f(x)\mathrm{d}x\right)$，即

$$\frac{1}{b-a}\int_a^b\varphi(f(x))\mathrm{d}x\geqslant\varphi\left(\frac{1}{b-a}\int_a^b f(x)\mathrm{d}x\right).$$

15. 证明 对任意的$x\in[a,b]$，$f(x_0)$在点x处的泰勒公式为

$$f(x_0)=f(x)+f'(x)(x_0-x)+\frac{1}{2}f''(\xi)(x_0-x)^2\leqslant f(x)+f'(x)(x_0-x).$$

上式两边在$[a,b]$上积分，有$\int_a^b f(x_0)\mathrm{d}x\leqslant\int_a^b[f(x)+f'(x)(x_0-x)]\mathrm{d}x$，得

$$(b-a)f(x_0)\leqslant\int_a^b f(x)\mathrm{d}x+\int_a^b f'(x)(x_0-x)\mathrm{d}x=\int_a^b f(x)\mathrm{d}x+\int_a^b(x_0-x)\mathrm{d}f(x)$$
$$=\int_a^b f(x)\mathrm{d}x+(x_0-x)f(x)\Big|_a^b-\int_a^b f(x)\mathrm{d}(x_0-x)$$

强化篇答案解析

$$=2\int_a^b f(x)\mathrm{d}x+f(b)(x_0-b)-f(a)(x_0-a).$$

由题意知 $f(x)\geqslant 0$,所以 $f(b)(x_0-b)-f(a)(x_0-a)=-[f(b)(b-x_0)+f(a)\cdot(x_0-a)]\leqslant 0$,故

$$(b-a)f(x_0)\leqslant 2\int_a^b f(x)\mathrm{d}x\text{,即 }f(x_0)\leqslant\frac{2}{b-a}\int_a^b f(x)\mathrm{d}x.$$

由于 $f(x_0)$ 为 $f(x)$ 的最大值,所以对任意的 $x\in[a,b]$,有 $f(x)\leqslant\dfrac{2}{b-a}\displaystyle\int_a^b f(x)\mathrm{d}x$.

16. **解** 由题设有 $\displaystyle\int_0^{\theta t}(\mathrm{e}^x-1)\mathrm{d}x=\int_{\theta t}^t(\mathrm{e}^t-\mathrm{e}^x)\mathrm{d}x$,计算得 $\mathrm{e}^{\theta t}-1-\theta t=(1-\theta)t\mathrm{e}^t-\mathrm{e}^t+\mathrm{e}^{\theta t}$,所以有 $\theta=\dfrac{t\mathrm{e}^t-\mathrm{e}^t+1}{t(\mathrm{e}^t-1)}$.

$$\lim_{t\to0^+}\theta=\lim_{t\to0^+}\frac{t\mathrm{e}^t-\mathrm{e}^t+1}{t(\mathrm{e}^t-1)}=\lim_{t\to0^+}\frac{t\mathrm{e}^t}{2t}=\frac{1}{2}.$$

17. **解** 因为曲线 $y=ax^2+bx+c$ 过原点,所以 $c=0$,故 $y=ax^2+bx$. 由题设有

$$\int_0^1(ax^2+bx)\mathrm{d}x=\frac{a}{3}+\frac{b}{2}=\frac{1}{3}\Rightarrow b=\frac{2}{3}(1-a),$$

$$V=\pi\int_0^1(ax^2+bx)^2\mathrm{d}x=\pi\int_0^1\left[ax^2+\frac{2}{3}(1-a)x\right]^2\mathrm{d}x$$

$$=\pi\left[\frac{a^2}{5}+\frac{1}{3}a(1-a)+\frac{4}{27}(1-a)^2\right],$$

$$V'=\pi\left(\frac{4}{135}a+\frac{1}{27}\right),$$

令 $V'=0$ 得 $a=-\dfrac{5}{4}$. 又 $V''=\dfrac{4\pi}{135}>0$,因而 $a=-\dfrac{5}{4}$,$b=\dfrac{3}{2}$ 时,该旋转体体积最小.

18. **解** $\displaystyle\int_0^{+\infty}\frac{x^{p-1}}{1+x}\mathrm{d}x=\int_0^1\frac{x^{p-1}}{1+x}\mathrm{d}x+\int_1^{+\infty}\frac{x^{p-1}}{1+x}\mathrm{d}x$.

当 $p\geqslant 1$ 时,由于对于任意的 $x\geqslant 1$,有 $\dfrac{x^{p-1}}{1+x}\geqslant\dfrac{1}{1+x}>0$,而 $\displaystyle\int_1^{+\infty}\frac{1}{1+x}\mathrm{d}x$ 发散,所以 $\displaystyle\int_1^{+\infty}\frac{x^{p-1}}{1+x}\mathrm{d}x$ 发散,因此 $\displaystyle\int_0^{+\infty}\frac{x^{p-1}}{1+x}\mathrm{d}x$ 发散.

当 $0<p<1$ 时,由于对于任意的 $x\geqslant 1$,有 $0\leqslant\dfrac{x^{p-1}}{1+x}=x^{p-2}\cdot\dfrac{x}{1+x}<x^{p-2}$,而 $\displaystyle\int_1^{+\infty}x^{p-2}\mathrm{d}x=\int_1^{+\infty}\frac{1}{x^{2-p}}\mathrm{d}x$ 收敛,故 $\displaystyle\int_1^{+\infty}\frac{x^{p-1}}{1+x}\mathrm{d}x$ 收敛. 又因为 $\displaystyle\lim_{x\to0^+}\frac{1}{1+x}=1$,所以 $\displaystyle\int_0^1\frac{x^{p-1}}{1+x}\mathrm{d}x$ 与 $\displaystyle\int_0^1 x^{p-1}\mathrm{d}x=\int_0^1\frac{1}{x^{1-p}}\mathrm{d}x$ 具有相同的敛散性,因为 $\displaystyle\int_0^1\frac{1}{x^{1-p}}\mathrm{d}x$ 收敛,所以 $\displaystyle\int_0^1\frac{x^{p-1}}{1+x}\mathrm{d}x$ 收敛,因此 $\displaystyle\int_0^{+\infty}\frac{x^{p-1}}{1+x}\mathrm{d}x$ 收敛.

强化篇答案解析

当 $p \leqslant 0$ 时,因为 $\lim\limits_{x \to 0^+} \dfrac{1}{1+x}=1$,所以 $\int_0^1 \dfrac{x^{p-1}}{1+x}\mathrm{d}x$ 与 $\int_0^1 x^{p-1}\mathrm{d}x=\int_0^1 \dfrac{1}{x^{1-p}}\mathrm{d}x$ 具有相同的敛散性,又 $\int_0^1 \dfrac{1}{x^{1-p}}\mathrm{d}x$ 发散,所以 $\int_0^1 \dfrac{x^{p-1}}{1+x}\mathrm{d}x$ 发散,进而 $\int_0^{+\infty} \dfrac{x^{p-1}}{1+x}\mathrm{d}x$ 发散.

19. 证明 由于 $f'(x)$ 在 $[0,1]$ 上连续,故 $f'(x)$ 在 $[0,1]$ 上可取最小值 m 和最大值 M. 由于 $f'(x)>0$,故 $m>0$,因此 $0<m\leqslant f'(x)\leqslant M$. 由拉格朗日中值定理知,当 $0<x\leqslant 1$ 时,

$$f(x)=f(x)-f(0)=f'(\xi)x,\xi\in(0,x),$$

从而 $mx\leqslant f(x)\leqslant Mx$.

当 $0<\alpha<2$ 时,$0<\dfrac{f(x)}{x^\alpha}\leqslant \dfrac{Mx}{x^\alpha}=\dfrac{M}{x^{\alpha-1}}$,而 $\int_0^1 \dfrac{M}{x^{\alpha-1}}\mathrm{d}x$ 收敛,故 $\int_0^1 \dfrac{f(x)}{x^\alpha}\mathrm{d}x$ 收敛.

当 $\alpha\geqslant 2$ 时,$\dfrac{f(x)}{x^\alpha}\geqslant \dfrac{mx}{x^\alpha}=\dfrac{m}{x^{\alpha-1}}>0$,而 $\int_0^1 \dfrac{m}{x^{\alpha-1}}\mathrm{d}x$ 发散,故 $\int_0^1 \dfrac{f(x)}{x^\alpha}\mathrm{d}x$ 发散.

20. 解 设 $\boldsymbol{F}=\{F_x,F_y\}$,由作用力与反作用力的关系知 $F_x=0$.

在 $[-l,l]$ 上任取小区间 $[x,x+\mathrm{d}x]$,对应的小段细棒的质量为 $\rho\mathrm{d}x$,因此质点 A 对该小段细棒在 y 轴方向的分力元素为 $\mathrm{d}F_y=k\cdot\dfrac{m\cdot\rho\mathrm{d}x}{a^2+x^2}\cdot\dfrac{a}{\sqrt{a^2+x^2}}=\dfrac{k\rho ma}{\sqrt{(a^2+x^2)^3}}\mathrm{d}x$,其中 k 为引力常数. 因此质点 A 对该细棒在 y 轴方向的分引力为

$$F_y=\int_{-l}^{l}\mathrm{d}F_y=\int_{-l}^{l}\frac{k\rho ma}{\sqrt{(a^2+x^2)^3}}\mathrm{d}x=2\int_0^l \frac{k\rho ma}{\sqrt{(a^2+x^2)^3}}\mathrm{d}x$$

$$\xlongequal{x=a\tan t} 2\int_0^{\arctan\frac{l}{a}}\frac{k\rho ma}{a^3\sec^3 t}\cdot a\sec^2 t\,\mathrm{d}t$$

$$=2\frac{k\rho m}{a}\int_0^{\arctan\frac{l}{a}}\cos t\,\mathrm{d}t=2\frac{k\rho m}{a}\sin\left(\arctan\frac{l}{a}\right)=\frac{2k\rho ml}{a\sqrt{a^2+l^2}},$$

所以 $\boldsymbol{F}=\left\{0,\dfrac{2k\rho ml}{a\sqrt{a^2+l^2}}\right\}$.

强化篇答案解析

第 5 章 空间解析几何（仅限数学一）

一、选择题

1. 答案 (C).

解 $z+3x^2+4y^2=0$ 即 $z=-3x^2-4y^2$，该方程表示椭圆抛物面，(A) 正确；
$x^2+y^2-z^2=0$ 即 $z=\pm\sqrt{x^2+y^2}$，该方程表示锥面，(B) 正确；
$x^2-2y^2=1+3z^2$ 即 $x^2-2y^2-3z^2=1$，该方程表示双叶双曲面，(C) 不正确；
$z=x^2$ 中只有两个变量，表示抛物柱面，(D) 正确.

2. 答案 (B).

解 联立三个平面方程 $\begin{cases}a_{11}x+a_{12}y+a_{13}z=b_1,\\a_{21}x+a_{22}y+a_{23}z=b_2,\\a_{31}x+a_{32}y+a_{33}z=b_3,\end{cases}$ 则系数矩阵与增广矩阵的秩都为 2，表明方程组有无穷多解，交于同一直线. 选(B).

3. 答案 (D).

解 L_1 的方向向量为 $\boldsymbol{n}_1=\{a_1,b_1,c_1\}$，$L_2$ 的方向向量为 $\boldsymbol{n}_2=\{a_2,b_2,c_2\}$，因 $\boldsymbol{A}$ 是满秩的，故 $\boldsymbol{n}_1$ 和 $\boldsymbol{n}_2$ 不共线. 取 L_1 上的点 $P(a_3,b_3,c_3)$，取 L_2 上的点 $Q(a_1,b_1,c_1)$，由于混合积

$$(\boldsymbol{n}_1\times\boldsymbol{n}_2)\cdot\overrightarrow{PQ}=\begin{vmatrix}a_1 & b_1 & c_1\\a_2 & b_2 & c_2\\a_1-a_3 & b_1-b_3 & c_1-c_3\end{vmatrix}\neq 0,$$
故 L_1 与 L_2 异面. 选(D).

二、填空题

1. 答案 (1) $-\frac{4}{3}$；(2) -4；(3) -4 或者 -6.

解 (1) $\boldsymbol{\alpha}_1\cdot\boldsymbol{\alpha}_2=0\Rightarrow a=-\frac{4}{3}$.

(2) $\boldsymbol{\alpha}_1 /\!/ \boldsymbol{\alpha}_3\Rightarrow\frac{1}{-2}=\frac{2}{a}=\frac{-3}{6}\Rightarrow a=-4$.

(3) $(\boldsymbol{\alpha}_1\times\boldsymbol{\alpha}_2)\cdot\boldsymbol{\alpha}_3=0\Rightarrow\begin{vmatrix}1 & 2 & -3\\2 & -3 & a\\-2 & a & 6\end{vmatrix}=0\Rightarrow a=-4$ 或者 $a=-6$.

强化篇答案解析

2. 答案 4.

解 $[(\boldsymbol{a}+\boldsymbol{b})\times(\boldsymbol{b}+\boldsymbol{c})]\cdot(\boldsymbol{c}+\boldsymbol{a})=(\boldsymbol{a}\times\boldsymbol{b})\cdot\boldsymbol{c}+(\boldsymbol{b}\times\boldsymbol{c})\cdot\boldsymbol{a}=2+2=4$.

3. 答案 $5x+7y+11z-8=0$.

解 取
$$\boldsymbol{n}=\boldsymbol{s}=\boldsymbol{n}_1\times\boldsymbol{n}_2=\begin{vmatrix}\boldsymbol{i}&\boldsymbol{j}&\boldsymbol{k}\\2&-3&1\\3&1&-2\end{vmatrix}=\{5,7,11\},$$
故所求平面方程为 $5(x-1)+7(y-2)+11(z+1)=0$，即 $5x+7y+11z-8=0$.

4. 答案 $2x+2y-3z=0$.

解 $\boldsymbol{n}\perp\overrightarrow{OP}$，$\boldsymbol{n}\perp\boldsymbol{n}_1$，取 $\boldsymbol{n}=\overrightarrow{OP}\times\boldsymbol{n}_1=\begin{vmatrix}\boldsymbol{i}&\boldsymbol{j}&\boldsymbol{k}\\6&-3&2\\4&-1&2\end{vmatrix}=\{-4,-4,6\}$，故所求平面方程为 $-4x-4y+6z=0$，即 $2x+2y-3z=0$.

5. 答案 $x-3y+z+2=0$.

解 取点 $P(1,2,3)$，$\boldsymbol{n}=\boldsymbol{s}_1\times\boldsymbol{s}_2=\begin{vmatrix}\boldsymbol{i}&\boldsymbol{j}&\boldsymbol{k}\\1&0&-1\\2&1&1\end{vmatrix}=\{1,-3,1\}$，故所求平面方程为
$$(x-1)-3(y-2)+(z-3)=0，即\ x-3y+z+2=0.$$

6. 答案 $\dfrac{x-2}{-2}=\dfrac{y-4}{3}=\dfrac{z}{1}$.

解 取 $\boldsymbol{s}=\boldsymbol{n}_1\times\boldsymbol{n}_2=\begin{vmatrix}\boldsymbol{i}&\boldsymbol{j}&\boldsymbol{k}\\1&0&2\\0&1&-3\end{vmatrix}=\{-2,3,1\}$，故所求直线方程为 $\dfrac{x-2}{-2}=\dfrac{y-4}{3}=\dfrac{z}{1}$.

7. 答案 $\begin{cases}x-y+2z-1=0,\\x-3y-2z+1=0.\end{cases}$

解 过直线 L 作与 π 垂直的平面，其法向量为 $\boldsymbol{n}=\begin{vmatrix}\boldsymbol{i}&\boldsymbol{j}&\boldsymbol{k}\\1&1&-1\\1&-1&2\end{vmatrix}=\{1,-3,-2\}$，取点 $P_0=\{1,0,1\}$，该平面方程为 $(x-1)-3y-2(z-1)=0\Rightarrow x-3y-2z+1=0$，故投影直线方程为 $\begin{cases}x-y+2z-1=0,\\x-3y-2z+1=0.\end{cases}$

8. 答案 $\dfrac{x+2}{4}=\dfrac{y-3}{1}=\dfrac{z}{2}$.

解 过所求直线 L 作与平面 π 平行的平面 π_1，则 π_1 的方程为
$$(x+2)-2(y-3)-z=0\Rightarrow x-2y-z+8=0,$$

联立 π_1 与 l_1 得交点 $P(2,4,2)$，则所求直线的方向向量 $\boldsymbol{s}=\overrightarrow{P_0P}=\{4,1,2\}$，故所求直线方程为 $\dfrac{x+2}{4}=\dfrac{y-3}{1}=\dfrac{z}{2}$.

9. 答案 $abc+a+b+c=0$.

解 由题意，齐次线性方程组 $\begin{cases}x-y-az=0,\\ bx-y+z=0,\\ x+cy-z=0\end{cases}$ 有非零解，则系数矩阵的行列式

$$\begin{vmatrix}1&-1&-a\\ b&-1&1\\ 1&c&-1\end{vmatrix}=-abc-a-b-c=0, \text{即 } abc+a+b+c=0.$$

10. 答案 平面 π_1,π_2 平行且都与平面 π_3 相交.

解 三个平面的法向量 $\boldsymbol{n}_1=\{1,1,1\}$，$\boldsymbol{n}_2=\{1,1,1\}$，$\boldsymbol{n}_3=\{2,3,4\}$，显然 $\boldsymbol{n}_1$ 平行于 $\boldsymbol{n}_2$，且 $\boldsymbol{n}_1$ 与 $\boldsymbol{n}_3$ 不平行，所以平面 π_1,π_2 平行且都与平面 π_3 相交.

11. 答案 两两相交于三条互不重叠的平行直线.

解 考查线性方程组 $\boldsymbol{Ax}=\boldsymbol{\beta}$，即 $\begin{cases}a_{11}x+a_{12}y+a_{13}z=d_1,\\ a_{21}x+a_{22}y+a_{23}z=d_2,\\ a_{31}x+a_{32}y+a_{33}z=d_3.\end{cases}$ 由 $\boldsymbol{\alpha}_1,\boldsymbol{\alpha}_2,\boldsymbol{\alpha}_3$ 线性相关且其中任意两个均线性无关知 $r(\boldsymbol{A})=2$，两两联立的三个方程组

$$\begin{cases}a_{11}x+a_{12}y+a_{13}z=d_1,\\ a_{21}x+a_{22}y+a_{23}z=d_2,\end{cases}\begin{cases}a_{21}x+a_{22}y+a_{23}z=d_2,\\ a_{31}x+a_{32}y+a_{33}z=d_3,\end{cases}\begin{cases}a_{11}x+a_{12}y+a_{13}z=d_1,\\ a_{31}x+a_{32}y+a_{33}z=d_3\end{cases}$$

均有无穷多解，从而三个平面两两相交，$\boldsymbol{Ax}=\boldsymbol{\beta}$ 无解知三个平面不会交于同一条直线，故而三个平面两两相交于三条互不重叠的平行直线.

三、解答题

解 直线 L：$\dfrac{x-1}{0}=\dfrac{y}{1}=\dfrac{z-1}{2}$ 可改写为 $\begin{cases}x=1,\\ y=\dfrac{z-1}{2},\end{cases}$ 故绕 z 轴旋转一周而成的旋转曲面方程为

$$x^2+y^2-\left(\frac{z-1}{2}\right)^2=1,$$

这是一个单叶双曲面方程.

第 6 章 多元函数微分学及其应用

一、选择题

1. 答案 (B).

解 **解法一** 在方程 $F\left(\frac{y}{x},\frac{z}{x}\right)=0$ 两边求全微分,得 $F'_1\cdot\frac{x\mathrm{d}y-y\mathrm{d}x}{x^2}+F'_2\cdot\frac{x\mathrm{d}z-z\mathrm{d}x}{x^2}=0$,化简得

$$\mathrm{d}z=\frac{yF'_1+zF'_2}{xF'_2}\mathrm{d}x-\frac{F'_1}{F'_2}\mathrm{d}y,$$

所以有 $\frac{\partial z}{\partial x}=\frac{yF'_1+zF'_2}{xF'_2},\frac{\partial z}{\partial y}=-\frac{F'_1}{F'_2}$,故 $x\frac{\partial z}{\partial x}+y\frac{\partial z}{\partial y}=x\cdot\frac{yF'_1+zF'_2}{xF'_2}-y\frac{F'_1}{F'_2}=z$.

解法二 在方程 $F\left(\frac{y}{x},\frac{z}{x}\right)=0$ 两边对 x 求偏导数,得 $F'_1\cdot\left(-\frac{y}{x^2}\right)+F'_2\cdot\left(\frac{x\frac{\partial z}{\partial x}-z}{x^2}\right)=0$,解得 $\frac{\partial z}{\partial x}=\frac{yF'_1+zF'_2}{xF'_2}$;两边对 y 求偏导数,得 $F'_1\cdot\frac{1}{x}+F'_2\cdot\frac{\frac{\partial z}{\partial y}}{x}=0$,解得 $\frac{\partial z}{\partial y}=-\frac{F'_1}{F'_2}$,所以

$$x\frac{\partial z}{\partial x}+y\frac{\partial z}{\partial y}=x\cdot\frac{yF'_1+zF'_2}{xF'_2}-y\frac{F'_1}{F'_2}=z.$$

解法三 记 $G(x,y,z)=F\left(\frac{y}{x},\frac{z}{x}\right)$,所以方程 $F\left(\frac{y}{x},\frac{z}{x}\right)=0$ 为 $G(x,y,z)=0$. 由隐函数求导法则,得

$$\frac{\partial z}{\partial x}=-\frac{G'_x}{G'_z}=-\frac{F'_1\cdot\left(-\frac{y}{x^2}\right)+F'_2\cdot\left(-\frac{z}{x^2}\right)}{F'_2\cdot\frac{1}{x}}=\frac{yF'_1+zF'_2}{xF'_2},$$

$$\frac{\partial z}{\partial y}=-\frac{G'_y}{G'_z}=-\frac{F'_1\cdot\frac{1}{x}}{F'_2\cdot\frac{1}{x}}=-\frac{F'_1}{F'_2},$$

所以 $x\frac{\partial z}{\partial x}+y\frac{\partial z}{\partial y}=x\cdot\frac{yF'_1+zF'_2}{xF'_2}-y\frac{F'_1}{F'_2}=z$.

2. 答案 (A).

解 由于$\lim\limits_{\substack{x\to 0\\ y\to 0}}\dfrac{x^3}{x^2+y^2}=0$，$\lim\limits_{\substack{x\to 0\\ y\to 0}}\dfrac{y^3}{x^2+y^2}=0$，所以由题设有$\lim\limits_{\substack{x\to 0\\ y\to 0}}\dfrac{f(x,y)}{x^2+y^2}=-1<0$，由$f(x,y)$的连续性可得$f(0,0)=0$，并存在$\delta>0$，当$0<\sqrt{x^2+y^2}<\delta$时，有$f(x,y)<0=f(0,0)$，由此可得点$(0,0)$是$f(x,y)$的极大值点. 答案为(A).

3. 答案 (A).

解 在$z=f(x,y,z)$两边对x求偏导，得$\dfrac{\partial z}{\partial x}=f'_x+f'_z\dfrac{\partial z}{\partial x}$，于是$\dfrac{\partial z}{\partial x}=\dfrac{f'_x}{1-f'_z}$，同理$\dfrac{\partial z}{\partial y}=\dfrac{f'_y}{1-f'_z}$，所以$\mathrm{d}z=\dfrac{\partial z}{\partial x}\mathrm{d}x+\dfrac{\partial z}{\partial y}\mathrm{d}y=\dfrac{f'_x}{1-f'_z}\mathrm{d}x+\dfrac{f'_y}{1-f'_z}\mathrm{d}y$，即$\mathrm{d}z=f'_x\mathrm{d}x+f'_y\mathrm{d}y+f'_z\mathrm{d}z$.

或者直接在$z=f(x,y,z)$两边取微分得$\mathrm{d}z=f'_x\cdot\mathrm{d}x+f'_y\cdot\mathrm{d}y+f'_z\cdot\mathrm{d}z$.

4. 答案 (C).

解 当$x^2+y^2\neq 0$时，有$0\leqslant\left|\dfrac{xy}{\sqrt{x^2+y^2}}\right|\leqslant\left|\dfrac{x^2+y^2}{2\sqrt{x^2+y^2}}\right|\leqslant\sqrt{x^2+y^2}$，故$\lim\limits_{\substack{x\to 0\\ y\to 0}}f(x,y)=0=f(0,0)$，所以$f(x,y)$在点$(0,0)$处连续. 因为对任意$x$，有$f(x,0)=0$，故$f'_x(0,0)=\lim\limits_{x\to 0}\dfrac{f(x,0)-f(0,0)}{x}=0$，同理$f'_y(0,0)=0$，所以$f(x,y)$在点$(0,0)$处两个偏导数都存在.

又

$$\lim_{\substack{\Delta x\to 0\\ \Delta y\to 0}}\frac{[f(0+\Delta x,0+\Delta y)-f(0,0)]-[f'_x(0,0)\Delta x+f'_y(0,0)\Delta y]}{\sqrt{(\Delta x)^2+(\Delta y)^2}}$$

$$=\lim_{\substack{\Delta x\to 0\\ \Delta y\to 0}}\frac{f(\Delta x,\Delta y)}{\sqrt{(\Delta x)^2+(\Delta y)^2}}=\lim_{\substack{\Delta x\to 0\\ \Delta y\to 0}}\frac{\Delta x\Delta y}{(\Delta x)^2+(\Delta y)^2},$$

上述极限不存在，故$f(x,y)$在点$(0,0)$处不可微.

5 答案 (A).

解 与$\overrightarrow{P_1P_2}$同向的单位向量为$\dfrac{\overrightarrow{P_1P_2}}{|\overrightarrow{P_1P_2}|}=\{\cos\alpha,\cos\beta,\cos\gamma\}$，则有

$$\frac{\partial u}{\partial\overrightarrow{P_1P_2}}=\left\{\frac{\partial u}{\partial x},\frac{\partial u}{\partial y},\frac{\partial u}{\partial z}\right\}\cdot\{\cos\alpha,\cos\beta,\cos\gamma\}=\mathbf{grad}\,u\cdot\frac{\overrightarrow{P_1P_2}}{|\overrightarrow{P_1P_2}|}.$$

6. 答案 (B).

解 **解法一** 设切点为(x_0,y_0,z_0)，则切平面方程为

$$z-z_0=2x_0(x-x_0)+2y_0(y-y_0),$$

由题意得$\begin{cases}z_0=x_0^2+y_0^2,\\-z_0=2x_0(1-x_0)+2y_0(-y_0),\\-z_0=2x_0(-x_0)+2y_0(1-y_0),\end{cases}$解得$\begin{cases}x_0=0,\\y_0=0,\\z_0=0,\end{cases}$与$\begin{cases}x_0=1,\\y_0=1,\\z_0=2,\end{cases}$代入切平面方程得$z=0$与$2x+2y-z=2$.

解法二 由于点(1,0,0)和(0,1,0)不在平面 $y=x$ 上,故排除选项(C)和(D).

对于选项(A)中的切平面 $x+y-z=1$,在切点处应满足 $x+y-(x^2+y^2)=1$,配方得 $-\left(x-\frac{1}{2}\right)^2-\left(y-\frac{1}{2}\right)^2=\frac{1}{2}$,此式不可能成立,排除选项(A).

二、填空题

1. **答案** $-2g''f'+(2+g')f''\cdot(\sin y-2g')$.

解
$$\frac{\partial z}{\partial x}=f'\cdot(2+g'),$$
$$\frac{\partial^2 z}{\partial x\partial y}=-2g''f'+(2+g')f''\cdot(\sin y-2g').$$

2. **答案** z.

解 $\frac{x}{z}=\varphi\left(\frac{y}{z}\right)$ 两边分别对 x,y 求偏导,得
$$\begin{cases}\dfrac{z-x\dfrac{\partial z}{\partial x}}{z^2}=\varphi'\left(\dfrac{y}{z}\right)\left(-\dfrac{y}{z^2}\dfrac{\partial z}{\partial x}\right),\\ -\dfrac{x}{z^2}\dfrac{\partial z}{\partial y}=\varphi'\left(\dfrac{y}{z}\right)\dfrac{z-y\dfrac{\partial z}{\partial y}}{z^2},\end{cases}$$
解得 $\frac{\partial z}{\partial x}=\frac{z}{x-y\varphi'},\frac{\partial z}{\partial y}=\frac{-z\varphi'}{x-y\varphi'}$,所以 $x\frac{\partial z}{\partial x}+y\frac{\partial z}{\partial y}=z$.

3. **答案** 0.

解 $f'_x(0,0)=\lim\limits_{x\to 0}\frac{f(x,0)-f(0,0)}{x}=\lim\limits_{x\to 0}\frac{|x|\varphi(x,0)}{x}$ 存在,故 $\lim\limits_{x\to 0^+}\frac{|x|\varphi(x,0)}{x}=\lim\limits_{x\to 0^-}\frac{|x|\varphi(x,0)}{x}$,得 $\varphi(0,0)=-\varphi(0,0)$,所以 $\varphi(0,0)=0$.

4. **答案** $dz=\frac{f(x^2y,e^{x^2y})(2xydx+x^2dy)}{1-\varphi'(z)}$.

解 等式两边同时求全微分可得 $dz=f(x^2y,e^{x^2y})(2xydx+x^2dy)+\varphi'(z)dz$,解得 $dz=\frac{f(x^2y,e^{x^2y})(2xydx+x^2dy)}{1-\varphi'(z)}$.

5. **答案** $\left\{-\frac{1}{4},-\frac{1}{4},0\right\}$.

解 $\frac{\partial f}{\partial x}=\frac{1}{y+z},\frac{\partial f}{\partial y}=\frac{z-x}{(y+z)^2},\frac{\partial f}{\partial z}=\frac{-(x+y)}{(y+z)^2}$,所求方向为梯度的负方向,即
$$-\mathbf{grad}\,f(-1,1,3)=\left\{-\frac{1}{4},-\frac{1}{4},0\right\}.$$

三、解答题

1. 解 (1) 因为$\lim\limits_{\substack{x\to 0\\ y\to 0}} f(x,y)=\lim\limits_{\substack{x\to 0\\ y\to 0}}\sqrt{|xy|}\ \dfrac{\sin(x^2+y^2)}{x^2+y^2}=0=f(0,0)$,所以 $f(x,y)$ 在点$(0,0)$处连续.

(2)$f'_x(0,0)=\lim\limits_{x\to 0}\dfrac{f(x,0)-f(0,0)}{x-0}=0$,同理 $f'_y(0,0)=0$. 又因为

$$\lim_{\substack{x\to 0\\ y\to 0}}\frac{\Delta z-f'_x(0,0)\,\Delta x-f'_y(0,0)\,\Delta y}{\sqrt{(\Delta x)^2+(\Delta y)^2}}$$
$$=\lim_{\substack{\Delta x\to 0\\ \Delta y\to 0}}\sqrt{\frac{|\Delta x\Delta y|}{(\Delta x)^2+(\Delta y)^2}}\ \frac{\sin[(\Delta x)^2+(\Delta y)^2]}{(\Delta x)^2+(\Delta y)^2}\neq 0,$$

所以 $f(x,y)$ 在点$(0,0)$处不可微.

2. 解 因为 $g(x)$ 在 $x=1$ 处取得极值,所以 $g'(1)=0$.

由于$\dfrac{\partial z}{\partial x}=f'_1\cdot y+f'_2\cdot yg'(x)$,以及 $g'(1)=0$,所以$\left.\dfrac{\partial z}{\partial x}\right|_{x=1}=yf'_1(y,y)$.

$$\left.\frac{\partial^2 z}{\partial x\partial y}\right|_{\substack{x=1\\ y=1}}=\left.\frac{\mathrm{d}}{\mathrm{d}y}\left(\left.\frac{\partial z}{\partial x}\right|_{x=1}\right)\right|_{y=1}=\left.\frac{\mathrm{d}}{\mathrm{d}y}(yf'_1(y,y))\right|_{y=1}$$
$$=f'_1(y,y)+y[f''_{11}(y,y)+f''_{12}(y,y)]|_{y=1}$$
$$=f'_1(1,1)+f''_{11}(1,1)+f''_{12}(1,1).$$

3. 解 $f'_x(x,y)=\begin{cases}\dfrac{(3x^2y-y^3)(x^2+y^2)-2x(x^3y-xy^3)}{(x^2+y^2)^2}, & x^2+y^2\neq 0,\\ 0, & x^2+y^2=0,\end{cases}$ 所以

$$f''_{xy}(0,0)=\lim_{y\to 0}\frac{f'_x(0,y)-f'_x(0,0)}{y}=\lim_{y\to 0}\frac{-y^5}{y^5}=-1,$$

同理可求得 $f''_{yx}(0,0)=1$.

4. 解
$$\frac{\partial z}{\partial x}=\frac{\partial z}{\partial \xi}\frac{\partial \xi}{\partial x}+\frac{\partial z}{\partial \eta}\frac{\partial \eta}{\partial x}=\frac{\partial z}{\partial \xi}+\frac{\partial z}{\partial \eta},$$
$$\frac{\partial z}{\partial y}=\frac{\partial z}{\partial \xi}\frac{\partial \xi}{\partial y}+\frac{\partial z}{\partial \eta}\frac{\partial \eta}{\partial y}=-2\frac{\partial z}{\partial \xi}+a\frac{\partial z}{\partial \eta},$$
$$\frac{\partial^2 z}{\partial x^2}=\frac{\partial^2 z}{\partial \xi^2}+\frac{\partial^2 z}{\partial \xi\partial \eta}+\frac{\partial^2 z}{\partial \eta\partial \xi}+\frac{\partial^2 z}{\partial \eta^2}=\frac{\partial^2 z}{\partial \xi^2}+2\frac{\partial^2 z}{\partial \xi\partial \eta}+\frac{\partial^2 z}{\partial \eta^2},$$
$$\frac{\partial^2 z}{\partial x\partial y}=-2\frac{\partial^2 z}{\partial \xi^2}+a\frac{\partial^2 z}{\partial \xi\partial \eta}-2\frac{\partial^2 z}{\partial \eta\partial \xi}+a\frac{\partial^2 z}{\partial \eta^2}=-2\frac{\partial^2 z}{\partial \xi^2}+(a-2)\frac{\partial^2 z}{\partial \xi\partial \eta}+a\frac{\partial^2 z}{\partial \eta^2},$$
$$\frac{\partial^2 z}{\partial y^2}=4\frac{\partial^2 z}{\partial \xi^2}-2a\frac{\partial^2 z}{\partial \xi\partial \eta}-2a\frac{\partial^2 z}{\partial \eta\partial \xi}+a^2\frac{\partial^2 z}{\partial \eta^2}=4\frac{\partial^2 z}{\partial \xi^2}-4a\frac{\partial^2 z}{\partial \xi\partial \eta}+a^2\frac{\partial^2 z}{\partial \eta^2},$$

将上述结果代入原方程,经整理后得

强化篇答案解析

$$(10+5a)\frac{\partial^2 z}{\partial\xi\partial\eta}+(6+a-a^2)\frac{\partial^2 z}{\partial\eta^2}=0,$$

依题意 a 应满足

$$6+a-a^2=0 \text{ 且 } 10+5a\neq 0,$$

解得 $a=3$.

5. **解** 由隐函数微分法，方程两边对 x 求导，得

$$\mathrm{e}^{xy}\left(x\frac{\mathrm{d}y}{\mathrm{d}x}+y\right)-\left(x\frac{\mathrm{d}y}{\mathrm{d}x}+y\right)=0,$$

由于 $x\neq 0$，解得 $\frac{\mathrm{d}y}{\mathrm{d}x}=-\frac{y}{x}$.

$$\mathrm{e}^x=\frac{\sin(x-z)}{x-z}\left(1-\frac{\mathrm{d}z}{\mathrm{d}x}\right),$$

由于 $\sin(x-z)\neq 0$，解得 $\frac{\mathrm{d}z}{\mathrm{d}x}=1-\frac{\mathrm{e}^x(x-z)}{\sin(x-z)}$，则

$$\begin{aligned}\frac{\mathrm{d}u}{\mathrm{d}x}&=f'_x+f'_y\cdot\frac{\mathrm{d}y}{\mathrm{d}x}+f'_z\cdot\frac{\mathrm{d}z}{\mathrm{d}x}\\&=f'_x+f'_y\cdot\left(-\frac{y}{x}\right)+f'_z\cdot\left[1-\frac{\mathrm{e}^x(x-z)}{\sin(x-z)}\right].\end{aligned}$$

6. **证明** (1) 由 $f(tx,ty)=t^n f(x,y)$，两边对 t 求导，得

$$xf'_1+yf'_2=nt^{n-1}f(x,y). \tag{*}$$

令 $t=1$，则有 $x\frac{\partial f}{\partial x}+y\frac{\partial f}{\partial y}=nf(x,y)$.

(2) 在(*)式两边对 t 求导，得

$$x(xf''_{11}+yf''_{12})+y(xf''_{12}+yf''_{22})=n(n-1)t^{n-2}f(x,y).$$

令 $t=1$，即证得

$$x^2\frac{\partial^2 f}{\partial x^2}+2xy\frac{\partial^2 f}{\partial x\partial y}+y^2\frac{\partial^2 f}{\partial y^2}=n(n-1)f(x,y).$$

7. **解** 令 $\begin{cases}f'_x(x,y)=\frac{2}{x}+\frac{1}{x^2}-\frac{1}{x^3}-\frac{y^2}{x^3}=0,\\ f'_y(x,y)=\frac{y}{x^2}=0,\end{cases}$ 解得驻点为 $\left(\frac{1}{2},0\right)$，$(-1,0)$.

$$A=f''_{xx}(x,y)=-\frac{2}{x^2}-\frac{2}{x^3}+\frac{3}{x^4}+\frac{3y^2}{x^4},B=f''_{xy}(x,y)=-\frac{2y}{x^3},C=f''_{yy}(x,y)=\frac{1}{x^2}.$$

当 $(x,y)=\left(\frac{1}{2},0\right)$ 时，$A=24,B=0,C=4$，则 $B^2-AC=0^2-24\times4=-96<0$，且 $A>0$，所以点 $\left(\frac{1}{2},0\right)$ 为函数 $f(x,y)$ 的极小值点，且极小值为 $f\left(\frac{1}{2},0\right)=\frac{1}{2}-2\ln 2$；

当 $(x,y)=(-1,0)$ 时，$A=3,B=0,C=1$，则 $B^2-AC=0^2-3\times1=-3<0$，且 $A>$

0,所以点$(-1,0)$为函数$f(x,y)$的极小值点,且极小值为$f(-1,0)=2$.

8. **解** 在$2x^3-6xy+3y^2+ze^{z-1}=0$两边分别对x,y求偏导,得

$$\begin{cases}6x^2-6y+(1+z)e^{z-1}\dfrac{\partial z}{\partial x}=0,\\-6x+6y+(1+z)e^{z-1}\dfrac{\partial z}{\partial y}=0\end{cases}\Rightarrow\frac{\partial z}{\partial x}=\frac{6(y-x^2)}{(1+z)e^{z-1}},\frac{\partial z}{\partial y}=\frac{6(x-y)}{(1+z)e^{z-1}},$$

令$\dfrac{\partial z}{\partial x}=0,\dfrac{\partial z}{\partial y}=0$,得驻点$(0,0),(1,1)$.

又
$$\frac{\partial^2 z}{\partial x^2}=6\,\frac{-2x(1+z)e^{z-1}-(y-x^2)(2+z)e^{z-1}\dfrac{\partial z}{\partial x}}{(1+z)^2e^{2z-2}},$$

$$\frac{\partial^2 z}{\partial x\partial y}=6\,\frac{(1+z)e^{z-1}-(y-x^2)(2+z)e^{z-1}\dfrac{\partial z}{\partial y}}{(1+z)^2e^{2z-2}},$$

$$\frac{\partial^2 z}{\partial y^2}=6\,\frac{-(1+z)e^{z-1}-(x-y)(2+z)e^{z-1}\dfrac{\partial z}{\partial y}}{(1+z)^2e^{2z-2}}.$$

把$(0,0)$代入原方程,得$z=0$,把$(1,1)$代入原方程,得$z=1$.

在$(0,0,0)$处,$A=0,B=6e,C=-6e,B^2-AC>0$,故点$(0,0)$不是极值点;

在$(1,1,1)$处,$A=-6,B=3,C=-3,B^2-AC<0$,且$A<0$,故点$(1,1)$为极大值点,极大值$z=1$.

9. **解** 由$\begin{cases}f'_x(x,y)=4x+2y=0,\\f'_y(x,y)=2x+2y=0\end{cases}$可得函数$f(x,y)$在区域$D$内有唯一的驻点$(0,0)$.

下面求函数$f(x,y)$在D的边界$2x^2+y^2=4$上的最大值及最小值.

解法一 当$2x^2+y^2=4$时,$f(x,y)=2xy+4$,令

$$L(x,y,\lambda)=2xy+4+\lambda(2x^2+y^2-4),$$

由$\begin{cases}L'_x=2y+4\lambda x=0,\\L'_y=2x+2\lambda y=0,\\L'_\lambda=2x^2+y^2-4=0,\end{cases}$可得$\begin{cases}x=1,\\y=\sqrt{2}\end{cases}$或$\begin{cases}x=1,\\y=-\sqrt{2}\end{cases}$或$\begin{cases}x=-1,\\y=\sqrt{2}\end{cases}$或$\begin{cases}x=-1,\\y=-\sqrt{2}.\end{cases}$代入后可得

$f(x,y)$取值分别为$4-2\sqrt{2}$及$4+2\sqrt{2}$,由于$f(0,0)=0$,因此$f(x,y)$在区域D上的最大值及最小值分别为$4+2\sqrt{2}$及0.

解法二 在$2x^2+y^2=4$中可解得$y=\pm\sqrt{4-2x^2}$.

将$y=\sqrt{4-2x^2}$代入可得$z=f(x,\sqrt{4-2x^2})=2x\sqrt{4-2x^2}+4,x\in[-\sqrt{2},\sqrt{2}]$,

$\dfrac{dz}{dx}=\sqrt{4-2x^2}-\dfrac{2x^2}{\sqrt{4-2x^2}}=\dfrac{4-4x^2}{\sqrt{4-2x^2}}=0$,解得$x=\pm1$,此时$z=4\pm2\sqrt{2}$,当$x=\pm\sqrt{2}$时,$z=4$.

将 $y=-\sqrt{4-2x^2}$ 代入可得 $z=f(x,-\sqrt{4-2x^2})=-2x\sqrt{4-2x^2}+4, x\in[-\sqrt{2},\sqrt{2}]$，$\dfrac{\mathrm{d}z}{\mathrm{d}x}=-\sqrt{4-2x^2}+\dfrac{2x^2}{\sqrt{4-2x^2}}=-\dfrac{4-4x^2}{\sqrt{4-2x^2}}=0$，解得 $x=\pm 1$，此时 $z=4\mp 2\sqrt{2}$，当 $x=\pm\sqrt{2}$ 时，$z=4$.

又 $f(0,0)=0$，比较值 $0, 4-2\sqrt{2}$ 及 $4+2\sqrt{2}$ 的大小，可得 $f(x,y)$ 在区域 D 上的最大值及最小值分别为 $4+2\sqrt{2}$ 及 0.

10. **解** 设 (x,y,z) 为 C 上任意一点，它到原点的距离为 $d=\sqrt{x^2+y^2+z^2}$，令

$$L=x^2+y^2+z^2+\lambda(x^2+y^2-z)+\mu(x+y+z-1).$$

$$\begin{cases} L'_x=2x+2\lambda x+\mu=0, \\ L'_y=2y+2\lambda y+\mu=0, \\ L'_\lambda=x^2+y^2-z=0, \\ L'_u=x+y+z-1=0, \end{cases}$$

解得驻点为 $\left(\dfrac{-1+\sqrt{3}}{2},\dfrac{-1+\sqrt{3}}{2},2-\sqrt{3}\right)$，$\left(\dfrac{-1-\sqrt{3}}{2},\dfrac{-1-\sqrt{3}}{2},2+\sqrt{3}\right)$，相应地 $d=\sqrt{9-5\sqrt{3}}$ 或 $d=\sqrt{9+5\sqrt{3}}$. 由实际意义知，最长距离为 $\sqrt{9+5\sqrt{3}}$，最短距离为 $\sqrt{9-5\sqrt{3}}$.

11. **解** (1)Σ 在 $P_0(x_0,y_0,z_0)$ 处的切平面方程为 $\pi: \dfrac{x_0x}{a^2}+\dfrac{y_0y}{b^2}+\dfrac{z_0z}{c^2}=1$，$\pi$ 与三个坐标轴的交点分别为 $A\left(\dfrac{a^2}{x_0},0,0\right)$，$B\left(0,\dfrac{b^2}{y_0},0\right)$，$C\left(0,0,\dfrac{c^2}{z_0}\right)$，由此可得 π 与三个坐标面围成的四面体体积为 $V=\dfrac{a^2b^2c^2}{6x_0y_0z_0}$，这样问题可归结为求函数 $u=xyz$ 满足条件 $\dfrac{x^2}{a^2}+\dfrac{y^2}{b^2}+\dfrac{z^2}{c^2}-1=0$ 的条件极值问题.

令 $L(x,y,z,\lambda)=xyz+\lambda\left(\dfrac{x^2}{a^2}+\dfrac{y^2}{b^2}+\dfrac{z^2}{c^2}-1\right)(x>0,y>0,z>0)$，由

$$\begin{cases} L'_x=yz+\dfrac{2\lambda x}{a^2}=0, \\ L'_y=xz+\dfrac{2\lambda y}{b^2}=0, \\ L'_z=xy+\dfrac{2\lambda z}{c^2}=0, \\ L'_\lambda=\dfrac{x^2}{a^2}+\dfrac{y^2}{b^2}+\dfrac{z^2}{c^2}-1=0, \end{cases}$$

可解得 $\dfrac{x}{a}=\dfrac{y}{b}=\dfrac{z}{c}=\dfrac{1}{\sqrt{3}}$，由于实际问题有解，而驻点唯一，因此在点 $P_0\left(\dfrac{\sqrt{3}}{3}a,\dfrac{\sqrt{3}}{3}b,\dfrac{\sqrt{3}}{3}c\right)$ 处函数 $u=xyz$ 取得极大值，从而体积 $V=\dfrac{a^2b^2c^2}{6x_0y_0z_0}$ 在点 $P_0\left(\dfrac{\sqrt{3}}{3}a,\dfrac{\sqrt{3}}{3}b,\dfrac{\sqrt{3}}{3}c\right)$ 处取得极小值同时也是最小值.

(2)$\overrightarrow{OP_0}=\frac{\sqrt{3}}{3}\{a,b,c\}$,$\overrightarrow{OP_0}^0=\left\{\frac{a}{\sqrt{a^2+b^2+c^2}},\frac{b}{\sqrt{a^2+b^2+c^2}},\frac{c}{\sqrt{a^2+b^2+c^2}}\right\}$,

$$\left.\frac{\partial\mu}{\partial\overrightarrow{OP}}\right|_{P_0}=2\{a,b,c\}\cdot\frac{1}{\sqrt{a^2+b^2+c^2}}\{a,b,c\}=2\sqrt{a^2+b^2+c^2},$$

$\left.\mathbf{grad}\,\mu\right|_{(1,1,1)}=\left.\{2ax,2by,2cz\}\right|_{(1,1,1)}=2\{a,b,c\}$ 与$\overrightarrow{OP_0}=\frac{\sqrt{3}}{3}\{a,b,c\}$ 方向相同.

由于μ 在点(1,1,1) 处沿梯度$\left.\mathbf{grad}\,\mu\right|_{(1,1,1)}$ 方向的方向导数取到最大值,因此μ 在点(1,1,1) 处沿$\overrightarrow{OP_0}$ 的方向导数为该点处的方向导数的最大值,最大值为$\left|\left.\mathbf{grad}\,\mu\right|_{(1,1,1)}\right|=2\sqrt{a^2+b^2+c^2}$.

第 7 章 重积分

一、选择题

1. 答案 (B).

解 当$(x,y)\in D_1$时，$0\leqslant \pi xy\leqslant \dfrac{\pi(x^2+y^2)}{2}\leqslant \dfrac{\pi}{2}$，所以$\cos(\pi xy)\geqslant 0$. 又$D_2\subset D_1$，所以$0<I_2<I_1$. 当$(x,y)\in D_2$时，$0\leqslant \pi xy\leqslant \pi x(1-x)\leqslant \dfrac{\pi}{4}$，$\cos(\pi xy)>\sin(\pi xy)$，所以$I_3<I_2$. 因此(B)正确.

2. 答案 (D).

解 由对称性

$$I=\iint_D f(x^2+y^2)\mathrm{d}x\,\mathrm{d}y=4\int_0^1\mathrm{d}x\int_0^x f(x^2+y^2)\mathrm{d}y=4\int_0^{\frac{\pi}{4}}\mathrm{d}\theta\int_0^{\sec\theta} rf(r^2)\mathrm{d}r$$

$$\xlongequal{u=r^2} 2\int_0^{\frac{\pi}{4}}\mathrm{d}\theta\int_0^{\sec^2\theta} f(u)\mathrm{d}u.$$

3 答案 (C).

解 写出极坐标区域不等式，画图，转化成直角坐标不等式.

4. 答案 (B).

解 各积分区域如图所示.

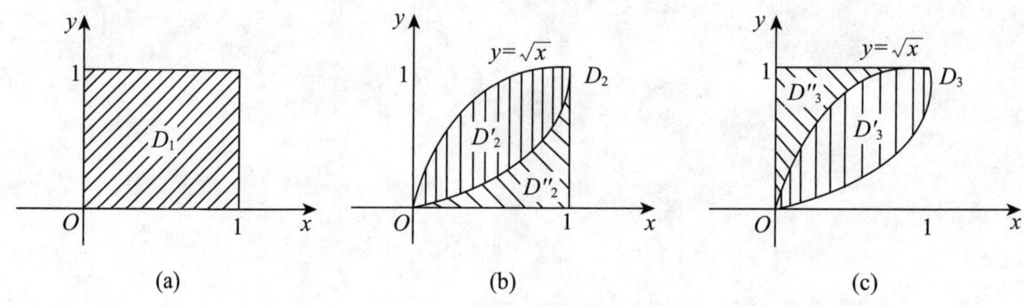

D_1关于直线$y=x$对称，$J_1=\iint_{D_1}\sqrt[3]{x-y}\,\mathrm{d}x\,\mathrm{d}y=\iint_{D_1}\sqrt[3]{y-x}\,\mathrm{d}x\,\mathrm{d}y=-J_1$，所以$J_1=0$；

$D_2=D_2'\cup D_2''$，D_2'关于直线$y=x$对称，当$(x,y)\in D_2''$内部时，$x-y>0$，所以$J_2=$

强化篇答案解析

$\iint\limits_{D_2'}\sqrt[3]{x-y}\,dx\,dy+\iint\limits_{D_2''}\sqrt[3]{x-y}\,dx\,dy>0$;

$D_3=D_3'\cup D_3''$,D_3'关于直线 $y=x$ 对称,当$(x,y)\in D_3''$内部时,$x-y<0$,所以 $J_3=\iint\limits_{D_3'}\sqrt[3]{x-y}\,dx\,dy+\iint\limits_{D_3''}\sqrt[3]{x-y}\,dx\,dy<0$.

综上可得 $J_3<0=J_1<J_2$.故选(B).

5. 答案 (D).

解 由积分中值定理,存在$(\xi,\eta)\in D:x^2+y^2\leqslant r^2$,使

$$\text{原极限}=\lim_{r\to0^+}\frac{f(\xi,\eta)\pi r^2}{h(r^2)}=\pi\lim_{r\to0^+}f(\xi,\eta)\lim_{r\to0^+}\frac{2r}{h'(r^2)\cdot2r}=\pi f(0,0).$$

6. 答案 (D).

解 因 $f(|x|+|y|+|z|)$ 是关于 x,y,z 的偶函数,由 Ω 的对称性知(D)正确.

二、填空题

1. 答案 $\int_{-1}^{2}dy\int_{y^2}^{y+2}f(x,y)dx$.

解 $D_1:0\leqslant x\leqslant1,-\sqrt{x}\leqslant y\leqslant\sqrt{x}$,$D_2:1\leqslant x\leqslant4,x-2\leqslant y\leqslant\sqrt{x}$ 可合并为

$$D:-1\leqslant y\leqslant2,y^2\leqslant x\leqslant y+2.$$

2. 答案 $2\pi(e-2)$.

解 $\text{原积分}=\int_0^{2\pi}d\theta\int_0^{\frac{\pi}{2}}\sin\varphi\,d\varphi\int_0^1\rho^2e^{\rho}d\rho=2\pi\int_0^1\rho^2e^{\rho}d\rho=2\pi(e-2)$.

3. 答案 $\frac{2}{3}$.

解 由形心的坐标公式,$\bar{z}=\dfrac{\iiint\limits_{\Omega}z\,dx\,dy\,dz}{\iiint\limits_{\Omega}dx\,dy\,dz}$.

解法一 利用先二后一方法计算.

$$\bar{z}=\frac{\iiint\limits_{\Omega}z\,dx\,dy\,dz}{\iiint\limits_{\Omega}dx\,dy\,dz}=\frac{\int_0^1z\,dz\iint\limits_{x^2+y^2\leqslant z}dx\,dy}{\int_0^1dz\iint\limits_{x^2+y^2\leqslant z}dx\,dy}=\frac{\int_0^1\pi z^2dz}{\int_0^1\pi z\,dz}=\frac{\pi/3}{\pi/2}=\frac{2}{3}.$$

解法二 利用柱面坐标.

$$\bar{z}=\frac{\iiint\limits_{\Omega}z\,dx\,dy\,dz}{\iiint\limits_{\Omega}dx\,dy\,dz}=\frac{\int_0^{2\pi}d\theta\int_0^1r\,dr\int_{r^2}^1z\,dz}{\int_0^{2\pi}d\theta\int_0^1r\,dr\int_{r^2}^1dz}=\frac{\frac{1}{2}\int_0^1r(1-r^4)dr}{\int_0^1r(1-r^2)dr}=\frac{\frac{1}{6}}{\frac{1}{4}}=\frac{2}{3}.$$

强化篇答案解析

4. 答案 $\mathrm{e}-1$.

解 原式 $=2\int_0^1 \mathrm{d}x\int_x^1 \mathrm{e}^{y^2}\mathrm{d}y=2\int_0^1 \mathrm{d}y\int_0^y \mathrm{e}^{y^2}\mathrm{d}x=2\int_0^1 y\mathrm{e}^{y^2}\mathrm{d}y=\mathrm{e}-1$.

5. 答案 8.

解 由轮换对称性及对称性,有 $\iint\limits_D[f(x^2)+f(y^2)]\,\mathrm{d}\sigma=2\iint\limits_D f(x^2)\mathrm{d}\sigma=8\iint\limits_{D_1} f(x^2)\mathrm{d}\sigma$,故 $k=8$.

6. 答案 $\int_0^{2\pi}\mathrm{d}\theta\int_0^{\frac{\pi}{4}}\mathrm{d}\varphi\int_0^{\frac{R}{\cos\varphi}} f(\rho^2)\rho^2\sin\varphi\,\mathrm{d}\rho+\int_0^{2\pi}\mathrm{d}\theta\int_{\frac{\pi}{4}}^{\frac{\pi}{2}}\mathrm{d}\varphi\int_0^{\frac{R}{\sin\varphi}} f(\rho^2)\rho^2\sin\varphi\,\mathrm{d}\rho$.

解 用锥面 $z=\sqrt{x^2+y^2}$ 将 Ω 分为两部分,锥面之上的部分在球面坐标系下可以表示为 $0\leqslant\theta\leqslant 2\pi,0\leqslant\varphi\leqslant\frac{\pi}{4},0\leqslant\rho\leqslant\frac{R}{\cos\varphi}$;锥面之下的部分在球面坐标系下可以表示为 $0\leqslant\theta\leqslant 2\pi,\frac{\pi}{4}\leqslant\varphi\leqslant\frac{\pi}{2},0\leqslant\rho\leqslant\frac{R}{\sin\varphi}$.

三、解答题

1. 解 如右图所示,将 D 分成四个区域 D_1,D_2,D_3,D_4,由对称性可得

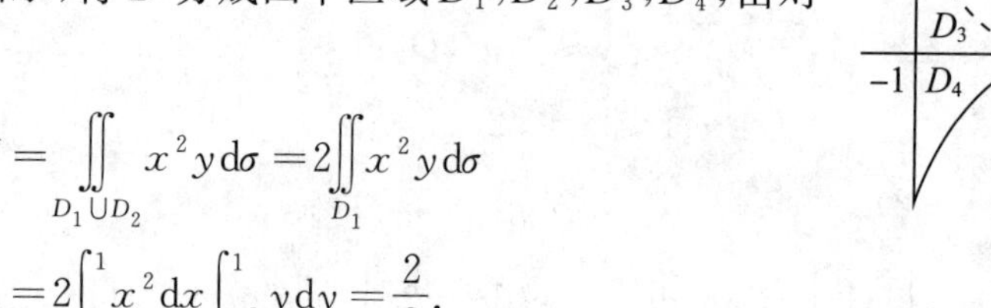

$$I=\iint\limits_{D_1\cup D_2} x^2y\,\mathrm{d}\sigma=2\iint\limits_{D_1} x^2y\,\mathrm{d}\sigma$$

$$=2\int_0^1 x^2\mathrm{d}x\int_{x^3}^1 y\,\mathrm{d}y=\frac{2}{9}.$$

2. 解 积分区域 D 如右图所示,则

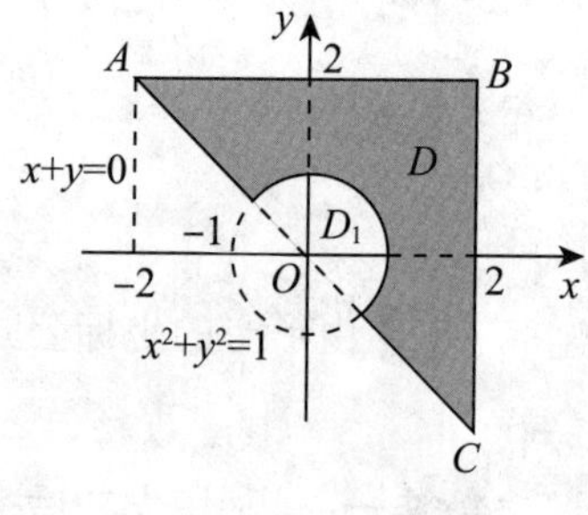

$$I=\iint\limits_{\triangle ABC}(x^2+y^2)\,\mathrm{d}x\,\mathrm{d}y-\iint\limits_{D_1}(x^2+y^2)\,\mathrm{d}x\,\mathrm{d}y$$

$$=\int_{-2}^2\mathrm{d}x\int_{-x}^2(x^2+y^2)\,\mathrm{d}y-\int_{-\frac{\pi}{4}}^{\frac{3\pi}{4}}\mathrm{d}\theta\int_0^1 r^3\mathrm{d}r$$

$$=\frac{64}{3}-\frac{\pi}{4}.$$

3. 解 设区域 D_1 为 $x^2+y^2\leqslant x,y\geqslant 0$,$D_2$ 为 $x\leqslant x^2+y^2\leqslant 1,x\geqslant 0$,由对称性可得

$$\text{原式}=2\iint\limits_{D_1}|x^2+y^2-x|\,\mathrm{d}x\,\mathrm{d}y+2\iint\limits_{D_2}|x^2+y^2-x|\,\mathrm{d}x\,\mathrm{d}y$$

$$=2\int_0^{\frac{\pi}{2}}\mathrm{d}\theta\int_0^{\cos\theta} r(r\cos\theta-r^2)\,\mathrm{d}r+2\int_0^{\frac{\pi}{2}}\mathrm{d}\theta\int_{\cos\theta}^1 r(r^2-r\cos\theta)\,\mathrm{d}r$$

$$=\frac{1}{6}\int_0^{\frac{\pi}{2}}\cos^4\theta\,\mathrm{d}\theta+2\int_0^{\frac{\pi}{2}}\left(\frac{1}{4}-\frac{1}{3}\cos\theta+\frac{1}{12}\cos^4\theta\right)\mathrm{d}\theta=\frac{5\pi}{16}-\frac{2}{3}.$$

4. 解 当 $0<t<1$ 时，$F(t)=\iint\limits_{D(t)}\mathrm{d}x\,\mathrm{d}y=\dfrac{t^2}{2}$；

当 $1\leqslant t<2$ 时，$F(t)=\iint\limits_{D(t)}\mathrm{d}x\,\mathrm{d}y=1-\dfrac{1}{2}(2-t)^2$；

当 $t\geqslant 2$ 时，$F(t)=\iint\limits_{D(t)}\mathrm{d}x\,\mathrm{d}y=1$，故

$$F(t)=\begin{cases}\dfrac{t^2}{2}, & 0<t<1,\\ 1-\dfrac{1}{2}(2-t)^2, & 1\leqslant t<2,\\ 1, & t\geqslant 2.\end{cases}$$

5. 解 记 $\iint\limits_{D}f(u,v)\mathrm{d}u\,\mathrm{d}v=A$，对题设中等式两边在 D 上积分，有

$$A=\iint\limits_{D}(x+y)\mathrm{d}x\,\mathrm{d}y+\iint\limits_{D}A\,\mathrm{d}x\,\mathrm{d}y=\iint\limits_{D}x\,\mathrm{d}x\,\mathrm{d}y+\pi A$$
$$=\int_{-\frac{\pi}{2}}^{\frac{\pi}{2}}\mathrm{d}\theta\int_0^{2\cos\theta}r\cos\theta r\,\mathrm{d}r+\pi A=\pi+\pi A,$$

于是 $A=\dfrac{\pi}{1-\pi}$，故 $f(x,y)=x+y+\dfrac{\pi}{1-\pi}$.

6. 解 $f(t)=t^2+\int_0^{2\pi}\mathrm{d}\theta\int_0^t f(r)r\,\mathrm{d}r=t^2+2\pi\int_0^t rf(r)\mathrm{d}r$，由于该等式右边可导，得到左边可导，所以

$$f'(t)=2t+2\pi tf(t),\ f(0)=0.$$

解此一阶线性微分方程，得 $f(t)=\mathrm{e}^{\pi t^2}\left(-\dfrac{1}{\pi}\mathrm{e}^{-\pi t^2}+c\right)$，由于 $f(0)=0$，得 $c=\dfrac{1}{\pi}$，从而

$$f(t)=\frac{1}{\pi}(\mathrm{e}^{\pi t^2}-1).$$

7. 解 $$\iint\limits_{D}f(x-y)\mathrm{d}x\,\mathrm{d}y=\int_{-1}^1\mathrm{d}y\int_{-1}^1 f(x-y)\mathrm{d}x\xlongequal{\text{令}x-y=t}\int_{-1}^1\mathrm{d}y\int_{-1-y}^{1-y}f(t)\mathrm{d}t$$
$$=\int_{-2}^0\mathrm{d}t\int_{-1-t}^1 f(t)\mathrm{d}y+\int_0^2\mathrm{d}t\int_{-1}^{1-t}f(t)\mathrm{d}y$$
$$=\int_{-2}^0 f(t)(2+t)\mathrm{d}t+\int_0^2 f(t)(2-t)\mathrm{d}t$$
$$=-\int_0^2 f(u)(2-u)\mathrm{d}u+\int_0^2 f(t)(2-t)\mathrm{d}t=0.$$

注 由于积分区域关于 $y=x$ 对称，也可以由轮换对称性得

$$\iint\limits_{D}f(x-y)\mathrm{d}x\,\mathrm{d}y=\iint\limits_{D}f(y-x)\mathrm{d}y\,\mathrm{d}x=\frac{1}{2}\iint\limits_{D}[f(x-y)+f(y-x)]\mathrm{d}x\,\mathrm{d}y=0.$$

强化篇答案解析

8. 证明 设区域 D 为:$0\leqslant x\leqslant 1,0\leqslant y\leqslant 1$,则

$$I=\int_0^1 f^2(x)\mathrm{d}x\int_0^1 xf(x)\mathrm{d}x-\int_0^1 f(x)\mathrm{d}x\int_0^1 xf^2(x)\mathrm{d}x$$
$$=\int_0^1 f^2(y)\mathrm{d}y\int_0^1 xf(x)\mathrm{d}x-\int_0^1 f(x)\mathrm{d}x\int_0^1 yf^2(y)\mathrm{d}y$$
$$=\iint_D xf(x)f^2(y)\mathrm{d}x\mathrm{d}y-\iint_D yf(x)f^2(y)\mathrm{d}x\mathrm{d}y$$
$$=\iint_D f(x)(x-y)f^2(y)\mathrm{d}x\mathrm{d}y.$$

同理 $I=\iint_D f(y)(y-x)f^2(x)\mathrm{d}x\mathrm{d}y$,注意到 $f(x)$ 为 $[0,1]$ 上正值、单调不增的函数,则有 $[f(y)-f(x)](x-y)f(x)f(y)\geqslant 0$,于是

$$I=\frac{1}{2}\iint_D[f(y)-f(x)](x-y)f(x)f(y)\mathrm{d}x\mathrm{d}y\geqslant 0.$$

9. 解 (1) 旋转曲面方程为 $x^2+y^2=2z$,利用"先二后一"法计算,有

$$\iiint_\Omega(x^2+y^2)v=\int_2^8\mathrm{d}z\iint_{D_z}(x^2+y^2)\mathrm{d}x\mathrm{d}y=\int_2^8\mathrm{d}z\int_0^{2\pi}\mathrm{d}\theta\int_0^{\sqrt{2z}}r^2\cdot r\mathrm{d}r$$
$$=2\pi\int_2^8 z^2\mathrm{d}z=336\pi.$$

(2) 被积函数 $(x+y+z)^2=x^2+y^2+z^2+2(xy+yz+zx)$,由于积分区域 Ω 分别关于 yOz,xOz 坐标面对称,所以 $\iiint_\Omega(xy+yz+zx)\mathrm{d}x\mathrm{d}y\mathrm{d}z=0$,故

$$\iiint_\Omega(x+y+z)^2\mathrm{d}v=\iiint_\Omega(x^2+y^2+z^2)\mathrm{d}v$$
$$=\int_0^{2\pi}\mathrm{d}\theta\int_0^1\mathrm{d}r\int_{r^2}^{\sqrt{2-r^2}}(r^2+z^2)\cdot r\mathrm{d}z$$
$$=2\pi\int_0^1\left\{r^3\sqrt{2-r^2}-r^5+\frac{1}{3}r\left[(2-r^2)^{\frac{3}{2}}-r^6\right]\right\}\mathrm{d}r$$
$$=\frac{\pi}{60}(96\sqrt{2}-89).$$

10. 解 由轮换对称性知 $\iiint_\Omega x^2\mathrm{d}v=\iiint_\Omega y^2\mathrm{d}v=\iiint_\Omega z^2\mathrm{d}v$,于是

$$\text{原积分 } I=(1+a+b)\iiint_\Omega x^2\mathrm{d}v=\frac{1}{3}(1+a+b)\iiint_\Omega(x^2+y^2+z^2)\mathrm{d}v$$
$$=\frac{1}{3}(1+a+b)\int_0^{2\pi}\mathrm{d}\theta\int_0^{\pi}\mathrm{d}\varphi\int_0^R\rho^2\cdot\rho^2\sin\varphi\mathrm{d}\rho$$
$$=\frac{4\pi}{15}(1+a+b)R^5.$$

11. 解 设 Ω_1 为 $x^2+y^2+z^2\leqslant 1,z\leqslant 0$;$\Omega_2$ 为 $0\leqslant z\leqslant\sqrt{x^2+y^2}$,$x^2+y^2+z^2\leqslant 1$,

于是

$$\iiint\limits_{\Omega} f(x,y,z)\mathrm{d}v=\iiint\limits_{\Omega_1}\sqrt{x^2+y^2+z^2}\,\mathrm{d}v+\iiint\limits_{\Omega_2}\sqrt{x^2+y^2}\,\mathrm{d}v$$

$$=\int_0^{2\pi}\mathrm{d}\theta\int_{\frac{\pi}{2}}^{\pi}\sin\varphi\,\mathrm{d}\varphi\int_0^1\rho^3\,\mathrm{d}\rho+\int_0^{2\pi}\mathrm{d}\theta\int_{\frac{\pi}{4}}^{\frac{\pi}{2}}\sin^2\varphi\,\mathrm{d}\varphi\int_0^1\rho^3\,\mathrm{d}\rho=\frac{\pi^2}{16}+\frac{5\pi}{8}.$$

12. **解** 设 Ω 的形心坐标为 $(\overline{x},\overline{y},\overline{z})$. 由对称性知, $\overline{x}=0$.

对于 $0\leqslant z\leqslant 1$, 记 $D_z=\{(x,y)\mid x^2+(y-z)^2\leqslant(1-z)^2\}$, 所以

$$\iiint\limits_{\Omega}\mathrm{d}x\,\mathrm{d}y\,\mathrm{d}z=\int_0^1\mathrm{d}z\iint\limits_{D_z}\mathrm{d}x\,\mathrm{d}y=\int_0^1\pi(1-z)^2\,\mathrm{d}z=\frac{\pi}{3};$$

$$\iiint\limits_{\Omega}z\,\mathrm{d}x\,\mathrm{d}y\,\mathrm{d}z=\int_0^1\mathrm{d}z\iint\limits_{D_z}z\,\mathrm{d}x\,\mathrm{d}y=\pi\int_0^1 z(1-z)^2\,\mathrm{d}z=\frac{\pi}{12}.$$

对于 $0\leqslant z\leqslant 1$, 设 $x=r\cos\theta$, $y=z+r\sin\theta$, 则 D_z: $0\leqslant\theta\leqslant 2\pi$, $0\leqslant r\leqslant 1-z$, 所以

$$\iiint\limits_{\Omega}y\,\mathrm{d}x\,\mathrm{d}y\,\mathrm{d}z=\int_0^1\mathrm{d}z\iint\limits_{D_z}y\,\mathrm{d}x\,\mathrm{d}y=\int_0^1\mathrm{d}z\int_0^{2\pi}\mathrm{d}\theta\int_0^{1-z}(z+r\sin\theta)r\,\mathrm{d}r$$

$$=\int_0^1\mathrm{d}z\int_0^{2\pi}\left[\frac{1}{2}z(1-z)^2+\frac{1}{3}(1-z)^3\sin\theta\right]\mathrm{d}\theta$$

$$=\pi\int_0^1 z(1-z)^2\,\mathrm{d}z=\frac{\pi}{12}.$$

因此, $\overline{y}=\dfrac{\iiint\limits_{\Omega}y\,\mathrm{d}v}{\iiint\limits_{\Omega}\mathrm{d}v}=\dfrac{\frac{\pi}{12}}{\frac{\pi}{3}}=\dfrac{1}{4}$, $\overline{z}=\dfrac{\iiint\limits_{\Omega}z\,\mathrm{d}v}{\iiint\limits_{\Omega}\mathrm{d}v}=\dfrac{\frac{\pi}{12}}{\frac{\pi}{3}}=\dfrac{1}{4}$, 所以 Ω 的形心坐标为 $\left(0,\dfrac{1}{4},\dfrac{1}{4}\right)$.

第 8 章 常微分方程

一、选择题

1. 答案 (D).

解 因二阶微分方程的通解中必含有且只含有两个独立的任意常数，显然可排除(A)，(B)，由于 $y=\ln(C_1\cos x)+\ln(C_2\sin x)=\ln|C_1|+\ln|C_2|+\ln|\cos x|+\ln|\sin x|=C+\ln|\cos x|+\ln|\sin x|$，其中 $C=\ln|C_1|+\ln|C_2|$，故也可排除(C).

2. 答案 (B).

解 由特解知对应的特征方程的根为 $r_1=r_2=-1,r_3=1$，故特征方程为 $(r+1)^2(r-1)=0$，即 $r^3+r^2-r-1=0$，故所求微分方程为 $y'''+y''-y'-y=0$. 应选(B).

二、填空题

1. 答案 $y=\frac{1}{3}x\ln x-\frac{1}{9}x$.

解 原微分方程化为 $y'+\frac{2}{x}y=\ln x$，由通解公式得

$$y=e^{-\int\frac{2}{x}dx}\left(\int\ln x\cdot e^{\int\frac{2}{x}dx}dx+C\right)=\frac{1}{x^2}\cdot\left(\int x^2\ln x\,dx+C\right)=\frac{1}{3}x\ln x-\frac{1}{9}x+C\frac{1}{x^2},$$

由 $y(1)=-\frac{1}{9}$ 得 $C=0$，故所求的特解为 $y=\frac{1}{3}x\ln x-\frac{1}{9}x$.

2. 答案 $e^{2x}\ln 2$.

解 方程两边对 x 求导得 $f'(x)=2f(x)$，其通解为 $f(x)=Ce^{2x}$，又 $f(0)=\ln 2$，得 $C=\ln 2$，所以 $f(x)=e^{2x}\ln 2$.

3. 答案 $x=\frac{y^2}{2}+\frac{y}{2}+\frac{1}{4}+Ce^{2y}$.

解 原微分方程化为 $\frac{dx}{dy}-2x=-y^2$，是以 y 为自变量的一阶线性微分方程，于是通解为

$$x=e^{\int 2dy}\left[\int(-y^2e^{-\int 2dy})\,dy+C\right]=e^{2y}\left[\int(-y^2e^{-2y})\,dy+C\right]=\frac{y^2}{2}+\frac{y}{2}+\frac{1}{4}+Ce^{2y}.$$

4. 答案 $x^2y''+xy'-y=0$.

强化篇答案解析

解 由 $y'=C_1-\frac{C_2}{x^2}, y''=\frac{2C_2}{x^3}$，得 $C_2=\frac{1}{2}x^3y'', C_1=y'+\frac{C_2}{x^2}=y'+\frac{1}{2}xy''$，将 C_1, C_2 的表达式代入 $y=C_1x+\frac{C_2}{x}$，可得

$$y=\left(y'+\frac{1}{2}xy''\right)x+\frac{1}{x}\cdot\frac{1}{2}x^3y'',$$

整理得所求微分方程为 $x^2y''+xy'-y=0$.

5. 答案 $y''+\tan x\cdot y'=\mathrm{e}^x(1+\tan x)$.

解 设所求微分方程为 $y''+P(x)y'+Q(x)y=f(x)$，根据二阶线性方程解的性质与解的结构可知，$y_1=1, y_2=\sin x$ 是齐次方程 $y''+P(x)y'+Q(x)y=0$ 的解，代入后解得 $P(x)=\tan x, Q(x)=0$. 又 $y^*=\mathrm{e}^x$ 是该方程的特解，解得 $f(x)=\mathrm{e}^x(1+\tan x)$，故所求方程为 $y''+\tan x\cdot y'=\mathrm{e}^x(1+\tan x)$.

三、解答题

1. 解 (1) 由 $F'(x)=f'(x)g(x)+f(x)g'(x)=g^2(x)+f^2(x)$

$$=[f(x)+g(x)]^2-2f(x)g(x)=4\mathrm{e}^{2x}-2F(x),$$

可得 $F(x)$ 所满足的一阶微分方程为 $F'(x)+2F(x)=4\mathrm{e}^{2x}$，且 $F(0)=f(0)g(0)=0$.

(2) $F(x)=\mathrm{e}^{-\int 2\mathrm{d}x}\left(\int 4\mathrm{e}^{2x}\cdot\mathrm{e}^{\int 2\mathrm{d}x}\mathrm{d}x+C\right)=\mathrm{e}^{-2x}\left(\int 4\mathrm{e}^{4x}\mathrm{d}x+C\right)=\mathrm{e}^{2x}+C\mathrm{e}^{-2x}$.

将 $F(0)=0$ 代入上式，得 $C=-1$. 于是 $F(x)=\mathrm{e}^{2x}-\mathrm{e}^{-2x}$.

2. 解 当 $x>0$ 时，$\frac{\mathrm{d}y}{\mathrm{d}x}-y=x$，解得

$$y=\mathrm{e}^{-\int(-1)\mathrm{d}x}\left[\int x\mathrm{e}^{\int(-1)\mathrm{d}x}\mathrm{d}x+C\right]=\mathrm{e}^x[-(1+x)\mathrm{e}^{-x}+C]=-1-x+C\mathrm{e}^x.$$

当 $x\leqslant 0$ 时，$\frac{\mathrm{d}y}{\mathrm{d}x}-y=-x$，解得

$$y=\mathrm{e}^{-\int(-1)\mathrm{d}x}\left[\int(-x)\mathrm{e}^{\int(-1)\mathrm{d}x}\mathrm{d}x+C_1\right]=\mathrm{e}^x[(1+x)\mathrm{e}^{-x}+C_1]=1+x+C_1\mathrm{e}^x.$$

由于 $y=\begin{cases}-1-x+C\mathrm{e}^x, & x>0,\\ 1+x+C_1\mathrm{e}^x, & x\leqslant 0\end{cases}$ 可导，从而连续，故在点 $x=0$ 处有 $y(0^-)=y(0^+)$，得 $1+C_1=-1+C$，解得 $C_1=C-2$.

故原微分方程的通解为 $y=\begin{cases}-1-x+C\mathrm{e}^x, & x>0,\\ 1+x+(C-2)\mathrm{e}^x, & x\leqslant 0.\end{cases}$

3. 解 原微分方程可化为 $y'=\left(\frac{y}{x}\right)^2-\frac{y}{x}$，令 $u=\frac{y}{x}$，有 $x\frac{\mathrm{d}u}{\mathrm{d}x}+u=u^2-u$，即 $x\frac{\mathrm{d}u}{\mathrm{d}x}=u^2-2u$，分离变量得 $\frac{\mathrm{d}u}{u^2-2u}=\frac{1}{x}\mathrm{d}x$，两边积分得 $\frac{1}{2}(\ln|u-2|-\ln|u|)=\ln|x|+\frac{1}{2}\ln|C|$，化

简得$\frac{u-2}{u}=Cx^2$,即$\frac{y-2x}{y}=Cx^2$.

由 $y(1)=1$ 得 $C=-1$,故所求特解为$\frac{y-2x}{y}=-x^2$,即 $y=\frac{2x}{1+x^2}$.

4. 解
$$f(t)=2\int_0^{2\pi}\mathrm{d}\theta\int_0^t r^3f(r)\mathrm{d}r+t^4=4\pi\int_0^t r^3f(r)\mathrm{d}r+t^4,$$
两边对 t 求导得 $f'(t)=4\pi t^3f(t)+4t^3$,且 $f(0)=0$,这是一阶线性微分方程,其通解为
$$f(t)=\mathrm{e}^{\int 4\pi t^3\mathrm{d}t}\left(\int 4t^3\mathrm{e}^{-\int 4\pi t^3\mathrm{d}t}\mathrm{d}t+C\right)=C\mathrm{e}^{\pi t^4}-\frac{1}{\pi},$$
由 $f(0)=0$,可得 $C=\frac{1}{\pi}$,所以
$$f(x)=\frac{1}{\pi}(\mathrm{e}^{\pi x^4}-1),x\in(0,+\infty).$$

5. 解 在关系式 $f(x+y)=\mathrm{e}^xf(y)+\mathrm{e}^yf(x)$ 中,令 $x=0,y=0$,得 $f(0)=2f(0)$,故 $f(0)=0$.
$$f'(x)=\lim_{h\to0}\frac{f(x+h)-f(x)}{h}=\lim_{h\to0}\frac{\mathrm{e}^xf(h)+\mathrm{e}^hf(x)-f(x)}{h}$$
$$=\lim_{h\to0}\frac{f(h)-f(0)}{h}\mathrm{e}^x+\lim_{h\to0}\frac{(\mathrm{e}^h-1)f(x)}{h}=f'(0)\mathrm{e}^x+f(x),$$
即 $f'(x)-f(x)=\mathrm{e}^x$,解得 $f(x)=(x+C)\mathrm{e}^x$,代入 $f(0)=0$ 得 $C=0$,故 $f(x)=x\mathrm{e}^x$.

6. 解 特征方程为 $r^2+4r+4=0$,特征根 $r_{1,2}=-2$,对应齐次线性微分方程的通解为 $Y=(C_1+C_2x)\mathrm{e}^{-2x}$.

当 $a\neq-2$ 时,设非齐次方程 $y''+4y'+4y=\mathrm{e}^{ax}$ 的特解为 $y^*=A\mathrm{e}^{ax}$,代入原微分方程得 $A=\frac{1}{(a+2)^2}$,所以 $y^*=\frac{1}{(a+2)^2}\mathrm{e}^{ax}$,所以所求通解为 $y=(C_1+C_2x)\mathrm{e}^{-2x}+\frac{1}{(a+2)^2}\mathrm{e}^{ax}$;

当 $a=-2$ 时,设非齐次方程 $y''+4y'+4y=\mathrm{e}^{-2x}$ 的特解为 $y^*=A_1x^2\mathrm{e}^{-2x}$,代入原方程得 $A_1=\frac{1}{2}$,所以 $y^*=\frac{1}{2}x^2\mathrm{e}^{-2x}$,所以所求通解为 $y=\left(C_1+C_2x+\frac{1}{2}x^2\right)\mathrm{e}^{-2x}$.

7. 解 微分方程 $y''+\alpha y'+\beta y=\gamma\mathrm{e}^x$ 的一个特解为 $y=\mathrm{e}^{2x}+(1+x)\mathrm{e}^x=\mathrm{e}^{2x}+\mathrm{e}^x+x\mathrm{e}^x$,由二阶常系数线性微分方程解的特点知 $y_1=\mathrm{e}^x,y_2=\mathrm{e}^{2x}$ 为该微分方程对应的齐次线性微分方程的特解,$y^*=x\mathrm{e}^x$ 为原方程的一个特解. 因此原方程的特征根为 1 和 2,相应的特征方程为 $(r-1)(r-2)=0$,即 $r^2-3r+2=0$,于是 $\alpha=-3,\beta=2$. 将特解 $y^*=x\mathrm{e}^x$ 代入方程,得
$$(x+2)\mathrm{e}^x-3(x+1)\mathrm{e}^x+2x\mathrm{e}^x=\gamma\mathrm{e}^x,$$
于是 $\gamma=-1$,从而原方程的通解为 $y=C_1\mathrm{e}^x+C_2\mathrm{e}^{2x}+x\mathrm{e}^x$.

8. 解 令 $x=\mathrm{e}^t$,则有 $x\frac{\mathrm{d}y}{\mathrm{d}x}=\frac{\mathrm{d}y}{\mathrm{d}t}$,$x^2\frac{\mathrm{d}^2y}{\mathrm{d}x^2}=\frac{\mathrm{d}^2y}{\mathrm{d}t^2}-\frac{\mathrm{d}y}{\mathrm{d}t}$.

此欧拉方程化为$\frac{d^2y}{dt^2}+2\frac{dy}{dt}-3y=e^{3t}$，其通解为$y=C_1e^{-3t}+C_2e^t+\frac{1}{12}e^{3t}$，故原方程的通解为

$$y=\frac{C_1}{x^3}+C_2x+\frac{1}{12}x^3.$$

9. 解（不显含 y）

令设$y'=p$，则$y''=\frac{dp}{dx}$，原方程可化为$\frac{dp}{dx}(x+p^2)=p$，变形为$\frac{dx}{dp}-\frac{1}{p}x=p$，解得$x=p(p+C_1)$. 由$p(1)=y'(1)=1$可得$C_1=0$，所以$x=p^2$.

由于$p(1)>0$，故$p=\sqrt{x}$，即$\frac{dy}{dx}=\sqrt{x}$，两边积分得$y=\frac{2}{3}x^{\frac{3}{2}}+C_2$.

再由$y(1)=1$可得$C_2=\frac{1}{3}$，故所求特解为$y=\frac{2}{3}x^{\frac{3}{2}}+\frac{1}{3}$.

10. 解

$$y'=\frac{dy}{dt}\cdot\frac{1}{\frac{dx}{dt}}=\frac{-1}{\sin t}\cdot\frac{dy}{dt},$$

$$y''=\frac{d}{dt}\left(\frac{dy}{dx}\right)\cdot\frac{1}{\frac{dx}{dt}}=\frac{-1}{\sin t}\cdot\frac{d}{dt}\left(\frac{-1}{\sin t}\cdot\frac{dy}{dt}\right)$$

$$=\frac{1}{\sin^2 t}\cdot\frac{d^2y}{dt^2}-\frac{\cos t}{\sin^3 t}\cdot\frac{dy}{dt},$$

将$x=\cos t$及y',y''代入原微分方程，化简得$\frac{d^2y}{dt^2}+y=0$，其通解为$y=C_1\cos t+C_2\sin t$，故原微分方程的通解为$y=C_1x+C_2\sqrt{1-x^2}$.

由$y\Big|_{x=0}=1,y'\Big|_{x=0}=2$，解得$C_1=2,C_2=1$，故所求特解为

$$y=2x+\sqrt{1-x^2}.$$

11. 解 令$t=e^x$，则$y'=f'(e^x)e^x=tf'(t)$，有

$$y''=\frac{d}{dx}[tf'(t)]=\frac{d}{dt}[tf'(t)]\cdot\frac{dt}{dx}=[f'(t)+tf''(t)]e^x=tf'(t)+t^2f''(t).$$

代入原微分方程，得$f''(t)-2f'(t)+f(t)=t$，解得$f(t)=(C_1+C_2t)e^t+t+2$，因此所求微分方程的通解为$y=f(e^x)=(C_1+C_2e^x)e^{e^x}+e^x+2$.

12. 解 $y_2'(x)=u'e^x+ue^x$，$y_2''(x)=u''e^x+2u'e^x+ue^x$，代入方程得

$$(2x-1)u''+(2x-3)u'=0.$$

令$u'=p$，可得$\frac{dp}{dx}=\frac{2x-3}{1-2x}p$，$\int\frac{1}{p}dp=\int\frac{2x-3}{1-2x}dx$，$\ln|p|=-x+\ln|1-2x|+\ln|\overline{C}_1|$，$p=\overline{C}_1(1-2x)e^{-x}$，$u'=\overline{C}_1(1-2x)e^{-x}$. 由$u'(0)=-1$得$\overline{C}_1=-1$，故$u'(x)=$

强化篇答案解析

$(2x-1)\mathrm{e}^{-x}$，

$$u(x)=\int(2x-1)\mathrm{e}^{-x}\mathrm{d}x=-2x\mathrm{e}^{-x}-\mathrm{e}^{-x}+\overline{C}_2,$$

由 $u(-1)=\mathrm{e}+\overline{C}_2=\mathrm{e}$ 得 $\overline{C}_2=0$，故 $u(x)=-(1+2x)\mathrm{e}^{-x}$，从而得原微分方程的通解为

$$y=C_1\mathrm{e}^x-C_2(1+2x).$$

13. **解** 设 $u=\ln\sqrt{x^2+y^2}$，则 $x^2+y^2=\mathrm{e}^{2u}$，于是

$$\frac{\partial z}{\partial x}=f'(u)\frac{x}{x^2+y^2},\frac{\partial z}{\partial y}=f'(u)\frac{y}{x^2+y^2},$$

$$\frac{\partial^2 z}{\partial x^2}=f''(u)\frac{x^2}{(x^2+y^2)^2}+f'(u)\frac{y^2-x^2}{(x^2+y^2)^2},$$

$$\frac{\partial^2 z}{\partial y^2}=f''(u)\frac{y^2}{(x^2+y^2)^2}+f'(u)\frac{x^2-y^2}{(x^2+y^2)^2},$$

由此得 $\dfrac{\partial^2 z}{\partial x^2}+\dfrac{\partial^2 z}{\partial y^2}=f''(u)\cdot\dfrac{1}{x^2+y^2}=\sqrt{x^2+y^2}$，$f''(u)=(x^2+y^2)^{\frac{3}{2}}=\mathrm{e}^{3u}$，

解得 $f(u)=\dfrac{1}{9}\mathrm{e}^{3u}+C_1u+C_2$，其中 C_1,C_2 为任意常数.

14. **解** 过点 $P(x,y)$ 的切线方程为 $Y-y=y'(X-x)$，令 $X=0$，得该切线在 y 轴上的截距 $y-y'x$，由题设知 $y-y'x=\sqrt{x^2+y^2}$，即 $y'=\dfrac{y}{x}-\sqrt{1+\dfrac{y^2}{x^2}}$.

令 $u=\dfrac{y}{x}$，此方程可化为 $x\dfrac{\mathrm{d}u}{\mathrm{d}x}=-\sqrt{1+u^2}$，解得 $y+\sqrt{x^2+y^2}=C$，由 L 经过点 $\left(\dfrac{1}{2},0\right)$，知 $C=\dfrac{1}{2}$，于是 L 的方程为 $y+\sqrt{x^2+y^2}=\dfrac{1}{2}$，化简得 $y=\dfrac{1}{4}-x^2,x>0$.

15. **解** **解法一** 由题意知 $\pi\int_1^t f^2(x)\mathrm{d}x=\pi t\int_1^t f(x)\mathrm{d}x$，两边对 t 求导得 $f^2(t)=\int_1^t f(x)\mathrm{d}x+tf(t)$，代入 $t=1$ 得 $f(1)=1$.

再求导得 $2f(t)f'(t)=2f(t)+tf'(t)$. 记 $f(t)=y$，则 $\dfrac{\mathrm{d}t}{\mathrm{d}y}+\dfrac{1}{2y}t=1$，其通解为

$$t=\mathrm{e}^{-\int\frac{1}{2y}\mathrm{d}y}\left(\int\mathrm{e}^{\int\frac{1}{2y}\mathrm{d}y}\mathrm{d}y+C\right),\text{即 } t=\frac{C}{\sqrt{y}}+\frac{2}{3}y.$$

代入 $t=1,y=f(1)=1$ 得 $C=\dfrac{1}{3}$，从而 $t=\dfrac{2}{3}y+\dfrac{1}{3\sqrt{y}}$，故所求曲线方程为 $x=\dfrac{2}{3}y+\dfrac{1}{3\sqrt{y}},x>1$.

解法二 同解法一可得 $2f(t)f'(t)=2f(t)+tf'(t),f(1)=1$. 记 $f(t)=y$，则有 $2yy'=2y+ty'$，整理得 $\dfrac{\mathrm{d}y}{\mathrm{d}t}=\dfrac{2y}{2y-t}$. 设 $\dfrac{y}{t}=u$，则 $\dfrac{\mathrm{d}y}{\mathrm{d}t}=u+t\dfrac{\mathrm{d}u}{\mathrm{d}t}$，原方程化为 $t\dfrac{\mathrm{d}u}{\mathrm{d}t}=\dfrac{3u-2u^2}{2u-1}$，分离

变量得 $\frac{2u-1}{u(3-2u)}\mathrm{d}u=\frac{1}{t}\mathrm{d}t$，即 $\frac{1}{3}\left(\frac{-1}{u}+\frac{4}{3-2u}\right)\mathrm{d}u=\frac{\mathrm{d}t}{t}$，两边同时积分得 $-\frac{1}{3}\ln u\cdot(3-2u)^2=\ln t+\ln C$，即 $u^{-\frac{1}{3}}(3-2u)^{-\frac{2}{3}}=Ct$. 代入 $t=1,u=\frac{f(1)}{1}=1$ 得 $C=1$，所以 $u(3-2u)^2=\frac{1}{t^3}$. 代入 $u=\frac{y}{t}$ 并化简得 $y(3t-2y)^2=1$，即 $t=\frac{1}{3\sqrt{y}}+\frac{2}{3}y$，故所求曲线方程为 $x=\frac{1}{3\sqrt{y}}+\frac{2}{3}y,x>1$.

16. **解** 取沉放点为原点 O，Oy 轴正向铅直向下，则由牛顿第二定律得

$$m\frac{\mathrm{d}^2y}{\mathrm{d}t^2}=mg-B\rho-k\frac{\mathrm{d}y}{\mathrm{d}t},$$

将 $v=\frac{\mathrm{d}y}{\mathrm{d}t},\frac{\mathrm{d}^2y}{\mathrm{d}t^2}=v\frac{\mathrm{d}v}{\mathrm{d}y}$ 代入，可得 v 与 y 之间的微分方程 $mv\frac{\mathrm{d}v}{\mathrm{d}y}=mg-B\rho-kv$.

分离变量得 $\mathrm{d}y=\frac{mv}{mg-B\rho-kv}\mathrm{d}v$，积分后得

$$y=-\frac{m}{k}v-\frac{m(mg-B\rho)}{k^2}\ln|mg-B\rho-kv|+C,$$

由初始条件 $v\Big|_{y=0}=0$ 可得 $C=\frac{m(mg-B\rho)}{k^2}\ln|mg-B\rho|$，故所求函数关系式为

$$y=-\frac{m}{k}v-\frac{m(mg-B\rho)}{k^2}\ln\left|\frac{mg-B\rho-kv}{mg-B\rho}\right|.$$

第 9 章 无穷级数（仅限数学一、数学三）

一、选择题

1. 答案 (D).

解 由于$\sum\limits_{n=1}^{\infty}a_n$收敛，所以$\sum\limits_{n=1}^{\infty}a_{n+1}$也收敛，从而$\sum\limits_{n=1}^{\infty}\dfrac{2a_n-a_{n+1}}{3}$收敛，应选(D).其余选项可取特例排除，如取$a_n=(-1)^{n-1}\dfrac{1}{\sqrt{n}}$，$n=1,2,\cdots$，则$\sum\limits_{n=1}^{\infty}a_n$收敛，而$\sum\limits_{n=1}^{\infty}|a_n|$，$\sum\limits_{n=1}^{\infty}(-1)^n a_n$，$\sum\limits_{n=1}^{\infty}a_n a_{n+1}$均发散.

2. 答案 (D).

解 取$a_n=\dfrac{1}{n}$，$n=1,2,\cdots$，则$\sum\limits_{n=1}^{\infty}a_n$发散，$\sum\limits_{n=1}^{\infty}(-1)^{n-1}a_n$收敛，但$\sum\limits_{n=1}^{\infty}a_{2n-1}$，$\sum\limits_{n=1}^{\infty}a_{2n}$与$\sum\limits_{n=1}^{\infty}(a_{2n-1}+a_{2n})$均发散，排除(A)，(B)，(C)选项，故应选(D).实际上，将级数$\sum\limits_{n=1}^{\infty}(-1)^{n-1}a_n$适当地加括号后，可得级数$\sum\limits_{n=1}^{\infty}(a_{2n-1}-a_{2n})$，所以$\sum\limits_{n=1}^{\infty}(a_{2n-1}-a_{2n})$收敛.

3. 答案 (C).

解 (A)中，取$a_n=b_n=\dfrac{(-1)^{n-1}}{\sqrt{n}}$，则$a_nb_n=\dfrac{1}{n}$，此时$\sum\limits_{n=1}^{\infty}a_nb_n$发散.

(B)中，取$a_n=0$，$b_n=\dfrac{1}{\sqrt{n}}$，则$a_nb_n=0$，此时$\sum\limits_{n=1}^{\infty}a_nb_n$收敛.

(D)中，取$a_n=b_n=\dfrac{1}{\sqrt{n}}$，则$a_n^2b_n^2=\dfrac{1}{n^2}$，$\sum\limits_{n=1}^{\infty}a_n^2b_n^2$收敛.

(C)中，由$\sum\limits_{n=1}^{\infty}|b_n|$收敛，知$\lim\limits_{n\to\infty}b_n=0$，故存在正整数$N$，当$n>N$时，有$|a_n|\leqslant 1$，$|b_n|\leqslant 1$，$a_n^2b_n^2\leqslant|b_n|$，故$\sum\limits_{n=1}^{\infty}a_n^2b_n^2$也收敛，应选(C).

4. 答案 (D).

解 (A)错误.反例：取$u_n=v_n=(-1)^n\dfrac{1}{\sqrt{n}}$.(B)错误.反例：取$u_n=v_n=\dfrac{1}{n}$.(C)错误.

强化篇答案解析

反例：取 $u_n=1$. (D) 正确. 若 $\sum\limits_{n=1}^{\infty}u_n$ 收敛，则 $\lim\limits_{n\to\infty}u_n=0$，$\lim\limits_{n\to\infty}\frac{1}{u_n}=\infty$，故 $\sum\limits_{n=1}^{\infty}\frac{1}{u_n}$ 发散，应选(D).

5. 答案 (C).

解 由级数 $\sum\limits_{n=1}^{\infty}(-1)^n 2^n a_n$ 收敛，知 $\lim\limits_{n\to\infty}(-1)^n 2^n a_n=0$，故 $\lim\limits_{n\to\infty}|(-1)^n 2^n a_n|=\lim\limits_{n\to\infty}\frac{|a_n|}{1/2^n}=0$，则必存在正整数 N，使当 $n>N$ 时，$\frac{|a_n|}{1/2^n}<1$，即 $|a_n|<\frac{1}{2^n}$. 又由 $\sum\limits_{n=1}^{\infty}\frac{1}{2^n}$ 收敛，知 $\sum\limits_{n=1}^{\infty}|a_n|$ 收敛，即 $\sum\limits_{n=1}^{\infty}a_n$ 绝对收敛.

6. 答案 (B).

解 因为 $\sum\limits_{n=1}^{\infty}a_n$ 条件收敛，所以 $\sum\limits_{n=1}^{\infty}a_n(x-1)^n$ 在点 $x=2$ 处条件收敛，故其收敛半径为 $R=1$，收敛区间为 $(0,2)$. 又 $\sum\limits_{n=1}^{\infty}na_n(x-1)^n=(x-1)\sum\limits_{n=1}^{\infty}na_n(x-1)^{n-1}=(x-1)\left[\sum\limits_{n=1}^{\infty}a_n(x-1)^n\right]'$ 与 $\sum\limits_{n=1}^{\infty}a_n(x-1)^n$ 具有相同的收敛区间，从而 $\sum\limits_{n=1}^{\infty}na_n(x-1)^n$ 的收敛区间也为 $(0,2)$，故点 $x=\sqrt{3}\in(0,2)$ 为 $\sum\limits_{n=1}^{\infty}na_n(x-1)^n$ 的收敛点，点 $x=3>2$ 为 $\sum\limits_{n=1}^{\infty}na_n(x-1)^n$ 的发散点. 应选(B).

7. 答案 (D).

解 例如级数 $\sum\limits_{n=1}^{\infty}(-x^n)$ 和 $\sum\limits_{n=1}^{\infty}\left(1+\frac{1}{2^n}\right)x^n$ 的收敛半径都是 1，但 $\sum\limits_{n=1}^{\infty}\left(-1+1+\frac{1}{2^n}\right)x^n=\sum\limits_{n=1}^{\infty}\frac{1}{2^n}x^n$ 的收敛半径为 2，应选(D).

注 此题说明，当两幂级数的收敛半径不相等时，其和级数的收敛半径等于其中较小的；而当收敛半径相等时，其和级数的收敛半径可能扩大.

8. 答案 (C).

解 由题意，将 $f(x)$ 进行奇延拓，再延拓成周期为 2 的周期函数，则 $S\left(-\frac{9}{4}\right)=S\left(-\frac{1}{4}\right)=-S\left(\frac{1}{4}\right)=-f\left(\frac{1}{4}\right)=-\left|\frac{1}{4}-\frac{1}{2}\right|=-\frac{1}{4}$，应选(C).

二、填空题

1. 答案 $\frac{1}{4}$.

强化篇答案解析

解 $S_n=\sum_{k=1}^{n}\frac{1}{2}\left[\frac{1}{k(k+1)}-\frac{1}{(k+1)(k+2)}\right]=\frac{1}{2}\left[\frac{1}{1\cdot 2}-\frac{1}{(n+1)(n+2)}\right]$,

$$S=\lim_{n\to\infty}S_n=\lim_{n\to\infty}\frac{1}{2}\left[\frac{1}{1\cdot 2}-\frac{1}{(n+1)(n+2)}\right]=\frac{1}{4}.$$

2. 答案 $[-1,1)$.

解 因为 $\sum_{n=1}^{\infty}\frac{1}{n}x^n$ 的收敛域为 $[-1,1)$，$\sum_{n=1}^{\infty}\frac{1}{2^n}x^n$ 的收敛域为 $(-2,2)$，故 $\sum_{n=1}^{\infty}\left(\frac{1}{n}+\frac{1}{2^n}\right)x^n$ 的收敛域为 $[-1,1)$.

3. 答案 $\cos\sqrt{x}$.

解 $S(x)=\sum_{n=0}^{\infty}\frac{(-1)^n}{(2n)!}(\sqrt{x})^{2n}=\cos\sqrt{x}$.

4. 答案 4.

解 考虑幂级数 $\sum_{n=1}^{\infty}nx^{n-1}$，该幂级数的收敛区间为 $(-1,1)$，

$$\sum_{n=1}^{\infty}nx^{n-1}=\sum_{n=1}^{\infty}(x^n)'=\left(\sum_{n=1}^{\infty}x^n\right)'=\left(\frac{1}{1-x}\right)'=\frac{1}{(1-x)^2},x\in(-1,1),$$

故 $\sum_{n=1}^{\infty}n\left(\frac{1}{2}\right)^{n-1}=\frac{1}{\left(1-\frac{1}{2}\right)^2}=4$.

注 也可以这样求解

$$\frac{1}{2}\sum_{n=1}^{\infty}\frac{n}{2^{n-1}}=\sum_{n=1}^{\infty}\frac{n}{2^n},$$

记

$$\sum_{n=1}^{\infty}\frac{n}{2^{n-1}}=1+\frac{2}{2}+\frac{3}{2^2}+\frac{4}{2^3}+\cdots=A, \qquad ①$$

$$\frac{1}{2}\sum_{n=1}^{\infty}\frac{n}{2^{n-1}}=\frac{1}{2}+\frac{2}{2^2}+\frac{3}{2^3}+\frac{4}{2^4}+\cdots=\frac{1}{2}A, \qquad ②$$

①－② 得：

$$1+\frac{1}{2}+\frac{1}{2^2}+\frac{1}{2^3}+\cdots=\frac{1}{2}A$$

即

$$\frac{1}{1-\frac{1}{2}}=\frac{1}{2}A.$$

解得 $A=4$.

得

$$\sum_{n=1}^{\infty}\frac{n}{2^{n-1}}=4.$$

5. 答案 2e.

解 令 $S(x)=\sum_{n=0}^{\infty}\frac{n+1}{n!}x^{n}=\sum_{n=1}^{\infty}\frac{x^{n}}{(n-1)!}+\sum_{n=0}^{\infty}\frac{x^{n}}{n!}$

$$=x\sum_{n=1}^{\infty}\frac{x^{n-1}}{(n-1)!}+\sum_{n=0}^{\infty}\frac{x^{n}}{n!}=x\sum_{k=0}^{\infty}\frac{x^{k}}{k!}+\sum_{n=0}^{\infty}\frac{x^{n}}{n!}=x\mathrm{e}^{x}+\mathrm{e}^{x}.$$

故 $\sum_{n=0}^{\infty}\frac{n+1}{n!}=S(1)=2\mathrm{e}$.

6. 答案 $\frac{(-1)^{n}}{4^{n+1}}$.

解
$$\frac{1}{3+x}=\frac{1}{4+(x-1)}=\frac{1}{4}\frac{1}{1+\frac{x-1}{4}}=\frac{1}{4}\sum_{n=0}^{\infty}\left(-\frac{x-1}{4}\right)^{n}$$

$$=\sum_{n=0}^{\infty}\frac{(-1)^{n}}{4^{n+1}}(x-1)^{n},|x-1|<4,$$

故 $a_{n}=\frac{(-1)^{n}}{4^{n+1}}$.

7. 答案 1.

解 根据周期为 2π 的余弦级数的系数计算公式，有

$$a_{2}=\frac{2}{\pi}\int_{0}^{\pi}x^{2}\cos 2x\,\mathrm{d}x=\frac{1}{\pi}\int_{0}^{\pi}x^{2}\,\mathrm{d}(\sin 2x)=\frac{1}{\pi}\left(x^{2}\sin 2x\Big|_{0}^{\pi}-\int_{0}^{\pi}2x\sin 2x\,\mathrm{d}x\right)$$

$$=\frac{1}{\pi}\int_{0}^{\pi}x\,\mathrm{d}(\cos 2x)=\frac{1}{\pi}\left(x\cos 2x\Big|_{0}^{\pi}-\int_{0}^{\pi}\cos 2x\,\mathrm{d}x\right)=1.$$

三、解答题

1. 解 记 $u_{n}=\frac{a^{n}}{1+a^{2n}},n=1,2,\cdots$，则

$$\lim_{n\to\infty}\left|\frac{u_{n+1}}{u_{n}}\right|=\lim_{n\to\infty}\left|\frac{a^{n+1}}{1+a^{2n+2}}\frac{1+a^{2n}}{a^{n}}\right|=|a|\lim_{n\to\infty}\frac{1+a^{2n}}{1+a^{2n+2}}.$$

① 当 $0<|a|<1$ 时，$\lim_{n\to\infty}\left|\frac{u_{n+1}}{u_{n}}\right|=|a|<1$，原级数绝对收敛.

② 当 $|a|>1$ 时，$\lim_{n\to\infty}\left|\frac{u_{n+1}}{u_{n}}\right|=\left|a\cdot\frac{1}{a^{2}}\right|=\frac{1}{|a|}<1$，原级数绝对收敛.

③ 当 $a=1$ 时，$\sum_{n=1}^{\infty}\frac{a^{n}}{1+a^{2n}}=\sum_{n=1}^{\infty}\frac{1}{2}$ 发散.

④ 当 $a=-1$ 时，$\sum_{n=1}^{\infty}\frac{a^{n}}{1+a^{2n}}=\sum_{n=1}^{\infty}(-1)^{n}\frac{1}{2}$ 发散.

2. 解 当 $p=1$ 时，$\frac{\ln n}{n}\geqslant\frac{1}{n}(n\geqslant 3)$，由于 $\sum_{n=1}^{\infty}\frac{1}{n}$ 发散，故原级数发散.

强化篇答案解析

当 $p>1$ 时，令 $f(x)=\frac{\ln x}{x^{p}}$，当 $x\geqslant 3$ 时，$f(x)>0$，$f'(x)=\frac{1-p\ln x}{x^{p+1}}<0$，故 $f(x)$ 在 $[3,+\infty)$ 上是正的单调递减函数，又 $\int_{3}^{+\infty}f(x)\mathrm{d}x=\int_{3}^{+\infty}\frac{\ln x}{x^{p}}\mathrm{d}x=\frac{3^{1-p}}{(p-1)^{2}}+\frac{1}{p-1}\cdot\frac{\ln 3}{3^{p-1}}$，即反常积分收敛，由积分判别法知，级数 $\sum\limits_{n=2}^{\infty}\frac{\ln n}{n^{p}}$ 当 $p>1$ 时收敛.

3. **解** $R=\lim\limits_{n\to\infty}\left|\frac{a_n}{a_{n+1}}\right|=\lim\limits_{n\to\infty}\frac{n^2+1}{n}\Big/\frac{(n+1)^2+1}{n+1}=1.$

当 $x=1$ 时，$\sum\limits_{n=1}^{\infty}\frac{n^2+1}{n}$ 发散；当 $x=-1$ 时，$\sum\limits_{n=1}^{\infty}(-1)^n\frac{n^2+1}{n}$ 发散，故收敛域为 $(-1,1)$.

$$S(x)=\sum_{n=1}^{\infty}\frac{n^2+1}{n}x^n=\sum_{n=1}^{\infty}nx^n+\sum_{n=1}^{\infty}\frac{x^n}{n},x\in(-1,1),$$

由
$$\sum_{n=1}^{\infty}nx^n=x\sum_{n=1}^{\infty}nx^{n-1}=x\left(\sum_{n=1}^{\infty}x^n\right)'=x\left(\frac{x}{1-x}\right)'=\frac{x}{(1-x)^2},x\in(-1,1),$$

$$\sum_{n=1}^{\infty}\frac{x^n}{n}=\int_0^x\left(\sum_{n=1}^{\infty}t^{n-1}\right)\mathrm{d}t=\int_0^x\frac{1}{1-t}\mathrm{d}t=-\ln(1-x),x\in[-1,1),$$

得 $S(x)=\frac{x}{(1-x)^2}-\ln(1-x),x\in(-1,1).$

4. **解** 记 $u_n=\frac{(-1)^{n-1}x^{2n+1}}{n(2n-1)},n=1,2,\cdots$，由于

$$\lim_{n\to\infty}\left|\frac{u_{n+1}}{u_n}\right|=\lim_{n\to\infty}\left|\frac{(-1)^n x^{2n+3}}{(n+1)(2n+1)}\cdot\frac{n(2n-1)}{(-1)^{n-1}x^{2n+1}}\right|=x^2,$$

故由比值判别法知，当 $x^2<1$，即 $|x|<1$ 时，原级数收敛，当 $|x|>1$ 时，原级数发散，所以收敛半径 $R=1$.

当 $x=1$ 时，原级数 $=\sum\limits_{n=1}^{\infty}\frac{(-1)^{n-1}}{n(2n-1)}$ 收敛，当 $x=-1$ 时，原级数 $=\sum\limits_{n=1}^{\infty}\frac{(-1)^{n}}{n(2n-1)}$ 收敛，故收敛域为 $[-1,1]$.

记 $S_1(x)=\sum\limits_{n=1}^{\infty}\frac{(-1)^{n-1}}{n(2n-1)}x^{2n}$，$|x|\leqslant 1$，则

$$S_1'(x)=2\sum_{n=1}^{\infty}\frac{(-1)^{n-1}}{(2n-1)}x^{2n-1},S_1''(x)=2\sum_{n=1}^{\infty}(-1)^{n-1}x^{2n-2}=\frac{2}{1+x^2},|x|<1.$$

由 $S_1(0)=0,S_1'(0)=0$，可得 $S_1'(x)=\int_0^x\frac{2}{1+t^2}\mathrm{d}t=2\arctan x$，$|x|\leqslant 1$，

$$S_1(x)=\int_0^x 2\arctan t\,\mathrm{d}t=2x\arctan x-\ln(1+x^2),|x|\leqslant 1,$$

故原级数的和函数 $S(x)=xS_1(x)=2x^2\arctan x-x\ln(1+x^2)$，$|x|\leqslant 1$.

注 也可以采取分拆的方法.

$$\sum_{n=1}^{\infty}\frac{(-1)^{n-1}}{n(2n-1)}x^{2n+1}=2\sum_{n=1}^{\infty}\frac{(-1)^{n-1}}{2n(2n-1)}x^{2n+1}=2\sum_{n=1}^{\infty}(-1)^{n-1}\left(\frac{1}{2n-1}-\frac{1}{2n}\right)x^{2n+1}$$

$$=2\left[x^2\sum_{n=1}^{\infty}(-1)^{n-1}\frac{x^{2n-1}}{2n-1}-x\sum_{n=1}^{\infty}(-1)^{n-1}\frac{x^{2n}}{2n}\right],$$

记 $S_1(x)=\sum_{n=1}^{\infty}(-1)^{n-1}\frac{x^{2n-1}}{2n-1}=x-\frac{x^3}{3}+\frac{x^5}{5}-\cdots,-1\leqslant x\leqslant 1$,则

$$S_1'(x)=\sum_{n=1}^{\infty}(-1)^{n-1}x^{2n-2}=1-x^2+x^4-\cdots=\frac{1}{1+x^2},|x|<1,$$

所以

$$S_1(x)=\arctan x,-1\leqslant x\leqslant 1.$$

记 $S_2(x)=\sum_{n=1}^{\infty}(-1)^{n-1}\frac{x^{2n}}{2n}=\frac{x^2}{2}-\frac{x^4}{4}+\frac{x^6}{6}+\cdots,-1\leqslant x\leqslant 1$,则

$$S_2'(x)=\sum_{n=1}^{\infty}(-1)^{n-1}x^{2n-1}=x-x^3+x^5-\cdots=\frac{x}{1+x^2},-1<x<1,$$

所以

$$S_2(x)=\frac{1}{2}\ln(1+x^2),-1\leqslant x\leqslant 1.$$

故原级数的和函数 $S(x)=2x^2\arctan x-x\ln(1+x^2),|x|\leqslant 1.$

5. **解** $$\sum_{n=1}^{\infty}\frac{(n-1)!+2n+1}{n!}x^{2n}=\sum_{n=1}^{\infty}\left(\frac{1}{n}+\frac{2n+1}{n!}\right)x^{2n},$$

因为 $\sum_{n=1}^{\infty}\frac{x^{2n}}{n}$ 的收敛域为 $(-1,1)$,$\sum_{n=1}^{\infty}\frac{(2n+1)}{n!}x^{2n}$ 的收敛域为 $(-\infty,+\infty)$,故原级数的收敛域为 $(-1,1)$.

设 $S_1(x)=\sum_{n=1}^{\infty}\frac{x^{2n}}{n},x\in(-1,1)$,则 $S_1'(x)=\sum_{n=1}^{\infty}2x^{2n-1}=\frac{2x}{1-x^2},x\in(-1,1)$,所以

$$S_1(x)=S_1(0)+\int_0^x\frac{2t}{1-t^2}\mathrm{d}t=-\ln(1-x^2),x\in(-1,1).$$

设 $S_2(x)=\sum_{n=1}^{\infty}\frac{2n+1}{n!}x^{2n},x\in(-\infty,+\infty)$,则

$$\int_0^x S_2(t)\mathrm{d}t=\sum_{n=1}^{\infty}\frac{x^{2n+1}}{n!}=x(\mathrm{e}^{x^2}-1),x\in(-\infty,+\infty),$$

所以 $S_2(x)=[x(\mathrm{e}^{x^2}-1)]'=(2x^2+1)\mathrm{e}^{x^2}-1,x\in(-\infty,+\infty)$.

故原级数的和函数为

$$S(x)=S_1(x)+S_2(x)=-\ln(1-x^2)+(2x^2+1)\mathrm{e}^{x^2}-1,x\in(-1,1).$$

6. 解 微分方程化为 $f'_n(x)-f_n(x)=x^{n-1}e^x$，由一阶线性方程的通解公式得

$$f_n(x)=e^{\int dx}\left[\int x^{n-1}e^x\cdot e^{-\int dx}dx+C\right]=e^x\left(\frac{x^n}{n}+C\right).$$

因为 $f_n(1)=\frac{e}{n}$，代入得 $C=0$，所以 $f_n(x)=\frac{x^n e^x}{n}$，于是

$$\sum_{n=1}^{\infty}f_n(x)=\sum_{n=1}^{\infty}\frac{x^n e^x}{n}=e^x\sum_{n=1}^{\infty}\frac{x^n}{n}=-e^x\ln(1-x),x\in[-1,1).$$

注

$$\left(\sum_{n=1}^{\infty}\frac{x^n}{n}\right)'=1+x+x^2+\cdots=\frac{1}{1-x},-1<x<1,$$

$$\sum_{n=1}^{\infty}\frac{x^n}{n}=\int_0^x\frac{1}{1-t}dt=-\ln(1-x),-1\leqslant x<1.$$

7. 解 $S(x)=\sum_{n=0}^{\infty}\frac{1}{(2n)!}x^{2n}=1+\frac{1}{2!}x^2+\frac{1}{4!}x^4+\cdots+\frac{1}{(2n)!}x^{2n}+\cdots$，收敛域为$(-\infty,+\infty)$，则

$$S'(x)=x+\frac{1}{3!}x^3+\frac{1}{5!}x^5+\cdots+\frac{1}{(2n-1)!}x^{2n-1}+\cdots,$$

$$S(x)+S'(x)=1+x+\frac{1}{2!}x^2+\frac{1}{3!}x^3+\cdots+\frac{1}{n!}x^n+\cdots=e^x.$$

由 $\begin{cases}S'(x)+S(x)=e^x,\\S(0)=1,\end{cases}$ 解得 $S(x)=\frac{1}{2}(e^x+e^{-x}),-\infty<x<+\infty.$

8. 解 因为 $I_n=\int_0^{\frac{\pi}{4}}\sin^n x\cos x\,dx=\frac{1}{n+1}\sin^{n+1}x\Big|_0^{\frac{\pi}{4}}=\frac{1}{n+1}\left(\frac{\sqrt{2}}{2}\right)^{n+1}$，$n=0,1,2,\cdots$，所以 $\sum_{n=0}^{\infty}I_n=\sum_{n=0}^{\infty}\frac{1}{n+1}\left(\frac{\sqrt{2}}{2}\right)^{n+1}=\sum_{n=1}^{\infty}\frac{1}{n}\left(\frac{\sqrt{2}}{2}\right)^n.$

考虑幂级数 $\sum_{n=1}^{\infty}\frac{x^n}{n}$，其和函数 $S(x)=-\ln(1-x),-1\leqslant x<1$，故

$$\sum_{n=0}^{\infty}I_n=\sum_{n=1}^{\infty}\frac{1}{n}\left(\frac{\sqrt{2}}{2}\right)^n=S\left(\frac{\sqrt{2}}{2}\right)=-\ln\left(1-\frac{\sqrt{2}}{2}\right)=\ln(2+\sqrt{2}).$$

9. 解 令 $S(x)=\sum_{n=2}^{\infty}\frac{1}{n^2-1}x^n(-1\leqslant x\leqslant 1)$，则

$$xS(x)=\sum_{n=2}^{\infty}\frac{1}{n^2-1}x^{n+1},$$

$$[xS(x)]'=\sum_{n=2}^{\infty}\frac{1}{n-1}x^n=x\sum_{n=2}^{\infty}\frac{x^{n-1}}{n-1}=-x\ln(1-x),-1\leqslant x<1,$$

$$xS(x)=\int_0^x[xS(x)]'dx=\int_0^x[-x\ln(1-x)]dx$$

$$=-\frac{1}{2}(x^2-1)\ln(1-x)+\frac{1}{4}x^2+\frac{1}{2}x.$$

当 $x \neq 0$ 时，$S(x)=-\frac{1}{2}\left(x-\frac{1}{x}\right)\ln(1-x)+\frac{1}{4}x+\frac{1}{2}$，令 $x=\frac{1}{2}$，则

$$\sum_{n=2}^{\infty}\frac{1}{(n^2-1)2^n}=S\left(\frac{1}{2}\right)=\frac{5}{8}-\frac{3}{4}\ln 2.$$

10. **解** $a_n=\int_0^{\frac{1}{2}}\left(\frac{1}{2}-x\right)x^n(1-x)^n\mathrm{d}x \xlongequal{\frac{1}{2}-x=u} \int_0^{\frac{1}{2}}u\left(\frac{1}{2}-u\right)^n\left(\frac{1}{2}+u\right)^n\mathrm{d}u$

$$=\frac{1}{2}\int_0^{\frac{1}{2}}\left(\frac{1}{4}-u^2\right)^n\mathrm{d}(u^2)=-\frac{1}{2}\int_0^{\frac{1}{2}}\left(\frac{1}{4}-u^2\right)^n\mathrm{d}\left(\frac{1}{4}-u^2\right)$$

$$=\frac{1}{2(n+1)4^{n+1}}<\frac{1}{4^{n+1}}.$$

因为 $\sum_{n=1}^{\infty}\frac{1}{4^{n+1}}$ 收敛，所以 $\sum_{n=1}^{\infty}a_n$ 收敛.

为求 $\sum_{n=1}^{\infty}\frac{1}{2(n+1)4^{n+1}}$ 的和，作 $S(x)=\sum_{n=1}^{\infty}\frac{1}{2(n+1)}x^{n+1}$，$x\in[-1,1)$，则

$$S'(x)=\frac{1}{2}\sum_{n=1}^{\infty}x^n=\frac{x}{2(1-x)},x\in(-1,1),$$

$$S(x)=\frac{1}{2}\int_0^x\frac{t}{1-t}\mathrm{d}t=\frac{1}{2}[-x-\ln(1-x)],x\in[-1,1).$$

从而 $\sum_{n=1}^{\infty}a_n=S\left(\frac{1}{4}\right)=\frac{1}{2}\ln\frac{4}{3}-\frac{1}{8}$.

11. **证明** (1) $y=\sum_{n=0}^{\infty}a_nx^n$，$x\in(-\infty,+\infty)$，则

$$y'=\sum_{n=1}^{\infty}na_nx^{n-1},y''=\sum_{n=2}^{\infty}n(n-1)a_nx^{n-2},$$

代入微分方程 $y''-2xy'-4y=0$，有

$$\sum_{n=2}^{\infty}n(n-1)a_nx^{n-2}-2\sum_{n=1}^{\infty}na_nx^n-4\sum_{n=0}^{\infty}a_nx^n=0,$$

即

$$\sum_{n=0}^{\infty}(n+2)(n+1)a_{n+2}x^n-2\sum_{n=0}^{\infty}na_nx^n-4\sum_{n=0}^{\infty}a_nx^n=0,$$

也即
$$\sum_{n=0}^{\infty}[(n+2)(n+1)a_{n+2}-2na_n-4a_n]x^n=0,$$

故有 $(n+2)(n+1)a_{n+2}-2na_n-4a_n=0$，即 $a_{n+2}=\frac{2}{n+1}a_n$，$n=1,2,\cdots$.

解 (2) 由初始条件 $y(0)=0,y'(0)=1$ 知，$a_0=0,a_1=1$. 于是根据递推关系式 $a_{n+2}=\frac{2}{n+1}a_n$，$n=1,2,\cdots$，有 $a_{2n}=0$，$a_{2n+1}=\frac{1}{n!}$，$n=0,1,2,\cdots$，故

$$y=\sum_{n=0}^{\infty}a_nx^n=\sum_{n=0}^{\infty}a_{2n+1}x^{2n+1}=\sum_{n=0}^{\infty}\frac{1}{n!}x^{2n+1}=x\sum_{n=0}^{\infty}\frac{1}{n!}(x^2)^n$$

$$=x\mathrm{e}^{x^2},x\in(-\infty,+\infty).$$

12. **解** 因为 $f(x)=\dfrac{1}{x^2+3x+2}=\dfrac{1}{x+1}-\dfrac{1}{x+2}$，分别将 $\dfrac{1}{x+1},\dfrac{1}{x+2}$ 展开成 $x+4$ 的幂级数，

$$\frac{1}{x+1}=\frac{1}{-3+x+4}=-\frac{1}{3}\cdot\frac{1}{1-\dfrac{x+4}{3}}=-\frac{1}{3}\sum_{n=0}^{\infty}\frac{(x+4)^n}{3^n},\left|\frac{x+4}{3}\right|<1\text{ 或 }-7<x<-1,$$

$$\frac{1}{x+2}=\frac{1}{-2+x+4}=-\frac{1}{2}\cdot\frac{1}{1-\dfrac{x+4}{2}}=-\frac{1}{2}\sum_{n=0}^{\infty}\frac{(x+4)^n}{2^n},\left|\frac{x+4}{2}\right|<1\text{ 或 }-6<x<-2,$$

所以 $f(x)=\dfrac{1}{x+1}-\dfrac{1}{x+2}=\displaystyle\sum_{n=0}^{\infty}\left(\frac{1}{2^{n+1}}-\frac{1}{3^{n+1}}\right)(x+4)^n,-6<x<-2.$

13. **解** 因为 $(\arctan x)'=\dfrac{1}{1+x^2}=1-x^2+x^4-\cdots=\displaystyle\sum_{n=0}^{\infty}(-1)^n x^{2n},x\in(-1,1)$，

所以 $\arctan x=\displaystyle\int_0^x\sum_{n=0}^{\infty}(-1)^n t^{2n}\,\mathrm{d}t=\sum_{n=0}^{\infty}\int_0^x(-1)^n t^{2n}\,\mathrm{d}t=\sum_{n=0}^{\infty}(-1)^n\frac{1}{2n+1}x^{2n+1},x\in[-1,1]$，

于是

$$\begin{aligned}f(x)&=1+\sum_{n=1}^{\infty}(-1)^n\frac{1}{2n+1}x^{2n}+\sum_{n=0}^{\infty}(-1)^n\frac{1}{2n+1}x^{2n+2}\\&=1+\sum_{n=1}^{\infty}(-1)^n\frac{1}{2n+1}x^{2n}+\sum_{n=1}^{\infty}(-1)^{n-1}\frac{1}{2n-1}x^{2n}\\&=1+\sum_{n=1}^{\infty}(-1)^n\frac{1}{2n+1}x^{2n}-\sum_{n=1}^{\infty}(-1)^n\frac{1}{2n-1}x^{2n}\\&=1+2\sum_{n=1}^{\infty}(-1)^n\frac{1}{1-4n^2}x^{2n},x\in[-1,1].\end{aligned}$$

因此 $\displaystyle\sum_{n=1}^{\infty}\frac{(-1)^n}{1-4n^2}=\frac{1}{2}[f(1)-1]=\frac{1}{2}\left(\frac{\pi}{2}-1\right)=\frac{\pi}{4}-\frac{1}{2}.$

14. **解** 因为 $\dfrac{1}{1+x}=\displaystyle\sum_{n=0}^{\infty}(-1)^n x^n,-1<x<1$，两边求导得

$$-\frac{1}{(1+x)^2}=\sum_{n=1}^{\infty}(-1)^n n x^{n-1}=\sum_{n=0}^{\infty}(-1)^{n+1}(n+1)x^n,-1<x<1.$$

又因为 $\cos 2x=\displaystyle\sum_{n=0}^{\infty}(-1)^n\frac{2^{2n}}{(2n)!}x^{2n}$，

$$\begin{aligned}\cos 2x-\frac{1}{(1+x)^2}&=\sum_{n=0}^{\infty}(-1)^n\frac{2^{2n}}{(2n)!}x^{2n}+\sum_{n=0}^{\infty}(-1)^{n+1}(n+1)x^n\\&=\sum_{n=0}^{\infty}a_n x^n,-1<x<1,\end{aligned}$$

强化篇答案解析

所以 $a_n=\begin{cases}(-1)^k\dfrac{2^{2k}}{(2k)!}-(2k+1), & n=2k,\\ 2k+2, & n=2k+1,\end{cases}\quad k=0,1,2,\cdots.$

15. **解** 先将 $f(x)$ 在 $(-\pi,0)$ 内作偶延拓，再作周期延拓，则 $f(x)$ 在 $0\leqslant x\leqslant\pi$ 内连续，且

$b_n=0,n=1,2,\cdots,$

$a_0=\dfrac{2}{\pi}\displaystyle\int_0^{\pi}f(x)\,\mathrm{d}x=\dfrac{2}{\pi}\int_0^{\pi}x^2\mathrm{d}x=\dfrac{2}{3}\pi^2,$

$a_n=\dfrac{2}{\pi}\displaystyle\int_0^{\pi}f(x)\cos(nx)\,\mathrm{d}x=\dfrac{2}{\pi}\int_0^{\pi}x^2\cos(nx)\,\mathrm{d}x=\dfrac{4}{n^2}\cos(n\pi)=(-1)^n\dfrac{4}{n^2},n=1,2,\cdots,$

所以 $x^2=\dfrac{\pi^2}{3}+4\displaystyle\sum_{n=1}^{\infty}\dfrac{(-1)^n}{n^2}\cos(nx)\,(0\leqslant x\leqslant\pi)$，令 $x=\pi$，有 $\pi^2=\dfrac{\pi^2}{3}+4\displaystyle\sum_{n=1}^{\infty}\dfrac{(-1)^n}{n^2}\cos(n\pi)$

$=\dfrac{\pi^2}{3}+4\displaystyle\sum_{n=1}^{\infty}\dfrac{1}{n^2}$，得 $\displaystyle\sum_{n=1}^{\infty}\dfrac{1}{n^2}=\dfrac{\pi^2}{6}.$

强化篇答案解析

第 10 章 曲线积分与曲面积分（仅限数学一）

一、选择题

1. 答案 (A).

解 由于 L 关于直线 $y=x$ 对称，故由轮换对称性得 $\oint_L \sin(x-y)\mathrm{d}s=\oint_L \sin(y-x)\mathrm{d}s=-\oint_L \sin(x-y)\mathrm{d}s$，所以 $\oint_L \sin(x-y)\mathrm{d}s=0$.

2. 答案 (B).

解 由轮换对称性，$\oint_\Gamma x\,\mathrm{d}s=\frac{1}{3}\oint_\Gamma (x+y+z)\mathrm{d}s=\frac{1}{3}\oint_\Gamma 0\mathrm{d}s=0$，

$$\oint_\Gamma x^2\mathrm{d}s=\frac{1}{3}\oint_\Gamma (x^2+y^2+z^2)\mathrm{d}s=\frac{1}{3}\oint_\Gamma \mathrm{d}s=\frac{1}{3}\cdot 2\pi=\frac{2}{3}\pi,$$

$$\oint_\Gamma xy\,\mathrm{d}s=\frac{1}{3}\oint_\Gamma (xy+yz+xz)\mathrm{d}s=\frac{1}{6}\oint_\Gamma [(x+y+z)^2-(x^2+y^2+z^2)]\mathrm{d}s$$

$$=-\frac{1}{6}\oint_\Gamma \mathrm{d}s=-\frac{1}{6}\cdot 2\pi=-\frac{1}{3}\pi,$$

或 $\oint_\Gamma xy\,\mathrm{d}s=\oint_\Gamma x(-x-z)\mathrm{d}s=-\oint_\Gamma x^2\mathrm{d}s-\oint_\Gamma xz\,\mathrm{d}s=-\frac{2}{3}\pi-\oint_\Gamma xy\,\mathrm{d}s$，得

$$\oint_\Gamma xy\,\mathrm{d}s=-\frac{1}{3}\pi.$$

$\oint_\Gamma \mathrm{d}s=2\pi$(圆的周长).

3. 答案 (D).

解 记 $P=\frac{-y}{x^2+y^2}$，$Q=\frac{x}{x^2+y^2}$，由于 P,Q 均在点 $(0,0)$ 处不存在一阶连续偏导数，且当 $(x,y)\neq(0,0)$ 时，$\frac{\partial P}{\partial y}=\frac{\partial Q}{\partial x}=\frac{y^2-x^2}{(x^2+y^2)^2}$ 连续，故在不含点 $(0,0)$ 的区域内，$\int_L \frac{x\mathrm{d}y-y\mathrm{d}x}{x^2+y^2}$ 与路径无关.

选项(A)中的有向折线经过了点 $(0,0)$，所以选项(A)不可取. 选项(B)(C)中的有向曲线与 L 所围的区域均含点 $(0,0)$，故选项(B)(C)均不可取.

4. 答案 (B).

解 由于 $yf(xy)\mathrm{d}x+xf(xy)\mathrm{d}y=f(xy)\mathrm{d}(xy)$ 的一个原函数为$\int_0^{xy}f(u)\mathrm{d}u$，所以

$$\int_{(0,0)}^{(1,2)}yf(xy)\mathrm{d}x+xf(xy)\mathrm{d}y=\int_0^{xy}f(u)\mathrm{d}u\Big|_{(0,0)}^{(1,2)}=\int_0^2 f(u)\mathrm{d}u.$$

5. 答案 (B).

解 由题意知，曲线积分与路径无关，则有$\frac{\partial Q}{\partial x}=\frac{\partial P}{\partial y}$. 而$\frac{\partial Q}{\partial x}=\frac{1}{y^2}$，故$\frac{\partial P}{\partial y}=\frac{\partial Q}{\partial x}=\frac{1}{y^2}$，$P=-\frac{1}{y}+\varphi(x)$. 由于 $P(x,1)=x-1$，所以 $\varphi(x)=x$，故 $P(x,y)=x-\frac{1}{y}$.

6. 答案 (C).

解 由于 $P=P(x,y)$，$Q=Q(x,y)$ 具有一阶连续偏导数，因此$\int Q\mathrm{d}y$ 具有二阶连续偏导数，从而$\frac{\partial}{\partial y}\left(\frac{\partial}{\partial x}\int Q\mathrm{d}y\right)=\frac{\partial}{\partial x}\left(\frac{\partial}{\partial y}\int Q\mathrm{d}y\right)=\frac{\partial Q}{\partial x}$. 又因为 $\mathrm{d}[u(x,y)]=P\mathrm{d}x+Q\mathrm{d}y$，所以$\frac{\partial P}{\partial y}=\frac{\partial Q}{\partial x}$，因此

$$\frac{\partial}{\partial y}\left(P-\frac{\partial}{\partial x}\int Q\mathrm{d}y\right)=\frac{\partial P}{\partial y}-\frac{\partial}{\partial y}\left(\frac{\partial}{\partial x}\int Q\mathrm{d}y\right)=\frac{\partial P}{\partial y}-\frac{\partial Q}{\partial x}=0,$$

表明 $P-\frac{\partial}{\partial x}\int Q\mathrm{d}y$ 中不含 y，仅为 x 的函数，故选(C).

7. 答案 (A).

解 设 Σ_2 为 Σ 在第五卦限的部分，取外侧，则 $\Sigma_1: z=\sqrt{1-x^2-y^2}$，$(x,y)\in D$，取上侧，$\Sigma_2: z=-\sqrt{1-x^2-y^2}$，$(x,y)\in D$，取下侧，其中 $D: x^2+y^2\leqslant 1, x\geqslant 0, y\geqslant 0$，因此

$$\iint_{\Sigma}z\mathrm{d}x\mathrm{d}y=\iint_{\Sigma_1}z\mathrm{d}x\mathrm{d}y+\iint_{\Sigma_2}z\mathrm{d}x\mathrm{d}y=\iint_D\sqrt{1-x^2-y^2}\mathrm{d}x\mathrm{d}y-\iint_D(-\sqrt{1-x^2-y^2})\mathrm{d}x\mathrm{d}y$$
$$=2\iint_D\sqrt{1-x^2-y^2}\mathrm{d}x\mathrm{d}y=2\iint_{\Sigma_1}z\mathrm{d}x\mathrm{d}y>0;$$

$$\iint_{\Sigma}z^2\mathrm{d}x\mathrm{d}y=\iint_{\Sigma_1}z^2\mathrm{d}x\mathrm{d}y+\iint_{\Sigma_2}z^2\mathrm{d}x\mathrm{d}y$$
$$=\iint_D(1-x^2-y^2)\mathrm{d}x\mathrm{d}y-\iint_D(1-x^2-y^2)\mathrm{d}x\mathrm{d}y=0;$$

$$\iint_{\Sigma}xy\mathrm{d}x\mathrm{d}y=\iint_{\Sigma_1}xy\mathrm{d}x\mathrm{d}y+\iint_{\Sigma_2}xy\mathrm{d}x\mathrm{d}y=\iint_D xy\mathrm{d}x\mathrm{d}y-\iint_D xy\mathrm{d}x\mathrm{d}y=0.$$

二、填空题

1. 答案 $\sqrt{2}(a+b)\pi$.

解 由于 L 关于直线 $y=x$ 对称，故由轮换对称性得

强化篇答案解析

$$\oint_L \frac{a\sin(e^x)+b\sin(e^y)}{\sin(e^x)+\sin(e^y)}ds=\oint_L \frac{a\sin(e^y)+b\sin(e^x)}{\sin(e^y)+\sin(e^x)}ds=\frac{a+b}{2}\oint_L ds$$

$$=\frac{a+b}{2}\cdot 2\pi\sqrt{2}=\sqrt{2}(a+b)\pi.$$

2. 答案 $\frac{32}{3}$.

解 $\int_L y\,ds=\int_0^{2\pi}(1-\cos t)\cdot\sqrt{(1-\cos t)^2+\sin^2 t}\,dt=\sqrt{2}\int_0^{2\pi}(1-\cos t)^{\frac{3}{2}}dt$

$$=\sqrt{2}\int_0^{2\pi}\left|2\sin^2\frac{t}{2}\right|^{\frac{3}{2}}dt=8\int_0^{\pi}\sin^3\frac{t}{2}dt\xlongequal{u=\frac{t}{2}}16\int_0^{\frac{\pi}{2}}\sin^3 u\,du=16\cdot\frac{2}{3}=\frac{32}{3}.$$

3. 答案 2π.

解 曲线 L 所围的椭圆区域记为 D，由格林公式，得

$$\oint_L f(y)dx+x\,dy=\iint_D[1-f'(y)]dx\,dy.$$

由于 $f(y)$ 为偶函数，故 $f'(y)$ 为奇函数，由 D 关于 x 轴对称，所以 $\iint_D f'(y)dx\,dy=0$，由此

$$\oint_L f(y)dx+x\,dy=\iint_D dx\,dy=2\pi.$$

4. 答案 $\frac{1}{2}x^2y^2+1-y^2$.

解 记 $P(x,y)=xy^2$，$Q(x,y)=y\varphi(x)$，由 $\frac{\partial P}{\partial y}=\frac{\partial Q}{\partial x}$，得 $2xy=y\varphi'(x)$，因此 $\varphi'(x)=2x$，解得 $\varphi(x)=x^2+C_1$，进而 $Q(x,y)=yx^2+C_1y$，则有

$$d[u(x,y)]=xy^2dx+(x^2y+C_1y)dy=d\left(\frac{1}{2}x^2y^2+\frac{1}{2}C_1y^2\right),$$

解得 $u(x,y)=\frac{1}{2}x^2y^2+\frac{1}{2}C_1y^2+C_2$，其中 C_1,C_2 均为常数.

由 $u(0,y)=1-y^2$，得 $\frac{1}{2}C_1y^2+C_2=1-y^2$，所以 $u(x,y)=\frac{1}{2}x^2y^2+1-y^2$.

5. 答案 $\sqrt{3}\left(\ln 2-\frac{1}{2}\right)$.

解 $\Sigma: z=1-x-y(x\geqslant 0,y\geqslant 0,z\geqslant 0)$，$\Sigma$ 在 xOy 坐标面上的投影区域为 $D: x+y\leqslant 1, x\geqslant 0, y\geqslant 0$，又 $dS=\sqrt{1+(-1)^2+(-1)^2}\,dx\,dy=\sqrt{3}\,dx\,dy$，所以

$$\iint_\Sigma \frac{1}{(2-z)^2}dS=\iint_D\frac{1}{(1+x+y)^2}\cdot\sqrt{3}\,dx\,dy=\sqrt{3}\int_0^1 dx\int_0^{1-x}\frac{1}{(1+x+y)^2}dy$$

$$=\sqrt{3}\int_0^1\left(\frac{1}{1+x}-\frac{1}{2}\right)dx=\sqrt{3}\left(\ln 2-\frac{1}{2}\right).$$

强化篇答案解析

6. 答案 $(x+y)^2-z^2+\dfrac{1}{1-\sqrt{2}\pi}$.

解 记$\iint\limits_{\Sigma} f(x,y,z)\mathrm{d}S=A$，则 $f(x,y,z)=(x+y)^2-z^2+1+A$，此式两端在 Σ 上积分，有

$$A=\iint\limits_{\Sigma}[(x+y)^2-z^2+1+A]\mathrm{d}S=\iint\limits_{\Sigma}(x^2+y^2-z^2+2xy+1+A)\mathrm{d}S$$
$$=(1+A)\iint\limits_{\Sigma}\mathrm{d}S=(1+A)\iint\limits_{x^2+y^2\leqslant 1}\sqrt{1+\left(\frac{x}{\sqrt{x^2+y^2}}\right)^2+\left(\frac{y}{\sqrt{x^2+y^2}}\right)^2}\,\mathrm{d}x\,\mathrm{d}y$$
$$=(1+A)\sqrt{2}\pi,$$

解得 $A=\dfrac{\sqrt{2}\pi}{1-\sqrt{2}\pi}$，所以 $f(x,y,z)=(x+y)^2-z^2+\dfrac{1}{1-\sqrt{2}\pi}$.

7. 答案 $\dfrac{1}{6}\pi abc$.

解 解法一　记 $D:\dfrac{x^2}{a^2}+\dfrac{y^2}{b^2}\leqslant 1,x\geqslant 0,y\geqslant 0$，由于椭球体$\dfrac{x^2}{a^2}+\dfrac{y^2}{b^2}+\dfrac{z^2}{c^2}\leqslant 1$ 的体积为$\dfrac{4}{3}\pi abc$，则

$$\iint\limits_{\Sigma}z\,\mathrm{d}x\,\mathrm{d}y=\iint\limits_{D}c\sqrt{1-\frac{x^2}{a^2}-\frac{y^2}{b^2}}\,\mathrm{d}x\,\mathrm{d}y=\frac{1}{8}\cdot\frac{4}{3}\pi abc=\frac{1}{6}\pi abc.$$

解法二　补 $\Sigma_1:z=0\left(\dfrac{x^2}{a^2}+\dfrac{y^2}{b^2}\leqslant 1,x\geqslant 0,y\geqslant 0\right)$，取下侧；$\Sigma_2:x=0\left(\dfrac{y^2}{b^2}+\dfrac{z^2}{c^2}\leqslant 1,y\geqslant 0,z\geqslant 0\right)$，取后侧；$\Sigma_3:y=0\left(\dfrac{x^2}{a^2}+\dfrac{z^2}{c^2}\leqslant 1,x\geqslant 0,z\geqslant 0\right)$，取左侧，则

$$\iint\limits_{\Sigma_1}z\,\mathrm{d}x\,\mathrm{d}y=\iint\limits_{\Sigma_2}z\,\mathrm{d}x\,\mathrm{d}y=\iint\limits_{\Sigma_3}z\,\mathrm{d}x\,\mathrm{d}y=0.$$

设 $\Sigma,\Sigma_1,\Sigma_2,\Sigma_3$ 围成空间立体 Ω，则

$$\iint\limits_{\Sigma}z\,\mathrm{d}x\,\mathrm{d}y=\oiint\limits_{\Sigma+\Sigma_1+\Sigma_2+\Sigma_3}z\,\mathrm{d}x\,\mathrm{d}y=\iiint\limits_{\Omega}\mathrm{d}v=\frac{1}{8}\cdot\frac{4}{3}\pi abc=\frac{1}{6}\pi abc.$$

8. 答案 $\dfrac{68}{3}\pi$.

解 解法一　补充曲面 $\Sigma_1:z=2(x^2+y^2\leqslant 4)$，取上侧. 设 Ω 为 $\Sigma+\Sigma_1$ 所围成的立体区域，则 $\Omega:\dfrac{r^2}{2}\leqslant z\leqslant 2,0\leqslant r\leqslant 2,0\leqslant\theta\leqslant 2\pi$，由高斯公式可得

$$\oiint\limits_{\Sigma+\Sigma_1}4xz\,\mathrm{d}y\,\mathrm{d}z-2z\,\mathrm{d}z\,\mathrm{d}x+(1-z^2)\mathrm{d}x\,\mathrm{d}y=2\iiint\limits_{\Omega}z\,\mathrm{d}v=2\int_0^{2\pi}\mathrm{d}\theta\int_0^2 r\,\mathrm{d}r\int_{\frac{r^2}{2}}^2 z\,\mathrm{d}z=\frac{32\pi}{3}.$$

又$\iint\limits_{\Sigma_1}4zx\,\mathrm{d}y\,\mathrm{d}z-2z\,\mathrm{d}z\,\mathrm{d}x+(1-z^2)\mathrm{d}x\,\mathrm{d}y=\iint\limits_{x^2+y^2\leqslant 4}(-3)\mathrm{d}x\,\mathrm{d}y=-12\pi$，所以

$$I=\frac{32\pi}{3}-(-12\pi)=\frac{68}{3}\pi.$$

解法二 记 $z'_x=x, z'_y=y$，由三合一投影法，

$$\begin{aligned}&\iint_{\Sigma}4xz\mathrm{d}y\mathrm{d}z-2z\mathrm{d}z\mathrm{d}x+(1-z^2)\mathrm{d}x\mathrm{d}y\\&=-\iint_{x^2+y^2\leqslant 4}\left[1-\frac{(x^2+y^2)^2}{4}-4x^2\cdot\frac{x^2+y^2}{2}+y(x^2+y^2)\right]\mathrm{d}x\mathrm{d}y\\&=-\int_0^{2\pi}\mathrm{d}\theta\int_0^2\left(1-\frac{1}{4}r^4-r^4\right)r\mathrm{d}r-0\\&=-\left(4\pi-\frac{16}{3}\pi-\frac{64}{3}\pi\right)=\frac{68}{3}\pi.\end{aligned}$$

9. **答案** 0.

解 **解法一** 记 Σ 为平面 $x+z=1$ 被椭圆柱面 $(2x-1)^2+y^2=1$ 所围的部分，其方向与 Γ 的方向成右手法则，由斯托克斯公式得

$$\begin{aligned}\oint_{\Gamma}(y+z)\mathrm{d}x+(z+x)\mathrm{d}y+(x+y)\mathrm{d}z&=\iint_{\Sigma}\begin{vmatrix}\mathrm{d}y\mathrm{d}z & \mathrm{d}z\mathrm{d}x & \mathrm{d}x\mathrm{d}y\\ \dfrac{\partial}{\partial x} & \dfrac{\partial}{\partial y} & \dfrac{\partial}{\partial z}\\ y+z & z+x & x+y\end{vmatrix}\\&=\iint_{\Sigma}0\mathrm{d}y\mathrm{d}z+0\mathrm{d}z\mathrm{d}x+0\mathrm{d}x\mathrm{d}y=0.\end{aligned}$$

解法二 原式 $=\int_0^{\pi}[(\sin 2t+\cos^2 t)\cdot\sin 2t+(\cos^2 t+\sin^2 t)\cdot\cos 2t+$

$(\sin^2 t+\sin 2t)\cdot(-\sin 2t)]\mathrm{d}\theta$

$$=\int_0^{\pi}\left(\frac{1}{2}\sin 4t+\cos 2t\right)\mathrm{d}\theta=\left(-\frac{1}{8}\cos 4t+\frac{1}{2}\sin 2t\right)\Big|_0^{\pi}=0.$$

三、解答题

1. **解** 当 $|t|>1$ 时，$f(x,y,z)=0$，所以 $F(t)=\iint_{z=t}f(x,y,z)\mathrm{d}S=0.$

当 $|t|\leqslant 1$ 时，记 $\Sigma_t: z=t(x^2+y^2\leqslant 1-t^2)$，则 $F(t)=\iint_{\Sigma_t}(1-x^2-y^2-z^2)\mathrm{d}S$. 由于 $\mathrm{d}S=\mathrm{d}x\mathrm{d}y$，所以

$$\begin{aligned}F(t)&=\iint_{\Sigma_t}(1-x^2-y^2-z^2)\mathrm{d}S=\iint_{x^2+y^2\leqslant 1-t^2}(1-x^2-y^2-t^2)\mathrm{d}x\mathrm{d}y\\&=\int_0^{2\pi}\mathrm{d}\theta\int_0^{\sqrt{1-t^2}}(1-t^2-r^2)r\mathrm{d}r=\frac{\pi}{2}(1-t^2)^2,\end{aligned}$$

故 $F(t)=\begin{cases}\dfrac{\pi}{2}(1-t^2)^2, & |t|\leqslant 1,\\ 0, & |t|>1.\end{cases}$

强化篇答案解析

2. 解 记 $P=\frac{1}{y}[1+y^2f(xy)]$，$Q=\frac{x}{y^2}[y^2f(xy)-1]$，因为

$$\frac{\partial P}{\partial y}=-\frac{1}{y^2}+f(xy)+xyf'(xy)=\frac{\partial Q}{\partial x},$$

所以曲线积分与路径无关，因此

$$I=\int_3^1\left[\frac{3}{2}+\frac{2}{3}f\left(\frac{2}{3}x\right)\right]\mathrm{d}x+\int_{\frac{2}{3}}^2\left[f(y)-\frac{1}{y^2}\right]\mathrm{d}y$$

$$=-3+\int_2^{\frac{2}{3}}f(y)\mathrm{d}y+\int_{\frac{2}{3}}^2 f(y)\mathrm{d}y+\frac{1}{y}\bigg|_{\frac{2}{3}}^2=-4.$$

或取路径 $L:xy=2,x:3\to 1$，有

$$I=\int_3^1\left\{\frac{1}{2}x+\frac{2}{x}f(2)+\left[xf(2)-\frac{1}{4}x^3\right]\left(-\frac{2}{x^2}\right)\right\}\mathrm{d}x=\int_3^1 x\,\mathrm{d}x=-4.$$

3. 解 记 $P=[\mathrm{e}^x+f(x)]y$，$Q=f'(x)$，由 $\frac{\partial Q}{\partial x}=\frac{\partial P}{\partial y}$ 得 $\mathrm{e}^x+f(x)=f''(x)$，即 $f''(x)-f(x)=\mathrm{e}^x$，特征方程为 $r^2-1=0$，特征根为 $r_1=1,r_2=-1$，相应的齐次方程的通解为 $Y=C_1\mathrm{e}^x+C_2\mathrm{e}^{-x}$. 又由于 $\lambda=1$ 是特征方程的单根，故设非齐次方程的特解为 $y^*=Ax\mathrm{e}^x$，则 $(y^*)'=A(x+1)\mathrm{e}^x$，$(y^*)''=A(x+2)\mathrm{e}^x$. 代入 $f''(x)-f(x)=\mathrm{e}^x$ 中，解得 $A=\frac{1}{2}$. 所以

$$f(x)=C_1\mathrm{e}^x+C_2\mathrm{e}^{-x}+\frac{1}{2}x\mathrm{e}^x.$$

将 $f(0)=2,f'(0)=\frac{1}{2}$，代入上式得 $C_1=C_2=1$，故

$$f(x)=\mathrm{e}^x+\mathrm{e}^{-x}+\frac{1}{2}x\mathrm{e}^x.$$

由于 L 的起点为 $(0,0)$，终点为 $(\sqrt{2\pi},\pi)$，因此

$$\int_L[\mathrm{e}^x+f(x)]y\mathrm{d}x+f'(x)\mathrm{d}y=\int_{(0,0)}^{(\sqrt{2\pi},\pi)}\left(2\mathrm{e}^x+\mathrm{e}^{-x}+\frac{1}{2}x\mathrm{e}^x\right)y\mathrm{d}x+\left(\frac{3}{2}\mathrm{e}^x-\mathrm{e}^{-x}+\frac{1}{2}x\mathrm{e}^x\right)\mathrm{d}y$$

$$=\int_{(0,0)}^{(\sqrt{2\pi},\pi)}\mathrm{d}\left[\left(\frac{3}{2}\mathrm{e}^x-\mathrm{e}^{-x}+\frac{1}{2}x\mathrm{e}^x\right)y\right]$$

$$=\left(\frac{3}{2}\mathrm{e}^x-\mathrm{e}^{-x}+\frac{1}{2}x\mathrm{e}^x\right)y\bigg|_{(0,0)}^{(\sqrt{2\pi},\pi)}$$

$$=\left(\frac{3}{2}\mathrm{e}^{\sqrt{2\pi}}+\frac{1}{2}\sqrt{2\pi}\,\mathrm{e}^{\sqrt{2\pi}}-\mathrm{e}^{-\sqrt{2\pi}}\right)\pi.$$

4. 解 **解法一** 记 $P=-\frac{y}{x^2+y^2}$，$Q=\frac{x}{x^2+y^2}$，则 $\frac{\partial P}{\partial y}=\frac{\partial Q}{\partial x}=\frac{y^2-x^2}{(x^2+y^2)^2}$.

补充 $L_1:x^2+y^2=\frac{1}{4},y\geqslant 0,x:-\frac{1}{2}\to\frac{1}{2}$，其参数方程为 $L_1:x=r\cos\theta,y=r\sin\theta$，$\theta:\pi\to 0$，并记 $A_1\left(\frac{1}{2},0\right)$，$B_1\left(-\frac{1}{2},0\right)$. 由格林公式得 $\oint_{L+\overline{BB_1}+L_1+\overline{A_1A}}\frac{x\mathrm{d}y-y\mathrm{d}x}{x^2+y^2}=0$，并且

$\int_{\overline{A_1A}}\frac{x\mathrm{d}y-y\mathrm{d}x}{x^2+y^2}=0,\int_{\overline{BB_1}}\frac{x\mathrm{d}y-y\mathrm{d}x}{x^2+y^2}=0$,因此

$$I=\left(\oint_{L+\overline{BB_1}+L_1+\overline{A_1A}}-\int_{\overline{BB_1}}-\int_{L_1}-\int_{\overline{A_1A}}\right)\frac{x\mathrm{d}y-y\mathrm{d}x}{x^2+y^2}$$

$$=0-0-\int_{\pi}^{0}\frac{r^2\cos^2\theta+r^2\sin^2\theta}{r^2}\mathrm{d}\theta-0=\pi.$$

解法二 由于 $L:y=2-2x^2,x:1\to-1$,因此

$$I=\int_1^{-1}\frac{x\cdot(-4x)-(2-2x^2)}{x^2+(2-2x^2)^2}\mathrm{d}x=4\int_0^1\frac{x^2+1}{4x^4-7x^2+4}\mathrm{d}x=4\lim_{\varepsilon\to0^+}\int_\varepsilon^1\frac{x^2+1}{4x^4-7x^2+4}\mathrm{d}x$$

$$=4\lim_{\varepsilon\to0^+}\int_\varepsilon^1\frac{1+\frac{1}{x^2}}{4x^2-7+\frac{4}{x^2}}\mathrm{d}x=4\lim_{\varepsilon\to0^+}\int_\varepsilon^1\frac{1}{4\left(x-\frac{1}{x}\right)^2+1}\mathrm{d}\left(x-\frac{1}{x}\right)$$

$$=2\lim_{\varepsilon\to0^+}\arctan\left[2\left(x-\frac{1}{x}\right)\right]\Big|_\varepsilon^1=-2\lim_{\varepsilon\to0^+}\arctan\left[2\left(\varepsilon-\frac{1}{\varepsilon}\right)\right]=-2\cdot\left(-\frac{\pi}{2}\right)=\pi.$$

5.**解** 由于 $[f'(x)+x]y\mathrm{d}x+f'(x)\mathrm{d}y$ 为 $u(x,y)$ 的全微分,故 $\frac{\partial\{[f'(x)+x]y\}}{\partial y}=\frac{\partial f'(x)}{\partial x}$,$f'(x)+x=f''(x)$,即 $f''(x)-f'(x)=x$,解得 $f(x)=-\frac{x^2}{2}-x+C_1\mathrm{e}^x+C_2$,

由 $f(0)=0,f'(0)=1,C_1=2,C_2=-2$,故 $f(x)=2\mathrm{e}^x-\frac{x^2}{2}-x-2$.

由于
$$[f'(x)+x]y\mathrm{d}x+f'(x)\mathrm{d}y=(2\mathrm{e}^x-1)y\mathrm{d}x+(2\mathrm{e}^x-x-1)\mathrm{d}y=\mathrm{d}[(2\mathrm{e}^x-x-1)y],$$

因此 $[f'(x)+x]y\mathrm{d}x+f'(x)\mathrm{d}y$ 的所有原函数为 $(2\mathrm{e}^x-x-1)y+C$,其中 C 为任意常数.

6.**解** 将 Σ 的方程代入被积函数,得

$$I=\iint_\Sigma xz^2\mathrm{d}y\mathrm{d}z+(x^2y-z^3)\mathrm{d}z\mathrm{d}x+(2xy+y^2z)\mathrm{d}x\mathrm{d}y.$$

补充平面 $\Sigma_1:z=0(x^2+y^2\leqslant1)$,取其下侧. 设 Σ 与 Σ_1 所围空间区域为 Ω. 显然,

$$\iint_{\Sigma_1}xz^2\mathrm{d}y\mathrm{d}z+(x^2y-z^3)\mathrm{d}z\mathrm{d}x+(2xy+y^2z)\mathrm{d}x\mathrm{d}y=-\iint_{x^2+y^2\leqslant1}2xy\mathrm{d}x\mathrm{d}y=0.$$

由高斯公式,得

$$I=\left(\oiint_{\Sigma+\Sigma_1}-\iint_{\Sigma_1}\right)xz^2\mathrm{d}y\mathrm{d}z+(x^2y-z^3)\mathrm{d}z\mathrm{d}x+(2xy+y^2z)\mathrm{d}x\mathrm{d}y.$$

$$=\iiint_\Omega(x^2+y^2+z^2)\mathrm{d}v-0=\int_0^{2\pi}\mathrm{d}\theta\int_0^{\frac{\pi}{2}}\mathrm{d}\varphi\int_0^1r^4\sin\varphi\mathrm{d}r=\frac{2}{5}\pi.$$

7.**解** 记 $D_{xz}=\left\{(x,z)\,\middle|\,(x-1)^2+\frac{z^2}{4}\leqslant1\right\}$ 为 xOz 平面上的区域,$\Sigma_1:y=1((x,z)\in D_{xz})$,取左侧,则

强化篇答案解析

$$\iint_{\Sigma_1} x^2\mathrm{d}y\mathrm{d}z+y\mathrm{d}z\mathrm{d}x+z^2\mathrm{d}x\mathrm{d}y=-\iint_{D_{xz}}\mathrm{d}z\mathrm{d}x=-2\pi.$$

记Ω为Σ与Σ_1所围立体区域，由高斯公式得

$$\oiint_{\Sigma+\Sigma_1} x^2\mathrm{d}y\mathrm{d}z+y\mathrm{d}z\mathrm{d}x+z^2\mathrm{d}x\mathrm{d}y=\iiint_{\Omega}(2x+1+2z)\mathrm{d}v.$$

由于$\iiint_{\Omega}\mathrm{d}v=\frac{4}{3}\pi$，由奇偶对称性有$\iiint_{\Omega}2z\mathrm{d}v=0$. 又由于$\Omega$形心的横坐标$\bar{x}=\dfrac{\iiint_{\Omega}x\mathrm{d}v}{\iiint_{\Omega}\mathrm{d}v}=1$，因此$\iiint_{\Omega}x\mathrm{d}v=\iiint_{\Omega}\mathrm{d}v=\frac{4}{3}\pi$，故$\oiint_{\Sigma+\Sigma_1}x^2\mathrm{d}y\mathrm{d}z+y\mathrm{d}z\mathrm{d}x+z^2\mathrm{d}x\mathrm{d}y=2\cdot\frac{4}{3}\pi+\frac{4}{3}\pi+0=4\pi$.

综上，$I=\left(\oiint_{\Sigma+\Sigma_1}-\iint_{\Sigma_1}\right)x^2\mathrm{d}y\mathrm{d}z+y\mathrm{d}z\mathrm{d}x+z^2\mathrm{d}x\mathrm{d}y=4\pi-(-2\pi)=6\pi$.

8. **解** 曲面Σ的方程为$z=\mathrm{e}^{\sqrt{x^2+y^2}}\ (x^2+y^2\leqslant 1)$. 补平面$\Sigma_1: z=\mathrm{e}(x^2+y^2\leqslant 1)$，取上侧，记$\Sigma$与$\Sigma_1$所围成的立体为$\Omega$，$\Omega$在$xOy$平面上的投影为$D: x^2+y^2\leqslant 1$，所以

$$\begin{aligned}I&=\left(\oiint_{\Sigma+\Sigma_1}-\iint_{\Sigma_1}\right)x^2z\mathrm{d}y\mathrm{d}z+y^2\mathrm{d}z\mathrm{d}x+(z^2-x)\mathrm{d}x\mathrm{d}y\\&=\iiint_{\Omega}(2xz+2y+2z)\mathrm{d}v-\iint_{D}(\mathrm{e}^2-x)\mathrm{d}x\mathrm{d}y\\&=2\iiint_{\Omega}z\mathrm{d}v-\mathrm{e}^2\iint_{D}\mathrm{d}x\mathrm{d}y=\int_0^{2\pi}\mathrm{d}\theta\int_0^1 r\mathrm{d}r\int_{\mathrm{e}^r}^{\mathrm{e}}2z\mathrm{d}z-\pi\mathrm{e}^2\\&=2\pi\int_0^1(\mathrm{e}^2-\mathrm{e}^{2r})r\mathrm{d}r-\pi\mathrm{e}^2=\frac{\pi}{2}(\mathrm{e}^2-1)-\pi\mathrm{e}^2=-\frac{\pi}{2}(1+\mathrm{e}^2).\end{aligned}$$

9. **解** 取Σ_1为$x^2+y^2+z^2=1$的外侧，记Ω为Σ与Σ_1之间的空间区域，则

$$I=\oiint_{\Sigma+\Sigma_1^-}\frac{x\mathrm{d}y\mathrm{d}z+y\mathrm{d}z\mathrm{d}x+z\mathrm{d}x\mathrm{d}y}{(x^2+y^2+z^2)^{3/2}}+\oiint_{\Sigma_1}\frac{x\mathrm{d}y\mathrm{d}z+y\mathrm{d}z\mathrm{d}x+z\mathrm{d}x\mathrm{d}y}{(x^2+y^2+z^2)^{3/2}}.$$

由于在Ω上，

$$\begin{aligned}&\frac{\partial}{\partial x}\left[\frac{x}{(x^2+y^2+z^2)^{3/2}}\right]+\frac{\partial}{\partial y}\left[\frac{y}{(x^2+y^2+z^2)^{3/2}}\right]+\frac{\partial}{\partial z}\left[\frac{z}{(x^2+y^2+z^2)^{3/2}}\right]\\=&\frac{-2x^2+y^2+z^2}{(x^2+y^2+z^2)^{5/2}}+\frac{-2y^2+x^2+z^2}{(x^2+y^2+z^2)^{5/2}}+\frac{-2z^2+x^2+y^2}{(x^2+y^2+z^2)^{5/2}}=0,\end{aligned}$$

因此由高斯公式，得

$$\oiint_{\Sigma+\Sigma_1^-}\frac{x\mathrm{d}y\mathrm{d}z+y\mathrm{d}z\mathrm{d}x+z\mathrm{d}x\mathrm{d}y}{(x^2+y^2+z^2)^{3/2}}=\iiint_{\Omega}0\mathrm{d}x\mathrm{d}y\mathrm{d}z=0.$$

而$\oiint_{\Sigma_1}\dfrac{x\mathrm{d}y\mathrm{d}z+y\mathrm{d}z\mathrm{d}x+z\mathrm{d}x\mathrm{d}y}{(x^2+y^2+z^2)^{3/2}}=\oiint_{\Sigma_1}x\mathrm{d}y\mathrm{d}z+y\mathrm{d}z\mathrm{d}x+z\mathrm{d}x\mathrm{d}y$，再利用高斯公式得

$$\oiint_{\Sigma_1}\frac{x\mathrm{d}y\mathrm{d}z+y\mathrm{d}z\mathrm{d}x+z\mathrm{d}x\mathrm{d}y}{(x^2+y^2+z^2)^{3/2}}=\iiint_{x^2+y^2+z^2\leqslant 1}3\mathrm{d}x\mathrm{d}y\mathrm{d}z=4\pi,$$

故 $I=0+4\pi=4\pi$.

10. 解 解法一　把半球面的方程 $x^2+y^2+z^2=1(z\geqslant 0)$ 代入积分的被积函数中，得

$$I=\iint_{\Sigma}\frac{x^2\mathrm{d}y\mathrm{d}z+y^2\mathrm{d}z\mathrm{d}x+(z^2+1)\mathrm{d}x\mathrm{d}y}{1+x^2+y^2}.$$

补平面 $\Sigma_1:z=0(x^2+y^2\leqslant 1)$，取下侧，记 Σ 与 Σ_1 所围成的立体为 Ω，Ω 在 xOy 面上的投影区域 $D:x^2+y^2\leqslant 1$，由高斯公式，

$$\begin{aligned}I&=\oiint_{\Sigma+\Sigma_1}\frac{x^2\mathrm{d}y\mathrm{d}z+y^2\mathrm{d}z\mathrm{d}x+(z^2+1)\mathrm{d}x\mathrm{d}y}{1+x^2+y^2}-\iint_{\Sigma_1}\frac{x^2\mathrm{d}y\mathrm{d}z+y^2\mathrm{d}z\mathrm{d}x+(z^2+1)\mathrm{d}x\mathrm{d}y}{1+x^2+y^2}\\&=\iiint_{\Omega}\left[\frac{2x(1+y^2)+2y(1+x^2)}{(1+x^2+y^2)^2}+\frac{2z}{1+x^2+y^2}\right]\mathrm{d}v-\iint_{\Sigma_1}\frac{z^2+1}{1+x^2+y^2}\mathrm{d}x\mathrm{d}y\\&=\iiint_{\Omega}\frac{2z}{1+x^2+y^2}\mathrm{d}v-\iint_{\Sigma_1}\frac{z^2+1}{1+x^2+y^2}\mathrm{d}x\mathrm{d}y\\&=\iint_{D}\left[\int_0^{\sqrt{1-x^2-y^2}}\frac{2z}{1+x^2+y^2}\mathrm{d}z\right]\mathrm{d}x\mathrm{d}y+\iint_{D}\frac{1}{1+x^2+y^2}\mathrm{d}x\mathrm{d}y\\&=\iint_{D}\frac{1-x^2-y^2}{1+x^2+y^2}\mathrm{d}x\mathrm{d}y+\iint_{D}\frac{1}{1+x^2+y^2}\mathrm{d}x\mathrm{d}y=\int_0^{2\pi}\mathrm{d}\theta\int_0^1\frac{2-r^2}{1+r^2}r\mathrm{d}r\\&=2\pi\cdot\frac{1}{2}\left[3\ln(1+r^2)-r^2\right]\Big|_0^1=(3\ln 2-1)\pi.\end{aligned}$$

解法二　把半球面的方程 $x^2+y^2+z^2=1(z\geqslant 0)$ 代入积分的被积函数中，得

$$I=\iint_{\Sigma}\frac{x^2\mathrm{d}y\mathrm{d}z+y^2\mathrm{d}z\mathrm{d}x+(z^2+1)\mathrm{d}x\mathrm{d}y}{2-z^2}.$$

补平面 $\Sigma_1:z=0(x^2+y^2\leqslant 1)$，取下侧，记 Σ 与 Σ_1 所围成的立体为 Ω，Ω 在 xOy 面上的投影区域 $D:x^2+y^2\leqslant 1$，由高斯公式，

$$\begin{aligned}I&=\oiint_{\Sigma+\Sigma_1}\frac{x^2\mathrm{d}y\mathrm{d}z+y^2\mathrm{d}z\mathrm{d}x+(z^2+1)\mathrm{d}x\mathrm{d}y}{2-z^2}-\iint_{\Sigma_1}\frac{x^2\mathrm{d}y\mathrm{d}z+y^2\mathrm{d}z\mathrm{d}x+(z^2+1)\mathrm{d}x\mathrm{d}y}{2-z^2}\\&=\iiint_{\Omega}\left[\frac{2(x+y)}{2-z^2}+\frac{6z}{(2-z^2)^2}\right]\mathrm{d}v-\iint_{\Sigma_1}\frac{z^2+1}{2-z^2}\mathrm{d}x\mathrm{d}y=\iiint_{\Omega}\frac{6z}{(2-z^2)^2}\mathrm{d}v-\iint_{\Sigma_1}\frac{z^2+1}{2-z^2}\mathrm{d}x\mathrm{d}y\\&=\iint_{D}\left[\int_0^{\sqrt{1-x^2-y^2}}\frac{6z}{(2-z^2)^2}\mathrm{d}z\right]\mathrm{d}x\mathrm{d}y+\iint_{D}\frac{1}{2}\mathrm{d}x\mathrm{d}y=\iint_{D}\left(\frac{3}{2-z^2}\Big|_0^{\sqrt{1-x^2-y^2}}\right)\mathrm{d}x\mathrm{d}y+\iint_{D}\frac{1}{2}\mathrm{d}x\mathrm{d}y\\&=\iint_{D}3\left(\frac{1}{1+x^2+y^2}-\frac{1}{2}\right)\mathrm{d}x\mathrm{d}y+\frac{\pi}{2}=\int_0^{2\pi}\left[\int_0^1\frac{3}{1+r^2}r\mathrm{d}r\right]\mathrm{d}\theta-\pi\\&=2\pi\cdot\frac{3}{2}\ln(1+r^2)\Big|_0^1-\pi=(3\ln 2-1)\pi.\end{aligned}$$

11. 解 补充 $\Sigma_1:z=3\left(\frac{x^2}{4}+\frac{y^2}{4}\leqslant 1\right)$，取上侧，$\Sigma$ 与 Σ_1 所围的锥体区域记为 Ω，应用高斯公式得

$$\oiint\limits_{\Sigma+\Sigma_1}(x^2\cos\alpha+y^2\cos\beta+z^2\cos\gamma)\mathrm{d}S=\oiint\limits_{\Sigma+\Sigma_1}x^2\mathrm{d}y\mathrm{d}z+y^2\mathrm{d}z\mathrm{d}x+z^2\mathrm{d}x\mathrm{d}y$$

$$=\iiint\limits_{\Omega}2(x+y+z)\mathrm{d}v$$

$$=2\iiint\limits_{\Omega}z\mathrm{d}v=2\int_0^{2\pi}\mathrm{d}\theta\int_0^2\mathrm{d}r\int_{\frac{3}{2}r}^3 zr\mathrm{d}z$$

$$=2\pi\int_0^2\left(9-\frac{9}{4}r^2\right)r\mathrm{d}r=18\pi.$$

又在 Σ_1 上，$\{\cos\alpha,\cos\beta,\cos\gamma\}=\{0,0,1\}$，所以

$$\iint\limits_{\Sigma_1}(x^2\cos a+y^2\cos\beta+z^2\cos\gamma)\mathrm{d}S=\iint\limits_{\Sigma_1}z^2\mathrm{d}S=\iint\limits_{D_{xy}}9\mathrm{d}S=36\pi,$$

其中 Σ_1 在 xOy 坐标面上的投影区域为 $D_{xy}:\frac{x^2}{4}+\frac{y^2}{4}\leqslant 1$.

因此，$I=\iint\limits_{\Sigma}=\oiint\limits_{\Sigma+\Sigma_1}-\iint\limits_{\Sigma_1}=18\pi-36\pi=-18\pi.$

12. **证明** 由高斯公式知

$$\oiint\limits_{\Sigma}x^2yz^2\mathrm{d}y\mathrm{d}z-xy^2z^2\mathrm{d}z\mathrm{d}x+z(1+xyz)\mathrm{d}x\mathrm{d}y=\iiint\limits_{\Omega}(1+2xyz)\mathrm{d}x\mathrm{d}y\mathrm{d}z$$

$$=\iiint\limits_{\Omega}\mathrm{d}x\mathrm{d}y\mathrm{d}z+\iiint\limits_{\Omega}2xyz\mathrm{d}x\mathrm{d}y\mathrm{d}z=V+0=V.$$

13. **解** 记 Σ 为平面 $x+y=2a$ 被 Γ 围成的有界闭区域的部分，取前侧.

解法一 Σ 的前侧单位法向量为 $\{\cos a,\cos\beta,\cos\gamma\}=\left\{\frac{1}{\sqrt{2}},\frac{1}{\sqrt{2}},0\right\}$，由斯托克斯公式

$$I=\iint\limits_{\Sigma}\begin{vmatrix}\frac{1}{\sqrt{2}} & \frac{1}{\sqrt{2}} & 0\\ \frac{\partial}{\partial x} & \frac{\partial}{\partial y} & \frac{\partial}{\partial z}\\ y & z & x\end{vmatrix}\mathrm{d}S=-\sqrt{2}\iint\limits_{\Sigma}\mathrm{d}S=-\sqrt{2}\cdot S_{\Sigma}=-\sqrt{2}\cdot\pi\cdot 2a^2=-2\sqrt{2}\pi a^2.$$

解法二 由斯托克斯公式 $I=\iint\limits_{\Sigma}\begin{vmatrix}\mathrm{d}y\mathrm{d}z & \mathrm{d}z\mathrm{d}x & \mathrm{d}x\mathrm{d}y\\ \frac{\partial}{\partial x} & \frac{\partial}{\partial y} & \frac{\partial}{\partial z}\\ y & z & x\end{vmatrix}=-\iint\limits_{\Sigma}\mathrm{d}y\mathrm{d}z+\mathrm{d}z\mathrm{d}x+\mathrm{d}x\mathrm{d}y.$

由于 $\Sigma\perp xOy$ 平面，因此 $\iint\limits_{\Sigma}\mathrm{d}x\mathrm{d}y=0$.

由 $x+y=2a$ 得 $x=2a-y$，$x'_y=-1$，$x'_z=0$，又 Σ 在 yOz 坐标面上的投影区域为 D_{yz}：$\frac{(y-a)^2}{a^2}+\frac{1}{2a^2}z^2\leqslant 1$，所以

强化篇答案解析

$$I=-\iint_{\Sigma}[1-(-1)]\mathrm{d}y\mathrm{d}z=-2\iint_{D_{yz}}\mathrm{d}y\mathrm{d}z=-2\pi|a|\cdot\sqrt{2}|a|=-2\sqrt{2}\pi a^{2}.$$

解法三 Γ 的参数方程为 $x=a-a\cos\theta,y=a+a\cos\theta,z=\sqrt{2}a\sin\theta,\theta:0\to2\pi$，故

$$\begin{aligned}I&=\int_{0}^{2\pi}[(a+a\cos\theta)\cdot a\sin\theta+\sqrt{2}a\sin\theta\cdot(-a\sin\theta)+(a-a\cos\theta)\cdot\sqrt{2}a\cos\theta]\mathrm{d}\theta\\&=a^{2}\int_{0}^{2\pi}(\sin\theta+\sin\theta\cos\theta+\sqrt{2}\cos\theta)\mathrm{d}\theta-\sqrt{2}a^{2}\int_{0}^{2\pi}\mathrm{d}\theta=0-\sqrt{2}a^{2}\cdot2\pi=-2\sqrt{2}\pi a^{2}.\end{aligned}$$

第 11 章 微积分学的经济应用（仅限数学三）

一、填空题

1. 答案 8 000.

解 因为 $\xi_p=-\frac{Q'p}{Q}=0.2$，所以 $Q'p=-0.2Q$. 又

$$R=pQ(p),\frac{\mathrm{d}R}{\mathrm{d}p}=Q+pQ'=0.8Q,$$

故当 $Q=10\ 000$ 时，$\frac{\mathrm{d}R}{\mathrm{d}p}=8\ 000$.

2. 答案 $W_{t+1}-1.2W_t=2$.

解 由题设有 $W_{t+1}=(1+0.2)W_t+2$，整理后可得 $W_{t+1}-1.2W_t=2$.

3. 答案 $y_t=C2^t+3^t$，C 为任意常数.

解 ① 求 $y_{t+1}-2y_t=0$ 的通解.

特征方程为 $r-2=0$，特征值为 $r=2$，故 $y_{t+1}-2y_t=0$ 的通解为 $Y_t=C2^t$，C 为任意常数.

② 求 $y_{t+1}-2y_t=3^t$ 的特解 y_t^*.

因为 $d=3$ 不是特征根，所以可设特解为 $y_t^*=A3^t$，代入原方程得 $A=1$，即 $y_t^*=3^t$.

综上，$y_{t+1}-2y_t=3^t$ 的通解为 $y_t=C2^t+3^t$，C 为任意常数.

4. 答案 $y_t=C+2^t-t$，C 为任意常数.

解 对应齐次差分方程的通解为 $Y=C$，C 为任意常数.

由右端非齐次项的形式可设原方程有一特解 $y_t^*=A2^t+Bt$，代入方程得 $A2^{t+1}+B(t+1)-A2^t-Bt=2^t-1$，整理得 $A2^t+B=2^t-1$，解出 $A=1,B=-1$，因此

$$y_t^*=2^t-t.$$

综上，原方程的通解为 $y_t=C+2^t-t$，C 为任意常数.

5. 答案 $y_{t+1}-y_t=3^t-2$.

解 因为特征方程的根为 $r=1$，故可设方程为 $y_{t+1}-y_t=f(t)$，再把特解 $y_t^*=\frac{1}{2}\times 3^t-2t$ 代入上方程可得 $f(t)=3^t-2$，故方程为 $y_{t+1}-y_t=3^t-2$.

二、解答题

1. 解 (1) 边际成本为$\dfrac{\mathrm{d}[C(x)]}{\mathrm{d}x}=3+x$.

(2) 由于收益$R(x)=px=100\sqrt{x}$,故边际收益为$\dfrac{\mathrm{d}[R(x)]}{\mathrm{d}x}=\dfrac{50}{\sqrt{x}}$.

(3) 由于利润$L=R-C$,故$\dfrac{\mathrm{d}L}{\mathrm{d}x}=\dfrac{\mathrm{d}(R-C)}{\mathrm{d}x}=\dfrac{\mathrm{d}R}{\mathrm{d}x}-\dfrac{\mathrm{d}C}{\mathrm{d}x}=\dfrac{50}{\sqrt{x}}-3-x$.

(4) 由$p=\dfrac{100}{\sqrt{x}}$知$x=\dfrac{100^2}{p^2}$,故$R=px=\dfrac{100^2}{p}$,收益对价格的弹性为

$$\frac{ER}{Ep}=\frac{p}{R}\cdot\frac{\mathrm{d}R}{\mathrm{d}p}=\frac{1}{x}\cdot\frac{\mathrm{d}R}{\mathrm{d}p}=\frac{p^2}{100^2}\cdot\left(-\frac{100^2}{p^2}\right)=-1.$$

2. 解 总收入函数为$R=p_1q_1+p_2q_2=24p_1-0.2p_1^2+10p_2-0.05p_2^2$.总利润函数为

$$L=R-C=32p_1-0.2p_1^2-0.05p_2^2-1\ 395+12p_2.$$

由极值的必要条件,得

$$\frac{\partial L}{\partial p_1}=32-0.4p_1=0,\frac{\partial L}{\partial p_2}=12-0.1p_2=0.$$

解此方程组得$p_1=80,p_2=120$.由问题的实际含义可知,当$p_1=80,p_2=120$时,厂家所获得的总利润最大,其最大总利润为$L\Big|_{p_1=80,p_2=120}=605$.

注 也可以用配方法得$L=32p_1-0.2p_1^2-0.05p_2^2-1\ 395+12p_2$

$$=605-0.2(p_1-80)^2-0.05(p_2-120)^2.$$

当$p_1=80,p_2=120$时,最大总利润为$L\Big|_{p_1=80,p_2=120}=605$.

3. 解 需要在$2x_1^{\alpha}x_2^{\beta}=12$的条件下,求总费用$p_1x_1+p_2x_2$的最小值.为此作拉格朗日函数

$$F(x_1,x_2,\lambda)=p_1x_1+p_2x_2+\lambda(12-2x_1^{\alpha}x_2^{\beta}).$$

令

$$\begin{cases}\dfrac{\partial F}{\partial x_1}=p_1-2\lambda\alpha x_1^{\alpha-1}x_2^{\beta}=0, & ①\\ \dfrac{\partial F}{\partial x_2}=p_2-2\lambda\beta x_1^{\alpha}x_2^{\beta-1}=0, & ②\\ \dfrac{\partial F}{\partial \lambda}=12-2x_1^{\alpha}x_2^{\beta}=0. & ③\end{cases}$$

由①和②,得

$$\frac{p_2}{p_1}=\frac{\beta x_1}{\alpha x_2},x_1=\frac{p_2\alpha}{p_1\beta}x_2.$$

将 x_1 代入③,得

$$x_2=6\left(\frac{p_1\beta}{p_2\alpha}\right)^{\alpha},x_1=6\left(\frac{p_2\alpha}{p_1\beta}\right)^{\beta}.$$

因驻点唯一,且实际问题存在最小值,故当 $x_1=6\left(\frac{p_2\alpha}{p_1\beta}\right)^{\beta},x_2=6\left(\frac{p_1\beta}{p_2\alpha}\right)^{\alpha}$ 时,投入总费用最小.

4. **解** 根据弹性的定义,有

$$\eta=-\frac{\mathrm{d}x}{x}\Big/\frac{\mathrm{d}p}{p}=2p^2,\frac{\mathrm{d}x}{x}=-2p\,\mathrm{d}p.$$

由此解微分方程得 $x=C\mathrm{e}^{-p^2}$,C 为常数. 由题设知 $p=0$ 时,$x=1$,从而 $C=1$. 于是,所求的需求函数为 $x=\mathrm{e}^{-p^2}$.

5. **解** 当实际价格 $P_0=10$ 时,需求量 $Q=\left(\frac{30-10}{0.2}\right)^2=10\ 000$,所以

$$\begin{aligned}U_C&=\int_0^{10\ 000}[P(Q)-P_0]\mathrm{d}Q=\int_0^{10\ 000}[(30-0.2\sqrt{Q})-10]\mathrm{d}Q\\&=\int_0^{10\ 000}(20-0.2\sqrt{Q})\mathrm{d}Q=\left(20Q-\frac{2}{15}Q\sqrt{Q}\right)\Big|_0^{10\ 000}=\frac{200\ 000}{3}(\text{元}).\end{aligned}$$

6. **解** 由于利润函数 $L(q)=R(q)-C(q)$,$L(q)$ 取最大值时,$L'(q)=R'(q)-C'(q)=0$,即 $MC=MR$,故 $q^2-14q+111=100-2q$,得 $q^2-12q+11=0$,解得 $q_1=1,q_2=11$. 由于 $L''(1)=(MR-MC)'\Big|_{q=1}=(-2-2q+14)'\Big|_{q=1}=10>0$,所以 $L(q)$ 在 $q_1=1$ 处取极小值,不合题意,舍去. 因此 $L(q)$ 取最大值时的产量为 $q_2=11$,所以厂商的最大利润为

$$\begin{aligned}L&=\int_0^{11}(MR-MC)\mathrm{d}q-50=\int_0^{11}[(100-2q)-(q^2-14q+111)]\mathrm{d}q-50\\&=\int_0^{11}(-q^2+12q-11)\mathrm{d}q-50=\frac{484}{3}-50=\frac{334}{3}.\end{aligned}$$

强化篇答案解析